PLAUEN UND DAS MITTLERE VOGTLAND

Akademie der Wissenschaften der DDR
Institut für Geographie und Geoökologie
Arbeitsgruppe Heimatforschung

Werte unserer Heimat

Heimatkundliche Bestandsaufnahme
in der Deutschen Demokratischen Republik

Band 44

Plauen
und das mittlere Vogtland

Ergebnisse der heimatkundlichen Bestandsaufnahme in den Gebieten Plauen-Nord, Treuen, Plauen-Süd und Oelsnitz

Von einem Autorenkollektiv unter Leitung von Horst Fröhlich, bearbeitet im Vogtlandmuseum Plauen

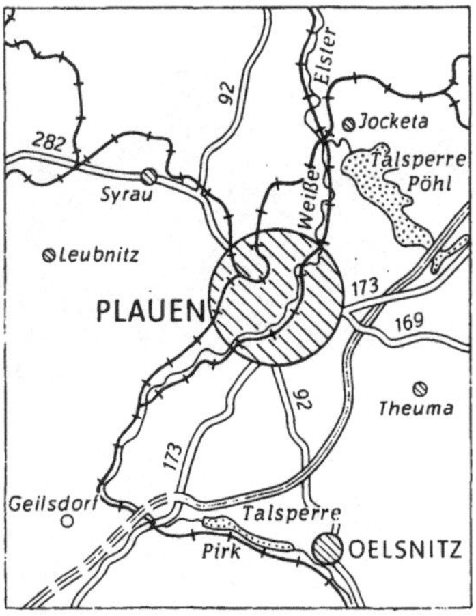

Mit 37 Abbildungen,
20 Kunstdrucktafeln,
1 Übersichtskarte

Akademie-Verlag Berlin
1986

Leitung der wissenschaftlichen Bearbeitung und Redaktion:
Dr. sc. Dietrich Zühlke †, Akademie der Wissenschaften der DDR,
Institut für Geographie und Geoökologie, Arbeitsgruppe Heimatforschung, 8010 Dresden, Augustusstraße 2

ISBN 3-05-000146-1

ISSN 0138-3213

Erschienen im Akademie-Verlag Berlin, DDR-1086 Berlin, Leipziger Str. 3–4

Lizenznummer: 202 · 100/93/86 · P 16/84
Printed in the German Democratic Republic
Gesamtherstellung: VEB Druckhaus „Maxim Gorki", 7400 Altenburg
LSV: 5235
Bestellnummer: 7544339 (2084/44)

01250

INHALTSVERZEICHNIS

VORWORT

Dieser Band — nach der Darstellung des südlichen Teils des Vogtlandes der zweite über dieses Gebiet der sächsischen Mittelgebirgszone — stellt das Ergebnis einer kollektiven Leistung dar. Wissenschaftliche Mitarbeiter des Vogtlandmuseums Plauen, die Herren Dipl.-Phil. Horst Fröhlich, Dipl.-Phil. Frank Weiß und Dipl.-Phil. Johannes Richter, sowie Herr Oberlehrer Rolf Weber hatten dankenswerterweise die Federführung übernommen. Ihnen oblag, das Projekt zu planen, die Autoren zu gewinnen und deren Aktivitäten aufeinander abzustimmen. Im weiteren Verlauf besorgten sie die Zusammenstellung und Ergänzung der Beiträge der zahlreichen Autoren, eine Leistung, die bei der differenzierten individuellen Gestaltung der Manuskripte mit einem erheblichen Arbeitsaufwand verbunden war. Dank der Unterstützung durch örtliche Gewährsleute, staatliche und gesellschaftliche Einrichtungen, Industrie- und Landwirtschaftsbetriebe konnten die Aussagen präzisiert und auf den aktuellen Stand gebracht werden. Die Mitarbeiter des Plauener Museums veranlaßten auch die Beschaffung der Fotos und die Zeichnung von Ansichten, die den baulichen Zustand der Zeit von 1970 bis 1978 wiedergeben.
Herzlich danken wir für wertvolle Hilfe bei der letzten redaktionellen Gestaltung des Manuskripts, die im Institut für Geographie und Geoökologie erfolgte. So hat Frau Dr. Ingrid Hönsch als Kennerin des Plauener Raumes und seiner Probleme gewirkt. Der Mühe der abschließenden Gutachtertätigkeit unterzogen sich die Mitglieder des wissenschaftlichen Beirats für Heimatforschung am Institut für Geographie und Geoökologie der Akademie der Wissenschaften der DDR, die sich selbst langjährig mit Themen der regionalen Forschung im Vogtland beschäftigten, die Herren Prof. Dr. sc. Werner Coblenz und Prof. Dr. sc. Günter Möbus.

Prof. Dr. sc. H. Lüdemann Prof. Dr. habil. Dr. eh. E. Lehmann Dr. sc. D. Zühlke†

AUTORENVERZEICHNIS

Dr. Arnd Bernhardt, Sächsische Akademie der Wissenschaften, Arbeitsgruppe Naturhaushalt und Gebietscharakter Dresden (Physische Geographie)

Dr. Günter Freyer, VEB Kombinat Geologische Forschung und Erkundung, Betriebsteil Freiberg (Geologie)

Dipl.-Phil. Horst Fröhlich, Vogtlandmuseum Plauen (Geschichte Überschau, Ethnographie, Ortsbeschreibungen: Kölbelmühle, Drochaus, Unterpirk, Syrauer Windmühle, Schöpsdrehe, Tannenhof, Stöckigt, Unterlosa, Pfaffenmühle)

Dipl.-Geogr. Thomas Hecker, Büro für Territorialplanung Karl-Marx-Stadt (Ökonomische Geographie Überschau)

Dr. Dr. Volkmar Hellfritzsch, Stollberg (Namenkunde)

Hans Herold, Plauen (Geschichte Überschau, Ortsbeschreibungen: Mehltheuer, Fasendorf, Rößnitz, Kröstau, Kobitzschwalde)

Dr. Gerd Kramer, Geographische Gesellschaft der DDR Leipzig (Stadt Plauen, Ortsbeschreibungen: Haselbrunn, Reißig, Chrieschwitz, Reusa, Reinsdorf, Kleinfriesen; Erholungsfunktion der Talsperre Pöhl)

Dipl.-Ing. Helmut Naumann, Plauen (Wasserwirtschaft, Griebenherde)

Dipl.-Phil. Johannes Richter, Vogtlandmuseum Plauen (Ur- und Frühgeschichte, Geschichte Überschau, Wüstungen, Ortsbeschreibungen: Großfriesen, Mechelgrün sowie in Zusammenarbeit mit Dieter Wohlrab, Neuensalz: Voigtsgrün, Neuensalz, Altensalz, Gansgrün, Thoßfell)

Oberlehrer Rolf Weber, Plauen (Botanik, Forstwirtschaft, Naturschutz, Zoologie, Ortsbeschreibungen: Foschenroda, Oberpirk, Tauschwitz)

Dipl.-Phil. Frank Weiß, Vogtlandmuseum Plauen (Kunstgeschichte, Ortsbeschreibungen: Kauschwitz, Kloschwitz, Thossen, Rodersdorf, Straßberg, Oberlosa)

Weitere Ortsbeschreibungen: Ronald Bahmann, Weischlitz (Schwand, Steins, Weischlitz, Geilsdorf); Rudolf Donnerhack †, Plauen (Syrau, Leubnitz, Schneckengrün, Reiboldsruh, Holzmühle, Zwoschwitz, Neundorf, Thiergarten, Meßbach, Pirk); Theo Ficker, Greiz (Orte und Ortsteile in den Kreisen Greiz und Zeulenroda); Werner Friedrich, Jößnitz (Steinsdorf, Jößnitz, Röttis); Herbert Geyer, Bösenbrunn, zusammen mit Eberhard Gerischer, Walter Radecker und Werner Schuster, alle Oelsnitz (Orte und Ortsteile im Kreis Oelsnitz); Herbert Steinmüller, Jocketa (Trieb, Rentzschmühle, Losa, Reimersgrün, Ruppertsgrün, Liebau, Christgrün, Herlasgrün, Barthmühle, Pöhl, Jocketa, Neudörfel, Helmsgrün, Rodlera, Möschwitz)

Einzelbeiträge: Dr. Gerhard Billig, Dresden (mittelalterliche Verkehrswege), Rudolf Fischer†, Plauen (Lochhaus), Bernd Winkelmann, Theuma (Theuma), Hans-Jochen Wendt, Karl-Marx-Stadt (Steinkreuze), Kurt Zapff†, Kürbitz (Kürbitz)

Redaktionelle Bearbeitung: Dipl.-Phil. Horst Fröhlich, Dipl.-Phil. Johannes Richter, Oberlehrer Rolf Weber, Dipl.-Phil. Frank Weiß, Dr. Werner Schmidt, Arbeitsgruppe Heimatforschung.

Manuskript abgeschlossen am 30. 11. 1982

VERZEICHNIS DER SUCHPUNKTE

Die Nummern entsprechen denen am Rande des Textes sowie denen auf der Übersichtskarte

Überschau

Unter Vogtland, dessen Name sich vom ehemaligen Herrschaftsgebiet der Vögte von Weida, Gera und Plauen herleitet (s. Seite 14), verstehen wir die flachwellige Mittelgebirgslandschaft beiderseits der oberen Weißen Elster. Dieser Fluß (s. S 4) entspringt im Elstergebirge, dem am höchsten gelegenen Teil des Vogtlandes, der das Westerzgebirge mit dem Fichtelgebirge verbindet. Vom Elstergebirge fällt das Gelände nach S steil ins Becken von Cheb ab, dagegen senkt sich die vogtländische Rumpffläche in nördlicher Richtung nur allmählich und wird durch die Weiße Elster und ihre Nebenbäche zertalt und gegliedert. Von jeher stellt das Vogtland als Einsattelung und zugleich Bindeglied zwischen den benachbarten Gebirgen einen Durchgangsraum im Nord-Süd-Verkehr dar. Bedeutende Transitstrecken der Eisenbahn durchziehen ihn in Richtung ČSSR und BRD. Auch durch die Autobahn und wichtige Fernverkehrsstraßen ist das Vogtland in den internationalen Verkehr einbezogen.
Das mittlere Vogtland — es wird in diesem Band vorgestellt — schließt sich nach N an das obere Vogtland an, dessen ausführliche Beschreibung im Band 26 dieser Buchreihe erfolgte. Der mittlere Landschaftsausschnitt weist, abgesehen von seinen Randbereichen, eine außerordentlich abwechslungsreiche Oberflächengestaltung auf, die ihrerseits wiederum ein Nebeneinander von Wald, Grün- und Ackerland bedingt (s. Seite 6). Besonders markante Züge bringen die Engtalstrecken der Weißen Elster zwischen Pirk und Weischlitz (s. S 4) sowie im Steinicht (s. C 10) in das Landschaftsbild. Gleiches gilt für die größeren Nebengewässer, besonders die Trieb (s. H 4). Das an der Weißen Elster gelegene Plauen (s. P 1) und die Kreisstadt Oelsnitz (s. Y 1) sind wichtige Industrieorte und zugleich Verwaltungsmittelpunkte. Ihr Umland wird weitgehend landwirtschaftlich genutzt, nur auf den morphologisch höher aufragenden Rändern herrscht der Wald vor. Zunehmend gewinnt das mittlere Vogtland Bedeutung als Erholungsgebiet (s. H 5.2, W 11).

R. Weber

Der Naturraum

Regionalgeologisch gesehen, gehört das mittlere Vogtland zur Vogtländischen Mulde, einem Teil der Vogtländisch-Erzgebirgischen Synklinalzone, die als großes Senkungsgebiet von der Erzgebirgischen Mulde im NO bis zur Münchberger Gneismasse im SW reicht. Im NW wird sie vom Ostthüringischen Hauptsattel und im SW von der Fichtelgebirgisch-Erzgebirgischen Antiklinalzone

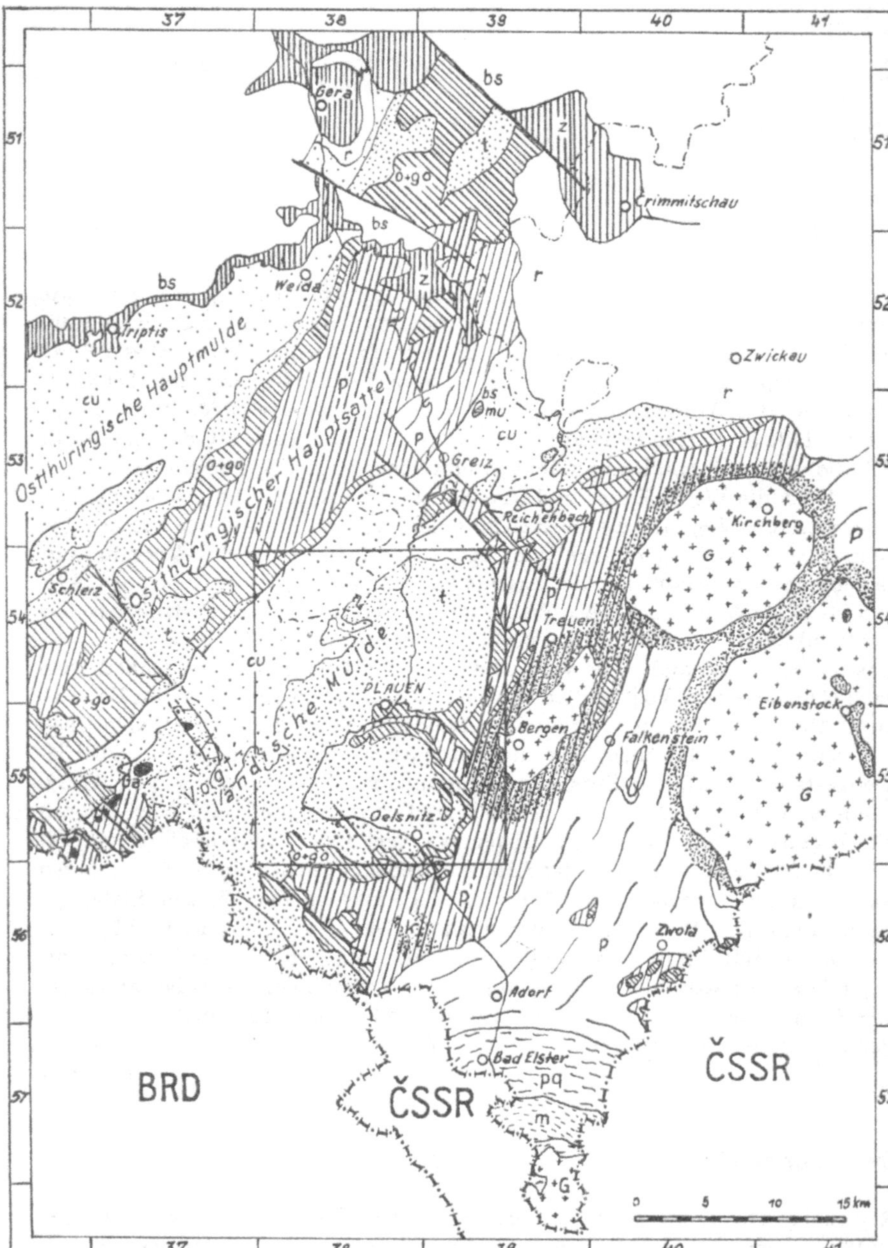

Abb. 1. Geologische Übersicht des Vogtlandes mit Angabe des inventarisierten Gebietes (aus PIETZSCH 1956)

begrenzt. Die ältesten nachweisbaren Ablagerungen gehören dem Ordovizium an (Abb. 1). In diesem Zeitabschnitt des Erdaltertums, der etwa von 500 Mill. bis 440 Mill. Jahren reichte, erfolgte hier eine relativ einheitliche marine Sedimentation, wobei die Zuführung von sandigem und tonigem Material rhythmisch wechselte. So kam es zur Ablagerung von Phycodenschiefern, Griffelschiefern, einer als Hauptquarzit benannten Schichtenfolge von Sandsteinen und Schiefern, sowie von grauem Lederschiefer. Die Gesteinsserien des folgenden Silurs (vor 440 Mill. bis 405 Mill. Jahren) sind bedeutend monotoner ausgebildet. Auf Kieselschiefer finden wir wechsellagernd Kieselschiefer und schwarze Alaunschiefer (s. U 6), die auf einen sauerstoffarmen Stillwasserbereich hindeuten. Lediglich in einem Abschnitt des höheren Silurs, im Ludlow, schaltet sich der stark tonige Ockerkalk ein, der vor allem im Gebiet Möschwitz—Talsperre Pöhl (s. H 5.4) stark verfaltet in einigen Aufschlüssen zu sehen ist.
Der Übergang vom Silur zum folgenden Devon, das vor etwa 405 Mill. Jahren begann und 55 Mill. Jahre andauerte, wird im Vogtland durch einen jähen Fazieswechsel charakterisiert. An die Stelle der Kiesel- und Alaunschiefer treten Ablagerungen eines Flachmeeres (Kalke, Schiefer, Quarzite), denen im höheren Mitteldevon sandige Schiefer, Grauwacken und Konglomeratbänkchen folgen. An der Wende vom Mittel- zum Oberdevon kam es zur Herausbildung von oft engbegrenzten Schwellen- und Muldenzonen, wodurch sich bereits die varistische Gebirgsbildung ankündigte. Im unteren Oberdevon ist in der gesamten Vogtländischen Mulde ein intensiver Vulkanismus nachweisbar, dem die verschiedensten Diabase und ihre Tuffe, Diabaskonglomerate und -brekzien angehören. Neben ihnen treten Grauwacken, Konglomerate, Korallenkalke und — vor allem in dem höheren Oberdevon — Flaserkalke und Tonschiefer auf. Die verschiedenen Diabassteinbrüche (s. S 2) sowie zahlreiche natürliche Felspartien geben einen guten Einblick in die Vielfalt der magmatischen Gesteine. So sind Diabastuffe an der Rentzschmühle (s. C 10) aufgeschlossen, Kissenlava bei Plauen-Reinsdorf (s. P 3), Diabaskonglomerate im Gebiet von Plauen (Rähnisberg, Bärenstein) sowie am Burgstein (s. V 1) und im Triebeltal (s. W 6). Da die Diabaseruptionen und die Aschentuffablagerungen zumindest teilweise unter dem Meeresspiegel vor sich gingen, treten vor allem zwischen Magwitz und Planschwitz in Diabastuffen und Grauwacken Brachiopoden- und Korallenfaunen (s. W 8) auf.

Legende zu Abb. 1

mu	Muschelkalk	p'	Phycodenschiefer	älteres Ordovizium
bs	Buntsandstein	p	Phyllit und Quarzit	älteres Ordovizium
z	Zechstein	pq	glimmeriger Phyllit	
r	Rotliegendes	m	Glimmerschiefer	
cu	Unterkarbon	k	Kontaktgesteine	
t	Devon	G	Granit	
go	Gotlandium (Obersilur)	Ga	prävaristischer Granit	
o	jüngeres Ordovizium			

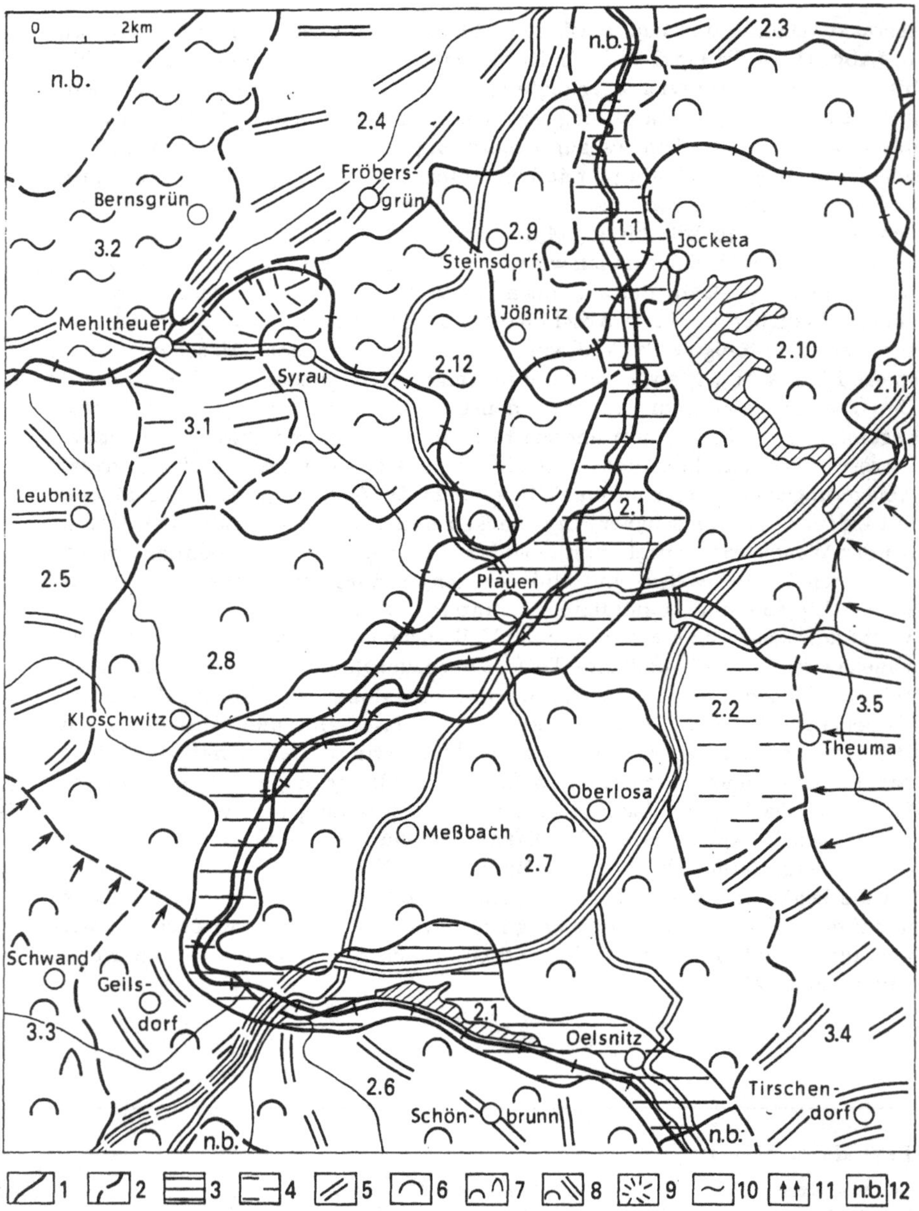

Abb. 2. Kleinlandschaften (Entwurf A. BERNHARDT)

1 Grenze von Kleinlandschaften

2 wie 1, zugleich klimatische Höhengrenze zwischen oberem Hügelland (1.) und unterem Bergland (2.) sowie zwischen unterem (2.) und mittlerem Bergland (3.)

Von dem folgenden Karbon (350 Mill. bis 285 Mill. Jahre) ist — abgesehen von den Graniten — nur das Unterkarbon nachzuweisen. Diesen Zeitabschnitt belegen Grauwacken, Schiefer, Konglomerate und Kalke. Im höheren Unterkarbon setzte eine starke Verfaltung der Gesteine ein (sudetische Phase der varistischen Gebirgsbildung), nachdem sich bereits zu Beginn des Karbons eine zunehmende Verlandung im Charakter der Sedimente abzeichnete. Im Oberkarbon drang in die gefalteten Gesteine der Bergener Granit ein. Durch Berührung mit der aufdringenden magmatischen Schmelze wurden im sogenannten Kontakthof die umgebenden Tonschiefer umgewandelt (s. U 2), ein Vorgang, der als Kontaktmetamorphose bezeichnet wird.

Im Lauf der Erdgeschichte war das Vogtland seit dem Karbon vorzugsweise Abtragungsgebiet. Die heutige Rumpffläche bildete sich erst im Tertiär heraus, etwa vom Eozän an, vor 60 Mill. Jahren, wobei sich die Flüsse seit dem Oberpliozän, vor etwa 2 Mill. Jahren, einschnitten und die derzeitigen Talformen schufen. Während des folgenden Pleistozäns war das Vogtland nicht von Inlandeis bedeckt.

G. Freyer

Die unterschiedliche, aber im allgemeinen hohe Verwitterungsresistenz der Diabase hat im Verein mit Einlagerungen verschiedener Schiefergesteine zu einer außerordentlichen Belebung des Landschaftsbildes geführt. Neben Kerbsohlen-, Kerb- und Sohlentälern geben unzählige Härtlingskuppen — hier Pöhle genannt — von meist mittlerer und kleiner Dimension dem Relief der Nebenwasserscheiden beiderseits der Weißen Elster eine eigene Note, besonders betont dadurch, daß sich viele der Erhebungen mit ihrer Waldbedeckung hervorheben. Die eindrucksvollste dieser Diabaskuppenlandschaften des Mittelvogtländischen Kuppenlandes ist das Burgsteingebiet (s. V 1).

Ein zweites bestimmendes Moment bildet das Tal der Weißen Elster (Abb. 2), der Hauptentwässerungsader des Vogtlandes. Um etwa 60 bis 100 m hat es sich in die Rumpffläche eingetieft, von Oelsnitz bis unterhalb Plauens als wechselvoll gestaltetes Sohlental, daran anschließend, im Bereich überwiegend harter Diabase, als steilhängiges Kerbsohlental. Von den zahlreichen, meist aber kleinen Terrassenresten fällt besonders der älteste Hochtalboden in Form breiter Verebnungen oberhalb der heutigen Taloberkante auf. Er

---

Legende zu Abb. 2 (Forts.)

3 Talraum
4 Zerschneidungsrelief
5 Riedel- und Rückenrelief
6 (Diabas-) Kuppenrelief
7 Kuppen-/Bergkuppenrelief
8 Riedel- und Kuppenrelief
9 Flachrücken
10 Hochfläche
11 Landstufe
12 nicht bearbeitetes Gebiet

Die mit Ziffern in der Abbildung bezeichneten Kleinlandschaften entsprechen denen in der Tabelle Anhang B

markiert den philosophischen Elstertalboden, der durch Schotter, so bei Neujocketa (s. H 4) und in den Plauener Kiesgruben, belegt ist, etwa 1–2 km breit und nur ungefähr 30–60 m eingetieft war. Erst im Pleistozän bildete sich dann das zum Teil steilhängige und reichlich 60 m tiefe heutige Tal.

Die Diabaslandschaften (Bild 27) um Plauen sind durch eine besondere geoökologische und ökologische Vielfalt gekennzeichnet (Anhang B). Kleinflächiger Gesteinswechsel und selbst innerhalb gleichartiger Gesteine sehr unterschiedliche und vom Kleinrelief abhängige Verwitterungsböden bedingen einen engräumigen und äußerst vielseitigen standörtlichen Wechsel. Die meisten Diabase und eingestreuten Kalkgesteine liefern das Verwitterungsmaterial für überwiegend nährstoffreiche Standorte. Diese variieren in Abhängigkeit von den Oberflächenformen stark in der Körnung, in der Gründigkeit und im Bodenfeuchtehaushalt. Auf Kuppen und Steilhängen begegnen uns Fels- und Schuttrohböden sowie skelettreiche flachgründige Braunerden, je nach Exposition in trockenen bis frischen Varianten; in den Dellen sowie oft an nord- bis ostgerichteten Hängen finden wir in tiefgründigen Lehmböden mit mäßigen bis kräftigen Stauvernässungen eine gegenläufige Bodenentwicklung. Auf den eingelagerten Tonschiefern haben sich meist mittlere, auf Grauwacken und Kieselschiefern aber auch arme Verwitterungsböden gebildet, die auf Vollformen steinige und sandig- bis schluffig-lehmige Braunerden, in Hohlformen dagegen schluffige bis schluffig-tonige Staugleye liefern.

Im N und W schließen sich an das Diabasgebiet die monotonen Tonschieferformationen der Mehltheuerer Kulmmulde (Unterkarbon) mit eingelagerten Grauwacken und Sandsteinen an. Ostwärts grenzen gleichfalls Tonschiefer, zum Teil mit quarzitischen Einschlüssen, an die Diabase an. Diese Tonschiefergebiete sind in der Nähe, teilweise auch noch in größerer Entfernung vom Tal der Weißen Elster, erosiv aufgeschnitten und bilden ausgesprochene Riedel- und Rückenlandschaften (Abb. 2). Erst im Bereich der Hauptwasserscheiden begegnen uns ausgeglichene Reliefformen in Gestalt von flachwelligen Hochflächen (Bild 13) oder flachen und breiten Rücken, deshalb Vogtländische Hochflächen (Neef 1960) genannt.

Die Verwitterungsdecken der Tonschiefer liefern hauptsächlich mittlere, bei Vorherrschen von Grauwacken, Sandsteinen und quarzitischen Lagen sowie bei Stauvernässung oft auch arme Böden. Als Bodentypen überwiegen – meist in Abhängigkeit vom Relief – Braunerden und Staugleye. Unter Nadelwald kommen auf Grauwacken, Sandsteinen und Quarziten auch Braunpodsole vor. Steinige bis schwach steinige, sandig- bis schluffig-lehmige Bodenarten mit wechselnder, zum Teil tiefer Gründigkeit sind bestimmend. Dabei weisen besonders die steinarmen Schluffstandorte vielfach eine schlechte Durchlüftung, Wasserversickerung und Erwärmbarkeit auf.

Bei Zobes, Theuma und Tirpersdorf fällt eine etwa 60–110 m hohe Landstufe (Abb. 2; s. Q 8) auf, die den westlichen und nordwestlichen Kontakthof des Bergener Granits darstellt (s. Seite 5; U 2). Der Fruchtschiefer und der Andalusitglimmerfels besitzen eine hohe Verwitterungsresistenz und bedingen deshalb die Stufe. Die Böden unterscheiden sich besonders durch einen hohen Skelettanteil, teilweise auch durch große Sandanteile, von den sonstigen Tonschieferböden.

Eine weniger markante, aber immer noch deutliche Landstufe (s. R 1) mit 60—80 m Sprunghöhe beginnt westlich von Weischlitz. Sie verläuft am Nordosthang des Deichselberges und des Wartberges nordwestwärts in Richtung Thossen und weiter die Kuh- und Gallingleithe entlang in Richtung Kornbach, wo die von Mehltheuer nach Gutenfürst führende Bahnlinie auf einem längeren Abschnitt ungefähr an der Stufenstirn entlangführt. Südostwärts von Thossen begrenzt diese Landstufe das Burgsteingebiet gegen N. Nur hier kann ihre Entstehung mit tektonischen Ursachen gekoppelt sein, während es weiter nordwestwärts dafür keine Anhaltspunkte mehr gibt.

Die genannte Stufe bildet westlich der Weißen Elster den Übergang von den unteren zu den mittleren Gebirgslagen (Abb. 2). Südwärts verläuft diese Höhengrenze etwa über Schwand und Ruderitz, wo südwestlich der Ruhhäuser im Pöhl mit 593 m ü. NN der höchste Punkt des beschriebenen Raumes erreicht wird. Nordwärts berührt die Grenze die Orte Thossen und Schönberg, um dann den Mehltheuerer Forst zu umschließen. Östlich der Weißen Elster beginnen die mittleren Gebirgslagen mit dem Theumaer Kontakthof (s. Seite 5) und dem Adorf-Tirschendorfer Riedelgebiet.

K l i m a t i s c h umfaßt die Plauener Umgebung untere und randlich mittlere Gebirgslagen. Lediglich im Jocketaer Elstertal reicht das Hügellandklima noch schlauchartig nach S. Die erwähnten Höhenstufen unterscheiden sich vorrangig in thermischer Hinsicht voneinander, was sich auch in den pflanzenphänologischen Daten widerspiegelt. Ein besonderes Phänomen sind die für die Höhe zu niedrigen langjährigen Niederschlagsmittelwerte (Anhang C) des Plauener Raumes. Die Ursachen hierfür sind in den markanten Regenschattenwirkungen des Frankenwaldes, zum Teil auch noch des östlichen Thüringer Waldes und des Fichtelgebirges zu suchen. Erst in den Mittellagen südöstlich des Plauener Raumes (Tirpersdorf—Brotenfeld 758 mm, Anhang C) werden die vorherrschenden Südwestwinde wieder zum Aufsteigen gezwungen und führen dann zu einer raschen und beachtlichen Niederschlagszunahme (Schöneck—Kottenheide 970 mm). Zwar besitzt die Plauener Umgebung eine etwas höhere Gewitterhäufigkeit, verstärkt durch die Existenz dreier Talsperren, doch ist die mittlere Ergiebigkeit der Gewitterregen begrenzt. Eine erhöhte Strahlungsfrostbereitschaft der unteren Lagen um Plauen sowie im Elstertal tritt besonders dann auf, wenn bei Schneebedeckung die bodennahe Kaltluft großräumig von der höheren Umgebung im W, S und O in das tiefer gelegene Zentrum einsickert. Im Winterhalbjahr leiden die windexponierten mittelhohen Gebirgslagen häufig unter starken Schneeverwehungen.

Von Bedeutung ist eine Reihe mesoklimatischer Differenzierungen. Sie betreffen mit Strahlungsfrösten, Windarmut, Sonnen- und Schatthängen besonders die Täler; Expositionseffekte kommen im Burgsteingebiet vor, während wir auf den windoffenen thermisch rauhen Hochflächen zusätzlich eine schlechte Erwärmbarkeit der Naßböden verzeichnen.

Alle stehenden G e w ä s s e r der Plauener Umgebung wurden künstlich angelegt. Neben den beiden Brauchwassertalsperren Pirk (s. W 11) und Pöhl (s. H 5.1) und den Trinkwassertalsperren Werda und Dröda (s. P 2) existieren noch viele alte Teiche, unter ihnen der Große Weidenteich (s. K 5) und der Burgteich (s. S 1) als größte. Leider verschwinden auch im mittleren Vogtland laufend kleine Weiher (s. A 1). Die noch verbliebenen Stillgewässer müssen erhalten und gepflegt werden, da sie eine vielseitige Bedeutung haben, so für Hochwasserschutz, Vorflutreinigung, Landschaftsästhetik, Fischhaltung sowie Fortbestand von Frosch- und Schwanzlurchen.

In den Festgesteinen des Vogtlandes existieren keine großen Grundwasserkörper. Die Versorgung mit Trinkwasser stützte sich deshalb ursprünglich allein auf im allgemeinen wenig ergiebige Wasserreserven: auf oberflächennahes flaches Grundwasser in den Alluvionen der großen Wasserläufe, Schuttdeckenwasseraustritte der Quellmulden und stellenweise auch auf Kluft- und Spaltenwasser des Gesteinskörpers. Schon frühzeitig mußte deshalb für die rasch wachsende Stadt Plauen die Trinkwassertalsperre Werda angelegt werden (s. H 4). Ihr folgte 1971 die von Dröda, die ebenfalls auch andere Orte versorgt.

Zwei natürliche Eigenarten kennzeichnen das vogtländische Einzugsgebiet der Weißen Elster. Einerseits bestehen für große Teile die durch Leewirkungen verursachten geringen Niederschlagsspenden, weshalb die Weiße Elster bei Greiz (1252 km² Einzugsgebiet) auch nur über eine mittlere Abflußspende von 10,3 m³/s verfügt (als Vergleich: Saale bei Burgk, 1243 km², 12,5 m³/s, Zwikkauer Mulde bei Pölbitz, 1023 km², 15,5 m³/s). Hieraus erklärt sich auch die Notwendigkeit der Anlage von Brauchwassertalsperren im Weiße-Elster-Gebiet. Für den jetzigen VEB Sächsische Zellwolle in Plauen wurde die Talsperre Pirk (s. W 11, Bild 29) errichtet. Sie kann dem Plauener Industriegebiet über Elster und Mühlgraben 1300 l/s bereitstellen. Die neue Talsperre Pöhl (s. H 5.1, Bilder 17/18) dient vorwiegend der Niedrigwasseraufhöhung der Weißen Elster, um wichtige Industriebetriebe in den Bezirken Gera und Halle mit Betriebswasser zu versorgen.

Andererseits nehmen die vorherrschenden Tonschieferverwitterungsdecken und deren Böden infolge hoher Schluff- und Tonanteile im Feinboden nur eine begrenzte Wassermenge auf. Deshalb erhöhen sich bei Stark- und Dauerregen relativ rasch der Oberflächenabfluß und die Wasserstände. Die Talsperren Pirk und Dröda vermögen auf Grund ihres geringen Stauvolumens nur wenig Hochwasserschutz zu bieten, nur die Talsperre Pöhl kann die Hochwasserwelle einige Zeit zurückhalten.

Die Fließgewässer besaßen im 19. Jh., obwohl ihre Energie schon damals zu fast 50% genutzt wurde, einen hohen Reinheitsgrad. Als Ausdruck dessen traten neben die reiche Fischfauna einst weitverbreitete Perlmuschelvorkommen (s. W 6). Starke Belastungen der Gewässer setzten mit der Industrialisierung um die Jahrhundertwende ein. Bereits Anfang der zwanziger Jahre wies die Weiße Elster unterhalb von Plauen eine so starke Verschmutzung auf, daß Kläranlagen gebaut werden mußten. Obwohl die Qualität der Industrieabwässer in der Gegenwart durch Klärung und Vorklärung laufend steigt, lassen sich Reinheitsminderungen, hervorgerufen durch die ständig wachsende Verwendung von Chemikalien in den Haushalten, teilweise auch durch die Landwirtschaft, nicht übersehen. Die Qualität des Elsterwassers wird durch die Talsperre Pirk zwar entscheidend verbessert, jedoch durch das Abwasser der Stadt Plauen in seiner Güte wieder stark beeinträchtigt. Die Fertigstellung der vollbiologischen Kläranlage unterhalb von Plauen wird zu einer grundlegenden Veränderung führen.

A. Bernhardt

Die geschilderten geologischen, bodenbedingten und klimatischen Merkmale des mittleren Vogtlandes spiegeln sich auch deutlich in der Pflanzenwelt wider. Klima und Höhenlage – und davon abhängig die Vegetation – gestatten es, das Mittelvogtländische Kuppenland in die geobotanischen Teilbezirke Plauener Binnenzone und Elster-Saale-Schwelle zu untergliedern (Abb. 3). Die in diesen Bereichen überwiegenden Diabase verwittern zu gut erwärmbaren, nährstoffreichen, schwach sauren bis neutralen Böden, auf denen anspruchsvolle Laubwaldpflanzen und Trockenrasenarten optimale Bedingungen finden. Typische Vertreter der ersten Gruppe sind Frühlingsplatterbse (*Lathyrus vernus*), Türkenbundlilie (*Lilium martagon*, Abb. 4), Vielblütige

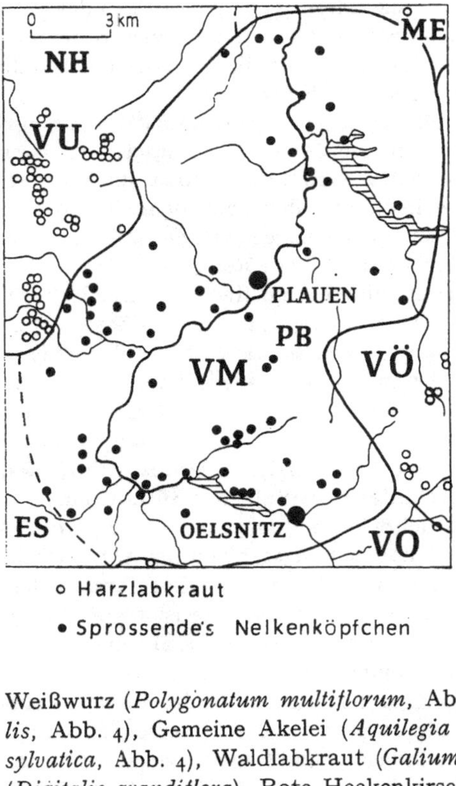

Abb. 3. Geobotanische Gliederung (nach WEBER 1965) sowie pflanzengeographisch bedeutsame Arten (Entwurf R. WEBER)

VM Mittelvogtländisches Kuppenland
ES Elster-Saale-Schwelle
PB Plauener Binnenzone
VO Oberes Vogtland
VÖ Ostvogtland
VU Unteres Vogtland
ME Mittleres Elstergebiet
NH Nordwestvogtländische Hochflächen

Weißwurz (*Polygonatum multiflorum*, Abb. 4), Leberblümchen (*Hepatica nobilis*, Abb. 4), Gemeine Akelei (*Aquilegia vulgaris*, Abb. 4), Waldwicke (*Vicia sylvatica*, Abb. 4), Waldlabkraut (*Galium sylvaticum*), Großblütiger Fingerhut (*Digitalis grandiflora*), Rote Heckenkirsche (*Lonicera xylosteum*), Roter Hartriegel (*Cornus sanguinea*, Abb. 17) und Alpenjohannisbeere (*Ribes alpinum*). Trockenwarme Standorte werden beispielsweise von Heidegünsel (*Ajuga genevensis*), Traubengamander (*Teucrium botrys*), Gemeinem Steinquendel (*Acinos arvensis*), Kelchsteinkraut (*Alyssum alyssoides*) und Sprossendem Nelkenköpfchen (*Petrorhagia prolifera*) besiedelt. Dieses Nelkengewächs erreicht sein höchstes Vorkommen bei rund 460 m (Abb. 3) und ist dadurch gut geeignet, die Plauener Binnenzone von der höher gelegenen Elster-Saale-Schwelle zu trennen.

1 ... auf Diabasböden

Auf den sich an das Mittelvogtländische Kuppenland anschließenden Gebieten mit saueren Verwitterungsböden kommt in Nadelholzforsten und auf Magerrasen das kalkmeidende Harzlabkraut (*Galium harcynicum*) vor, das in den Diabasgebieten fehlt (Abb. 3). Trotz der geringen Niederschläge der Nordwestvogtländischen Hochfläche besitzen die Verwitterungsböden (s. Seite 6) der Schiefergesteine eine hohe Neigung zur Stauwasserbildung. Deshalb gibt es hier zahlreiche Teiche und Tümpel mit entsprechender Vegetation (s. A 1). Die Flora der Wälder, des Grün- und Ackerlandes weist bedeutend weniger Arten auf als die des Mittelvogtländischen Kuppenlandes (s. N 1).

Im randlich gelegenen, geobotanischen Ostvogtland dominieren Arten des Berglandes, deren geschlossenes Verbreitungsgebiet im Westerzgebirge liegt, die aber auch dem Ostvogtland unter 500 m Höhenlage montane Züge verleihen. Dazu gehören Wolliges Reitgras (*Calamagrostis villosa*) als Fichtenbegleiter, Schwarze Heckenkirsche (*Lonicera nigra*) und Purpurhasenlattich (*Prenanthes purpurea*) als Vertreter der herzynischen Bergmischwälder sowie Waldstorchschnabel (*Geranium sylvaticum*), Bergwohlverleih (*Arnica montana*), Bärwurz (*Meum athamanticum*) und Alantdistel (*Cirsium helenioides*) in verschiedenen Grünlandgesellschaften.

Der Anteil des geobotanischen oberen Vogtlandes am Untersuchungsgebiet umfaßt hauptsächlich den Bereich des unteren Görnitztales. Der das obere Vogtland charakterisierende Zwergbuchs (*Polygala chamaebuxus*; s. M 2 und Bd. 26, Seite 10) kommt hier jedoch nicht vor.

Ursprünglich bedeckte Wald das mittlere Vogtland. Die natürlichen Waldgesellschaften mußten jedoch weitgehend Nadelholzforsten weichen (s. F 1, G 6, H 10, L 1). Im Bereich des Staatlichen Forstwirtschaftsbetriebes Oelsnitz (s. Y 1.3) dominiert die Fichte mit einem Anteil von 75%. Von den übrigen Holzarten ist die Waldkiefer mit 16% am stärksten vertreten. Im Landkreis Plauen bedecken Forste und Wälder noch 26,3% der Fläche. In den höher gelegenen Teilen herrschte früher wahrscheinlich Rotbuchen-Tannen-(Fichten-)Wald vor, der im

Bereich der Diabase artenreicher als im übrigen Gebiet war. Die Waldkiefer wuchs auf trockenen, skelettreichen Stellen (s. R 1). Auf Standorten, die ackerbaulich nicht genutzt werden können, stocken im Mittelvogtländischen Kuppenland noch Reste naturnaher Eichen-Linden- und Ahorn-Linden-Wälder (s. H 1, H 4, S 4), so auf Bergkuppen und an den Steilhängen der Flüsse und ihrer langen Nebengewässer. Hier üben sie die Funktion von Schutzwäldern aus.

R. Weber

Historische Entwicklung

Sichere menschliche Besiedlungsspuren aus der Urgeschichte sind im mittleren Vogtland seit dem Neolithikum durch Einzelfunde von Steingeräten nachweisbar. Wenn auch eine spätere Verschleppung nicht ausgeschlossen werden kann, so läßt doch eine Konzentration auf den Fluren von Christgrün, Limbach und Reimersgrün auf eine gewisse Bedeutung schließen. Nur einzelne Fundstücke liegen bisher für die frühe und mittlere Bronzezeit vor (s. Y 1.2). Erst in der jüngeren Bronzezeit setzte mit der Zeitstufe Hallstatt A eine dichtere Besiedlung ein (s. M 2, W 11), deren Nachweise in das heutige Waldgebiet hineinreichen (Weber und Richter 1964). Die vogtländische Lokalgruppe der Lausitzer Kultur zeigt Beziehungen nach Böhmen, dem Maingebiet und nach Thüringen. An ihrem Ende überschneiden sich lokal-obersächsische und süddeutsch-böhmische, speziell nordostbayerische Kulturerscheinungen (s. H 3, H 9, M 4, M 9). Diese finden ihren zeitlichen Abschluß mit den reichen Funden des Latènehügelgrabes von Liebau (s. D 6). Erst für die Zeit seit dem 8./12. Jh. liegen dann wenige, aber ausreichende Beweisstücke für die Annahme einer slawischen Besiedlung vor (Plauen-Komturhof; s. O 3, Q 2, Y 1.2), deren Anfang und Ende noch weitgehend unerforscht sind. Das mittlere Vogtland lag, mit Ausnahme einiger Orte im N, innerhalb der Grenzen des Dobnagaues. Die Urkunde von 1122 (s. P 1) nennt alteuropäische, slawische, slawisch-deutsche sowie deutsche Gewässer- und Örtlichkeitsnamen und slawische Ortsnamen (s. L 5, P 1). Sie bezeugt erstmals, daß die deutsche Ostexpansion auch das Gebiet um Plauen und Oelsnitz erreicht hatte. Die Ansiedlung deutscher Bauern war am Anfang des 13. Jh. abgeschlossen (Leipoldt 1928). Neben der Orts- (Abb. 5) und Flurgestaltung sind weitere frühgeschichtliche Zeugnisse der Besiedlung und Landeserschließung die Wasser- und Höhenburgen, die teils in landesherrlichem Besitz, teils Gründungen des niederen Adels waren. Die Ringwallinseln bzw. Rittergüter liegen in den Dörfern (s. K 1, M 5, S 3) des Altsiedelgebietes um Plauen und Oelsnitz sowie in den frühen Rodungs- (s. Q 7) und Waldhufendörfern (s. D 9) an den Rändern der Orte.

J. Richter

Die Herausbildung des Vicus *Plawe* (s. P 1) dürfte der günstigen geographischen Verkehrslage zu danken sein. Die Forscher der ersten Hälfte unseres Jahrhunderts rekonstruierten und kartierten ein dichtes Netz alter Straßen im Vogtland. Vor der großen Intensivierung des Marktverkehrs nach den Städtegrün-

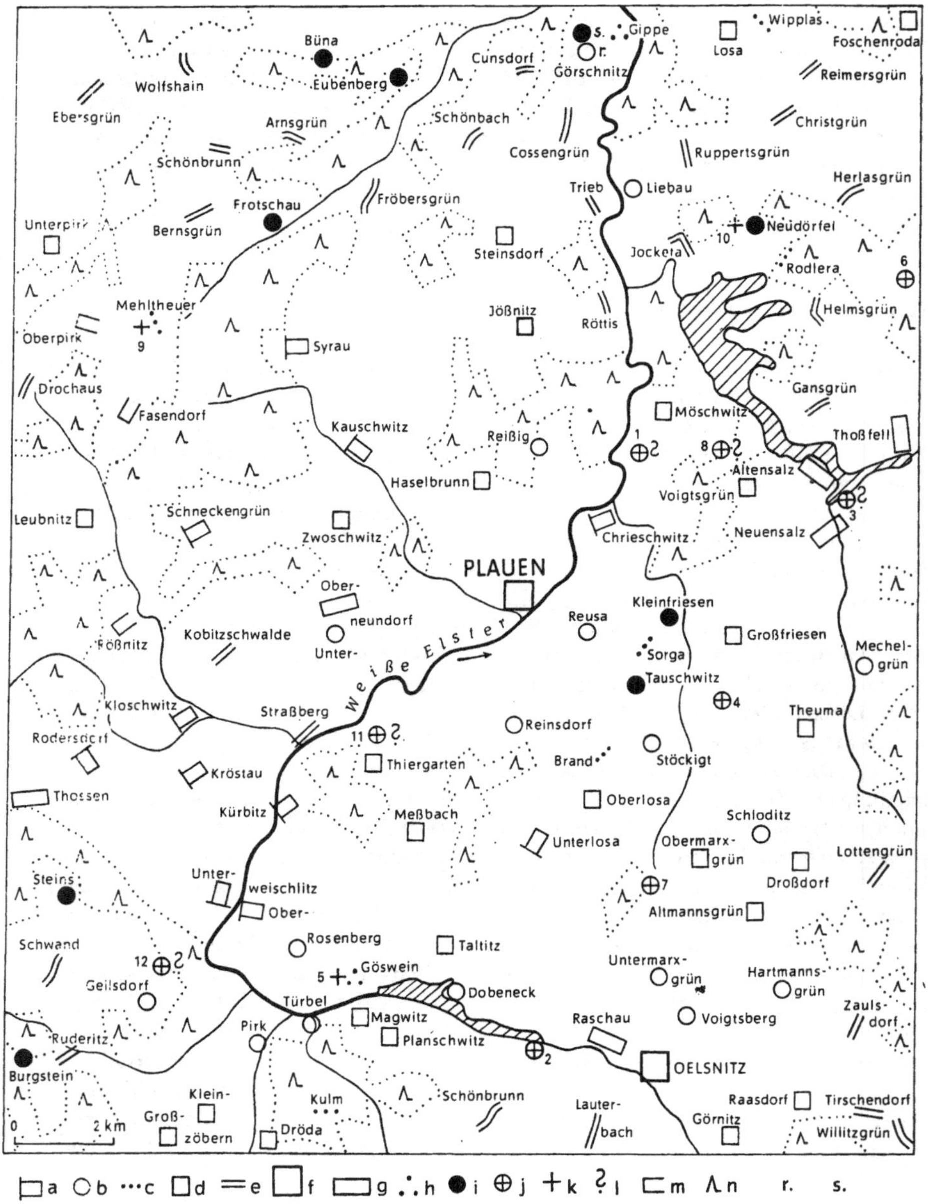

Abb. 5. Historische Siedlungsformen (nach BLASCHKE 1957) und Wüstungen (Entwurf J. RICHTER)

dungen hatten zunächst Steige genügt, die sporadisch als Richtungswege von Reitern und Lasttierzügen benutzt wurden. Obwohl eine Straße im Vogtland erst 1263 bezeugt ist, bestand beispielsweise wohl schon im 11. Jh. ein Steig von Hof nach Plauen. Gleichzeitig ist eine Verbindung nach N auf dem Westufer der Weißen Elster durch die Rolle von Veitsberg als Standort der ersten Burg der Vögte von Weida wahrscheinlich, deren richtige Datierung noch aussteht. Auch nach Cheb/ČSSR (Eger) gab es früh eine Verbindung. Die Straße Wiedersberg—Oelsnitz—Zwickau wird durch die in Oelsnitz im Jahre 1200 ausgestellte Urkunde König PHILIPPS VON SCHWABEN und dessen Anwesenheit belegt (s. Y 1.2). Außerdem entwickelte sich die sogenannte Frankenstraße Plauen—Zwickau—Dresden bzw. Plauen—Altenburg—Leipzig. 1284 findet die von Plauen über Pausa ins Thüringische führende Straße Erwähnung, eine weitere bestand zwischen Plauen und Schleiz/Hirschberg.

G. Billig

Der Besiedlungsgang kann auch aus der Namensgebung abgelesen werden. Neben den Gewässernamen, von denen am ältesten zweifellos der Flußname Elster (981 *Elstram*) ist, der im Zusammenhang mit einer Anzahl ähnlicher alteuropäischer bzw. indogermanischer Namen betrachtet werden muß, interessieren insbesondere die Siedlungsnamen. Für das mittlere Vogtland ist einerseits das Miteinander slawischer, deutscher und slawisch-deutscher Ortsnamen, andererseits das Vorhandensein eines spezifischen Typs hochmittelalterlicher Rodebezeichnungen charakteristisch. 57 deutschen stehen, einschließlich der Mischnamen, 37 slawische Namen zur Seite, die — zumindest bei Übereinstimmung mit entsprechenden Siedlungsformen (Weiler, Rundformen; Block- und Streifenflur) — Rückschlüsse auf den Ursprung der Dörfer zulassen. Aus den slawischen Ortsnamen lassen sich bestimmte altsorbische Appellative (Gattungsnamen) und Personennamen ermitteln, wobei insbesondere die bei der Eindeutschung vollzogenen lautlichen Veränderungen für die Rekonstruktion der ehedem im Dobnagebiet gesprochenen slawischen Mundart Bedeutung erlangen (EICHLER 1967). Eine Anzahl Siedlungsnamen, so Jocketa, Jößnitz,

---

Legende zu Abb. 5

a Gassendorf, -gruppendorf
b Gutssiedlung
c Häuslerreihe
d Platzdorf
e Reihen-, Waldhufendorf
f Stadt
g Straßen(anger)dorf
h Streusiedlung
i Weiler
j Wüstung
k Wüstung, zeitweise
l Wüstung, fraglich
m Zeilendorf
n Wald
r. reußischer Anteil s. sächsischer Anteil

Wüstungen
1 Altmöschwitz (Flurname)
2 Bertoldisgrune (Gatzenhof)
3 Dora (Tura)
4 Fressig (Frösig)
5 Göswein
6 Greffen
7 Kulm
8 Liebschwitz (Flurname)
9 Mehltheuer
10 Neudörfel
11 Possig (Flur)
12 Roßla (Hungersberg)

Rößnitz, Syrau und Türbel, entstand durch Übertragung von Bachnamen auf den jeweiligen Ort. Dies könnte vereinzelt bereits in slawischer Zeit geschehen sein, ist aber im wesentlichen wohl eine Erscheinung der deutschen Besiedlung, die — auch nach Ausweis des slawisch-deutschen Lautersatzes — im 12. Jh. einsetzte und im 13. Jh. vollzogen wurde. Ebenso ermittelten Forscher in den Flurnamen (EICHLER und LEIPOLDT 1962) und vereinzelt in den Personennamen (HELLFRITZSCH 1969) Slawisches.
Die Mischnamen im mittleren Vogtland dürfen wir als Ergebnis intensiver Sprachberührung deutscher und sorbischer Bevölkerung werten, wobei vermutlich der deutsche Anteil überwog. Letztlich zeugen auch diese Formen vom friedlichen Zusammenleben beider Siedlungsgruppen sowie von der schöpferischen, mitgestaltenden Rolle der slawischen Bevölkerung beim Landesausbau. Die 1267 teilweise zur Parochie Theuma gehörenden Orte mit Mischnamen (s. Y 7, 9) östlich von Voigtsberg dürften auf einen einheitlichen Besiedlungsgang unter Leitung der Straßberger Vögte (s. O 3) zurückzuführen sein.
Zur Bildung der deutschen Ortsnamen wurden neben den Grundwörtern -dorf, -berg, -bach, -feld auch anderweitig verbreitete, einen bestimmten Zeitstil widerspiegelnde Modewörter verwendet. Eine Ausnahme stellen die mit rund einem Drittel am häufigsten bezeugten Formen auf -grün dar, aus deren erster Komponente normalerweise der Name des Lokators — bei Christgrün und Gansgrün (s. M 8) bereits ein christlicher Name — zu ermitteln ist. Diese eine Rodung „im Grünen", also eine Waldlichtung bezeichnenden und überwiegend mit Waldhufenfluren ausgestatteten Orte gehören der jüngsten Periode der hochmittelalterlichen Ostexpansion an. Sie stehen im Zusammenhang mit der mainfränkischen Siedlungsbahn, besonders mit dem oberfränkisch-nordbayerischen Raum, und verleihen dem Vogtland sein toponymisches Gepräge. Die sprachliche Sonderstellung des Gebietes, die eine gewisse Bindung mit dem S erkennen läßt, wird auch durch eine Gruppe charakteristischer Familiennamen (HELLFRITZSCH 1969) sowie durch die bis in die Gegenwart lebendige Mundart oder mundartlich gefärbte Umgangssprache bestätigt. Dabei kann man eine kernvogtländische Mundart um Plauen und Oelsnitz und eine nordvogtländische unterscheiden.
In solche weiträumige, dem oberdeutschen Charakter der vogtländischen Mundart entsprechende Zusammenhänge sind außerdem die Ortsnamen auf -reuth, -brunn und Bildungen mit Neun- und Unter-, Formen wie Schwand, Wipplas, Gippe sowie die Pöhlnamen einzuordnen. Schließlich sei auf eine Gruppe genitivischer Ortsnamen, wie Steins, Ruderitz und Weischlitz, verwiesen, die in einem eng begrenzten Gebiet vorkommen.

V. Hellfritzsch

Erst relativ spät tritt das mittlere Vogtland in das Licht der Geschichte. Nach dem Übergang der Königsgewalt an die Staufer baute Kaiser FRIEDRICH BARBAROSSA im Gebiet zwischen Altenburg, Eger (Cheb) und Nürnberg ein Reichsterritorium auf, zu dessen Verwaltung er Reichsministeriale einsetzte, so die Herren von Weida, die als Vögte die deutsche bäuerliche Kolonisation im Gau Dobna gefördert hatten. Sie kamen um 1200 in den Besitz der Herrschaft Plauen, übereigneten 1224 dem Deutschritterorden die St.-Johannis-Kirche

(s. P 1.2) und verliehen Plauen das Stadtrecht. Durch ihre Rodetätigkeit auf Königsland erlangten sie landesherrliche Rechte, die sie auch gegen ihre Nachbarn durchsetzten. So erwarben sie Teile der lobdeburgischen Herrschaft Elsterberg, zu der um 1200 der Abschnitt zwischen Ebersgrün und Cossengrün gehörte, und 1327 die Herrschaft Voigtsberg (s. Y 2). Die Vögte hatten sich in die Linien Weida, Gera, Plauen und Plauen-Reuß getrennt. Durch die Goldene Bulle LUDWIGS DES BAYERN erreichte zwar HEINRICH II. REUSS (Greiz) für alle Vogtslinien die kaiserliche Anerkennung der vollen Landeshoheit in ihren Gebieten, sie mußten aber ihre Territorien gegenüber mächtigen Nachbarn verteidigen, verkaufen bzw. deren Oberlehenshoheit anerkennen. So überließ der Plauener Vogt 1327 seine Herrschaft Plauen Böhmen zu Lehen (s. M 8). Die enge Bindung der Plauener an die Krone Böhmens führte auch 1430 zu Zerstörungen in Plauen durch die Hussiten. Nachdem die Wettiner 1354 die lobdeburgische Restherrschaft Elsterberg direkt übernommen hatten, mußten die Vögte von Plauen, die für einzelne Besitzungen bereits die wettinische Lehenshoheit anerkannt hatten, 1356 auf die Herrschaft Voigtsberg und 1357 auf Teile der Herrschaft Plauen (s. D 6) verzichten. Zu weiteren Zwistigkeiten mit den Wettinern führte die Übernahme der Burggrafschaft Meißen durch HEINRICH X. von Plauen. Nachdem das Plauener Gebiet vorübergehend sogar im Pfandbesitz der Burggrafen von Nürnberg gewesen war, mußte der Sohn HEINRICHS X., Burggraf HEINRICH II., bei den Auseinandersetzungen mit den Wettinern seine Restherrschaft Plauen 1466 ebenfalls an diese abtreten. Die nordwestlichen Orte Wolfshain, Schönbrunn, Bernsgrün, Arnsgrün, Büna, Eubenberg, Fröbersgrün, Frotschau, Schönbach und Cossengrün verblieben bei den reußischen Herrschaften Ober- und Untergreiz. Über diese Dörfer liegt — von einigen Ausnahmen abgesehen — aus früheren Zeitepochen nur spärliches Material vor, so daß Angaben zur Landesherrschafts- und Grundherrschaftsgeschichte sowie zur Kirchenorganisation und Bevölkerungsstatistik vorherrschen. Deshalb erscheinen ihre Beschreibungen und aus gleichem Grund die der Orte des heutigen Kreises Oelsnitz nicht so umfangreich wie die der meisten anderen.

Die wirtschaftliche Grundlage des mittleren Vogtlandes mit ihrem zunächst rein agrarischen Zuschnitt geht darauf zurück, daß die Grundherren im 12./13. Jh. persönlich freie Bauern Land urbar machen ließen, das sie ihnen gegen Zins und einige festgesetzte Frondienste als erbliches Lehen übergaben. Während sich der Getreideanbau im wesentlichen auf Roggen und Hafer beschränkte und der Deckung des Eigenbedarfs diente, wurden Produkte der Vieh- und Milchwirtschaft auch für den Markt geliefert. Eine fortschreitende Differenzierung der Besitzgröße und der sozialen Schichtung in den Dörfern erfolgte vom 15. Jh. an.

Hatte unter den städtischen Gewerken die Tuchmacherei schon eine Vorrangstellung erreicht, so zog der wachsende Wollbedarf seit dem 15. Jh. verstärkt gutswirtschaftliche Schafhaltung nach sich. Die damit verbundenen feudalen Trift- und Hutungsrechte beeinträchtigten die bäuerliche Wirtschaftsweise in starkem Maße.

Bei der wettinischen Landesteilung 1485 wurde das sächsische Vogtland der ernestinischen Linie zugewiesen, so daß hier, im Gegensatz zu den reußischen

Gebieten, die Reformation schon sehr bald nach 1517 Eingang fand. In ihrer Folge wuchs auch die Aufstandsbewegung der vogtländischen Bauern, die im Mai 1525 zum Zusammenschluß in mehreren Lagern führte, von denen das an der Possig (s. P 1.8) vor Plauen das bedeutendste war. Obwohl es nicht zu bewaffneten Auseinandersetzungen kam, wurden die aufständischen Dörfer vom Kurfürsten mit harten Strafen belegt (Rannacher 1941). Seit dem 16. Jh. baute der Landadel seine Eigenwirtschaften aus, wobei er sich durch das Ansetzen von Gartennahrungsbesitzern und Häuslern sowie mit Hilfe des Gesindezwangsdienstes die notwendigen Arbeitskräfte verschaffte. Erst 1832—55 hoben die Agrarreformen die vielfältigen feudalen Lasten gegen Geldzahlungen an die Rittergutsherren auf.

Nachdem im Ergebnis des Schmalkaldischen Krieges der Burggraf Heinrich IV. von Meißen, ein Nachkomme der Plauener Vögte, das Vogtland an sich gebracht hatte, gelangte das Gebiet mit Ausnahme der reußischen Landesteile 1563 und 1569 endgültig an Kursachsen, das den Hauptteil zum Vogtländischen Kreis vereinte und Plauen 1602 zur Hauptstadt im Vogtländischen Kreis erhob. Durch den Verheerungszug des kaiserlichen Feldmarschalls Heinrich von Holk 1632 und die nachfolgenden Armeen von Matthias von Gallas und Albrecht von Wallenstein bekam das Vogtland die Schrecken des Dreißigjährigen Krieges furchtbar zu spüren. Die Pest forderte 1633 allein von den etwa 3000 Plauener Einwohnern 1748 Todesopfer. Noch Jahrzehnte nach dem Krieg standen zahlreiche Bauernhöfe als Folge der häufigen Durchzüge und Plünderungen leer.

Gegenüber der zunftgemäßen Tuchmacherei gewann Anfang des 17. Jh. die auf frühkapitalistischem Verlagssystem beruhende Baumwollweberei (s. P 1.1), für welche die Plauener „Schleierherren" ein Monopol erlangten, überragende Bedeutung. Die Gründung von Manufakturen führte im 18. Jh. zu vermehrter Produktion und erhöhter Ausbeutung. Die Weberei, vor allem aber das Verspinnen des Rohstoffs, erfaßte im starken Maße auch die Dörfer. Während der Blütezeit der Musselinherstellung um 1785 beschäftigte sie rund 30000 Spinner, Weber und Hilfskräfte. Als durch starke englische Konkurrenz Ende des 18. Jh. Absatzschwierigkeiten eintraten, wuchs die Not der Weber, und es kam wiederholt zu Unruhen. Nach 1815 verlor die Baumwollwarenindustrie fast völlig ihre Bedeutung. Als zukunftsträchtiges Gewerbe erwies sich die 1810 in Plauen eingeführte Plattstichstickerei.

Nicht zuletzt durch die Not der Weber fand die bürgerlich-demokratische Revolution von 1848/49 im Vogtland starken Widerhall. In Städten und Dörfern entstanden demokratische Vaterlandsvereine, und in Plauen konstituierte sich ein erster Arbeiterverein. Der Dresdner Maiaufstand mobilisierte vor allem unter den Turnern die Bereitschaft zum bewaffneten Kampf. Die reaktionären Kräfte verhängten nach der Niederschlagung der Erhebung schwere Strafen; das Gefängnis im Justizamt Voigtsberg blieb bis zur Aburteilung gefangener Freiheitskämpfer monatelang voll besetzt. Als eines der 3 Mitglieder der provisorischen sächsischen Regierung wurde der Plauener Otto Leonhard Heubner zunächst zum Tode verurteilt, nach 9 Jahren Zwangsaufenthalt im Zuchthaus aber entlassen (s. P 1.2).

Die Entwicklung der kapitalistischen Industrie erhielt durch die frühe Anbin-

dung Plauens und des mittleren Vogtlandes an die damals bedeutendste Nord-Süd-Eisenbahnverbindung Leipzig—Nürnberg, die 1851 in ihrer Gesamtheit dem Verkehr übergeben wurde (s. H 6), günstige Voraussetzungen. Der Bau der Linien Herlasgrün—Oelsnitz—Cheb (Eger) 1864/65 und Plauen, Oberer Bahnhof—Oelsnitz 1874 verlieh auch Oelsnitz und dem mittleren Elstertal wirtschaftliche Impulse. Mit der Strecke Weischlitz—Plauen, Unterer Bahnhof—Gera erfolgte 1875 der Anschluß an das untere Elstertal.
Einen weiteren entscheidenden Anstoß zur Industrialisierung gab 1857 die Überführung von 2 Schweizer Handstickmaschinen nach Plauen. Danach wuchs die Zahl der Stickereibetriebe und Maschinen allein in der Kreisstadt zwischen 1863 und 1872 von 8 Betrieben mit 65 auf 239 Fabriken mit 907 Maschinen (BEIN 1884). In diesem Zusammenhang breitete sich vor allem die hausindustrielle Lohnstickerei auch in vielen Dörfern aus (s. S 3, T 2). Die soziale Lage dieser Kleinproduzenten blieb jedoch unsicher und litt besonders stark unter Konjunkturschwankungen und Krisen. Bis 1880 lieferte die Stickereiindustrie überwiegend Wäscheeinsätze und Besätze, die die einheimischen Konfektionsbetriebe verarbeiteten. Im Jahr 1880 wurde auf der Suche nach modebeeinflussenden Artikeln (s. P 1.1) und neuen technischen Methoden ein Verfahren zum Besticken leichten Tülls entwickelt. Im Jahr 1883 wurden die ersten Dampfstickmaschinen aufgestellt, die gegenüber den herkömmlichen Handstickmaschinen eine sechs- bis siebenfache Produktionssteigerung erlaubten (FRÖHLICH und SCHIMMACK 1961). Damit und mit dem wenig später entstandenen Ätzverfahren waren die Voraussetzungen für ein maschinelles Produkt geschaffen, das zunächst als sächsische, später als Plauener Spitze den Weltmarkt eroberte. Einen ähnlich starken Impuls bewirkte die gleichzeitige Begründung der Oelsnitzer Teppichherstellung (s. Y 1.3).
Rasches Wachstum der Städte und Veränderung der S o z i a l s t r u k t u r, vor allem durch Zunahme des Arbeiteranteils, auch in den stadtnahen Dörfern, kennzeichneten die Entwicklung bis zum ersten Weltkrieg. Die Einwohnerzahl Plauens, die 1875 erst 28756 betragen hatte, überschritt bereits 1904 die Hunderttausendgrenze.
Mit der Industrialisierung formierte sich auch das Proletariat, wobei das Vorherrschen von Kleinbetrieben und Heimarbeit den Prozeß seiner Organisierung erschwerte. Seit Beginn der siebziger Jahre, verstärkt aber nach dem Sieg über das Sozialistengesetz 1890, entstanden Gewerkschaftsorganisationen und Vereine. Selbständige Ortsgruppen der Arbeiterpartei bildeten sich 1892 in Oelsnitz und 1906 in Plauen. In dieser Zeit kam es auch zu großen Kampfaktionen. So standen 1903 über 2000 Plauener Bauarbeiter 6 Wochen lang im Streik.
Der erste Weltkrieg brachte für die mode- und exportabhängige Spitzenindustrie einen Niedergang und als Folge davon hohe Arbeitslosigkeit und Bevölkerungsabwanderung. Diese Erscheinungen dauerten während der revolutionären Nachkriegskrise und auch danach an und verschärften die Klassenwidersprüche (s. P 1.1, Y 1.3). Im Ergebnis der Novemberrevolution 1918 entstand aus den Fürstentümern Reuß ältere und jüngere Linie der Volksstaat Reuß, der 1920 im Freistaat Thüringen aufging. Zu ihm — seit dem Ende des zweiten Weltkrieges zum Land Thüringen — gehörte der Kreis Greiz mit den Dörfern Wolfshain, Schönbrunn, Bernsgrün, Arnsgrün, Büna, Eubenberg und Frotschau (seit

1952 alle zum neuen Kreis Zeulenroda) sowie Fröbersgrün (seit 1952 zum Kreis Plauen). Nach der Verwaltungsreform 1952 blieben nur noch Schönbach und Cossengrün beim alten Kreis Greiz, der wiederum vom Kreis Plauen die Orte Cunsdorf, Görschnitz und Elsterberg-Gippe zugewiesen bekam. Die Grenze zwischen beiden Kreisen ist zugleich Bezirkgsgrenze zwischen den Bezirken Gera und Karl-Marx-Stadt.
In der Zeit von 1933 bis 1945 setzten viele Antifaschisten die politische Arbeit illegal fort. Hervorragende Kämpfer, wie der Plauener Kommunist RUDOLF HALLMEYER (1908—1943), opferten ihr Leben für die Befreiung vom Faschismus. Nachdem Plauen noch am 10. April 1945 durch britisch-amerikanische Bomben stark zerstört worden war (s. P 1.1), besetzten amerikanische Truppen wenig später das Vogtland. Erst nach ihrer Ablösung durch die sowjetische Armee am 1. Juli 1945 bekamen die antifaschistisch-demokratischen Kräfte die Möglichkeiten zum Aufbau einer demokratischen Selbstverwaltung.
Die von Oktober bis Dezember 1945 durchgeführte demokratische Bodenreform, bei der beispielsweise im damaligen Kreis Plauen 3560 landarme Bauern, Landarbeiter und Umsiedler ehemaliges Gutsbesitzerland erhielten (s. G 5, J 2, M 5, X 3, Y 3), leitete den seit 1946 von der SED geführten Prozeß der grundlegenden Veränderung der sozialökonomischen Verhältnisse ein, der wesentliche Strukturwandlungen in Industrie und Landwirtschaft brachte. Nachdem die zweite Parteikonferenz der SED im Juli 1952 den Aufbau des Sozialismus in der DDR proklamiert hatte, entstanden LPGs in Weischlitz (s. S 5), Oberlosa (s. T 6), Raschau (s. X 7), Neuensalz (s. M 5) und Untermarxgrün (s. Y 3). Im Frühjahr 1960 vollzog sich in allen Dörfern der Übergang zur vollgenossenschaftlichen Produktion. Anfangs gab es im Kreis Plauen rund 90 LPGs. Um rationeller arbeiten zu können, schlossen sich schon bald mehrere Genossenschaften zusammen. Diese führten die industriemäßige Produktion ein, und es entstanden zunächst kooperative Abteilungen für Pflanzenproduktion (KAP) und Tierproduktion (KAT, s. X 3).

J. Richter, H. Herold, H. Fröhlich

Gegenwärtige Struktur

Das Territorium beiderseitig der Weißen Elster zwischen Oelsnitz und Elsterberg nimmt eine Fläche von 360 km² ein. In über 100 Siedlungen leben gegenwärtig etwa 120000 Einwohner. Überragende Bedeutung für das weitere Umland erlangt die Stadt Plauen mit rund 80000 Einwohnern. In Plauen und Oelsnitz leben 4 von 5 Einwohnern des Untersuchungsraumes, und mehr als 90% der Industrie konzentrieren sich auf diese beiden Standorte. Die Einzugsbereiche ihrer kulturellen (s. P 1.2), medizinischen (s. P 2, Y 1.4) sowie Handels- und Dienstleistungseinrichtungen reichen weit in das Umland.
Zur Beurteilung der Territorialstruktur (Abb. 6) muß man stets die Stellung von Plauen im Auge behalten. Ermittelt man die Bevölkerungsdichte des Gebietes, so ergibt sich ein Wert von 320 Einwohnern pro km²; das entspricht der

Dichte der großen Ballungsräume der DDR. Diese Feststellung täuscht jedoch; denn auf 80% der Fläche des Territoriums wohnen weniger als 100 Personen auf 1 km². Siedlungen der Größenordnung von 100 bis 500 Einwohnern überwiegen, nur jeder vierte Ort zählt mehr Bewohner; denn typisch für diese vogtländische Landschaft ist die starke Zersplitterung der Siedlungsstruktur mit ihren vielen kleinen Wohnplätzen. Mit etwa 30 Dörfern auf 100 km² hat der Raum eine Siedlungsdichte, die im Vergleich mit anderen Teilen der DDR als hoch zu bewerten ist. So beträgt der mittlere Abstand zwischen den Orten nur etwa 2 km; bei Oelsnitz gibt es Entfernungen von 1 km und darunter. Siedlungsgrößen und Einwohnerzahlen haben sich, von Plauen abgesehen, seit der Zeit vor dem ersten Weltkrieg in den Proportionen relativ wenig verändert.
Die Beziehungen der Dörfer untereinander und die innere Struktur erreichten mit der Bildung von Gemeindeverbänden einen vorläufigen Höhepunkt sozialistischer Gemeinschaftsarbeit. Die Orte konzentrieren und koordinieren ihre Kräfte und Mittel in Verbänden, von denen 6 ihren Sitz zwischen Plauen und Oelsnitz haben (Abb. 6). Einige der Zentren, voran Weischlitz (s. S 5), haben überörtliche Funktionen. Sie nehmen nicht nur Versorgungs- und Betreuungsaufgaben des Handels, der Volksbildung, des Gesundheitswesens und der Kultur für einen ländlichen Einzugsbereich wahr, sondern sie sind auch Produktionsstandorte. Komplexe Möglichkeiten der Bedürfnisrealisierung bestehen in der Kreisstadt Oelsnitz, während Plauen in jeder Hinsicht die bedeutendste Stadt des gesamten Vogtlandes ist.
Seiner Produktionsstruktur nach definieren wir das mittlere Vogtland als Industriegebiet. Rund 60% der Beschäftigten arbeiten in der Industrie, vor allem in Plauen und Oelsnitz. Das Elstertal bildete eine Art Leitlinie bei der Entstehung industrieller Produktionsstätten (s. P 1.3). Textilindustrie und Maschinenbau besitzen Tradition, in diesen Zweigen arbeiten zwei Drittel der in der Industrie Tätigen. Spitzen und Gardinen verhalfen Plauen zu seinem Ruhm (s. P 1.1). Gleichermaßen typisch ist für Oelsnitz die Teppichherstellung (s. Y 1.3). Das Produktionsspektrum der Textilindustrie repräsentieren weiterhin die Baumwollspinnereien, Webereien und bedeutende Konfektionsbetriebe (s. P 1.4).
Trotz einiger Großbetriebe ist die Arbeitsstättenstruktur stark zersplittert. Viele kleine und kleinste Betriebe oder Betriebsteile der Textilindustrie produzieren in Landgemeinden (s. S 5) des Umlandes von Plauen. Für den Maschinenbau sind dagegen größere Produktionseinheiten typisch, wie der Druckmaschinenbau, der Werkzeugmaschinenbau und der Metalleichtbau (s. P 1.3). Auch die Elektroindustrie hat in Plauen wichtige Standorte hervorgebracht (s. P 1.3, P 1.4). Das Elstertal bot gute Voraussetzungen für das Entstehen der Chemiefaserindustrie, die in Plauen durch den VEB Sächsische Zellwolle vertreten ist (s. P 1.3). Im Umland der Stadt sind die Eisengießerei und das Drahtstiftwerk in Herlasgrün (s. D 9) sowie der Betriebsteil Jocketa (s. H 6) des VEB Baumechanik Lengenfeld als bedeutsam hervorzuheben.
Auch im Vogtland ging in vergangenen Jahrhunderten und geht teilweise noch heute Bergbau auf verschiedene Rohstoffe um. Im mittleren Vogtland lagen die meisten Reviere mit Eisen-, Nichteisen- und Silbererzen im Bereich von vorwiegend NW—SO streichenden Spaltensystemen, die verschiedene Mineralien

führten. So können hier unterschieden werden das Oelsnitz-Pirker Erzrevier (s. X 5, Y 1.3, W 3), das Geilsdorfer Revier (s. V 3), die Erzreviere von Plauen (s. L 1), Voigtsgrün (s. M 7), Pöhl (s. H 3), Foschenroda (s. D 4) und Jößnitz (s. G 5, G 6) sowie in jüngster Zeit das Erzrevier der SDAG Wismut bei Mechel-

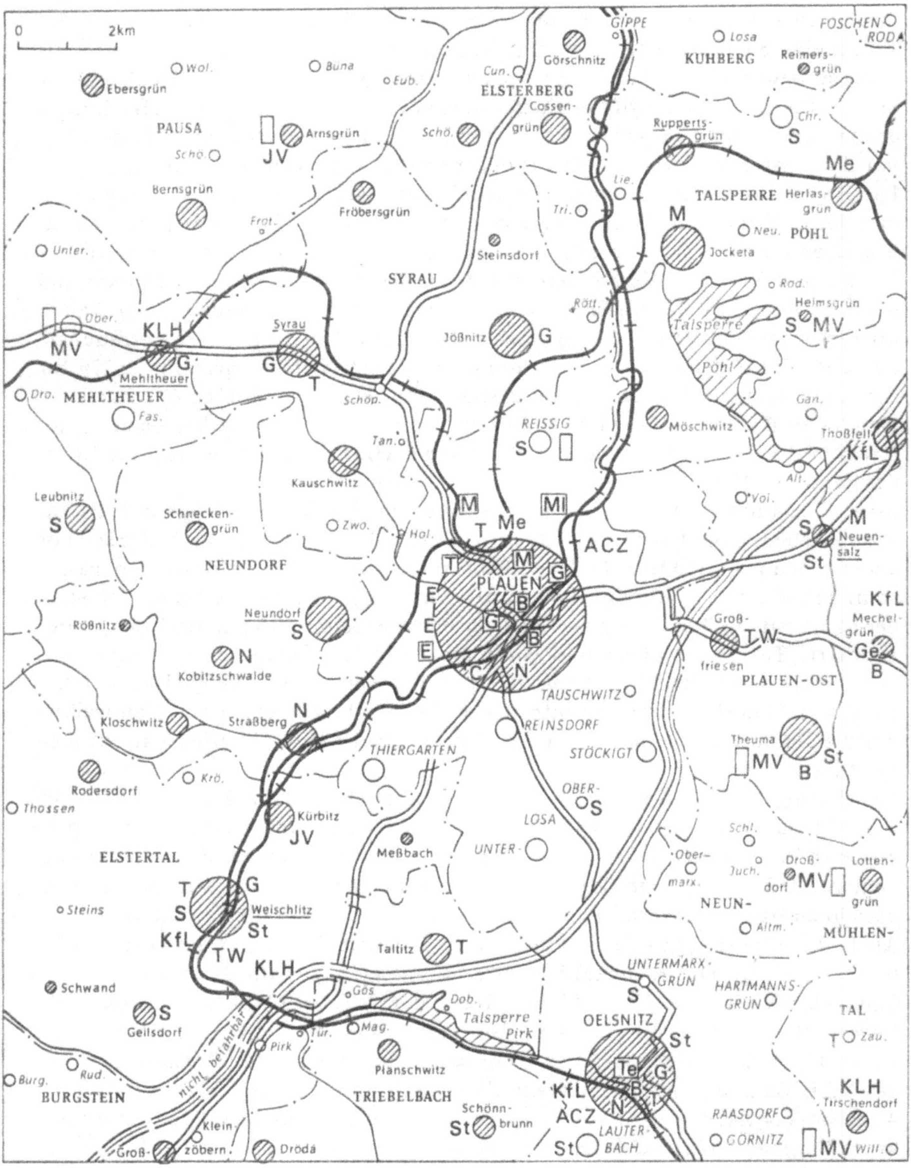

Abb. 6. Elemente der Territorialstruktur (Entwurf T. HECKER)

grün (s. Q 8). Heute nutzen der Fluß- und Schwerspatbetrieb in Schönbrunn (s. X 4), die Hartsteinwerke Vogtland in Oelsnitz (s. X 6) und Umgebung (s. W 6) sowie bei Limbach, der VEB Zuschlagstoffe und Natursteine Gera unterhalb der Rentzschmühle und die Betriebsteile des Dresdner VEB Elbenaturstein in Theuma (s. U 2) und Neuensalz (s. M 5) die Bodenschätze. Außerdem wird Lehm bei Oelsnitz und Limbach in Teilbetrieben des Ziegelkombinats Karl-Marx-Stadt abgebaut und verarbeitet.

Der bestimmende Wirtschaftszweig außerhalb der Städte ist aber die Landwirtschaft. Die Pflanzenproduktion konzentriert sich auf die Erzeugung von Getreide, Kartoffeln und Futterpflanzen. Westlich der Elster dominiert der Pflanzkartoffel- und östlich der Speisekartoffelanbau. Die Pflanzenproduktion obliegt dem VEG Christgrün (s. D 7) und spezialisierten LPGs in Syrau (s. F 2), Geilsdorf (s. V 3), Tirschendorf (s. Y 9) und Mechelgrün (s. Q 7) sowie im angrenzenden Bezirk Gera. Bei Erfüllung ihrer Aufgaben können sie sich beispielsweise auf die Trockenwerke in Großfriesen (s. Q 5) und Weischlitz (s. S 5), die Pflanzkartoffellagerhäuser in Mehltheuer und Weischlitz sowie auf kleine Lagerhäuser in Lauterbach und Planschwitz stützen. Die agrochemischen Zen-

---

Legende zu Abb. 6

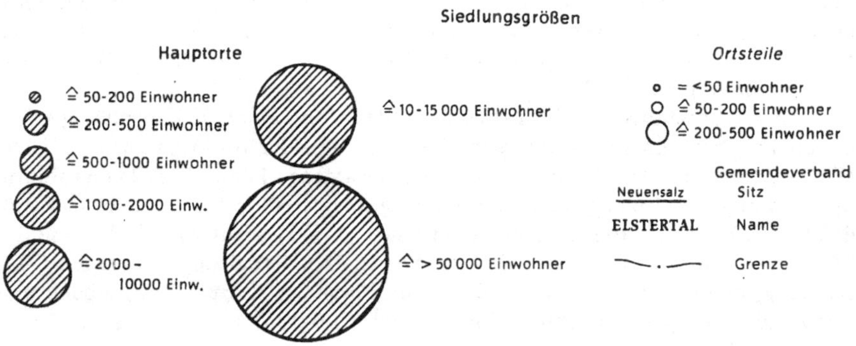

Produktionsstruktur

1	2	3	4	5	6	7	8	9	10	11	12	13
□	E	C	M	Ml	Me	G	Te	T	B	N	St	KfL

Schwerpunkte der Tierproduktion

14	15	16	17	18
▯	MV	JV	S	Ge

Schwerpunkte von Anlagen der Pflanzenproduktion

19	20	21
TW	KLH	ACZ

1 Großbetrieb
2 Elektroindustrie
3 Chemiefaserindustrie
4 Maschinenbau
5 Metalleichtbau
6 Sonstige Metallindustrie
7 Gardinen, Spitzen, Stickerei
8 Teppiche
9 Sonstige Textilindustrie
10 Bekleidungsindustrie
11 Nahrungsgüterindustrie
12 Bergbau, Hartsteingewinnung, Ziegelei
13 Kreisbetrieb für Landtechnik
14 Industriemäßige Großanlage
15 Milchvieh
16 Jungvieh/Kälber
17 Schweine
18 Geflügel
19 Trockenwerk
20 Kartoffellagerhaus
21 Agrochemisches Zentrum

tren in Plauen und Oelsnitz nehmen bei der Durchführung des Pflanzenbaus eine wichtige betreuende Funktion ein.
In der Tierproduktion überwiegt die Milchviehhaltung, aber auch für Jungrinderaufzucht liegen dort, wo hohe Grünlandanteile vorherrschen (Nähe der Talsperre Pöhl, Elstertal), günstige Bedingungen vor. Bemerkenswert ist die relativ stark vertretene Schweinezucht (s. S 5) und -mast (s. D 7, D 9, L 4, T 6, X 3). Industriemäßige Milcherzeugung erfolgt in einer Reihe großer Anlagen (s. E 4, Q 6, U 1, Y 9), hinzu kommt die Aufzucht von Kälbern (s. A 3). Die Landwirtschaft kann sich auf Einrichtungen wie den Kreisbetrieb für Landtechnik Vogtland in Untermarxgrün (s. Y 3) und seine Teilbereiche (s. M 9, X 3), den Landtechnischen Anlagenbau in Oelsnitz und leistungsfähige Baubetriebe stützen.
Die meisten Gemeinden sind vorrangig Wohnorte, aus denen oft mehr als die Hälfte der arbeitenden Bevölkerung täglich nach Plauen, Oelsnitz, Elsterberg, Greiz, Netzschkau oder Reichenbach fährt. Die Pendelwanderungsrichtungen werden begünstigt durch die verkehrsmäßige Erschließung des Gebietes in Form der Eisenbahnstrecken von Reichenbach, Greiz, Schönberg und Bad Brambach nach Plauen sowie durch die Fernverkehrsstraße 92 (Nord-Süd-Verbindung), F 169 (von Falkenstein), F 173 (von Reichenbach) und F 282 (von Schleiz). Neben den Eisenbahnstrecken mit internationalem Reiseverkehr aus der ČSSR und der BRD obliegt insbesondere der Autobahn aus dem Ballungsgebiet Karl-Marx-Stadt—Zwickau eine überörtliche Funktion. Sie bildet den Hauptanfahrtsweg für Touristen und Weiterreisende in Richtung Grenzübergang Schönberg zur ČSSR.
Das Mittelvogtländische Kuppenland besitzt von seiner geomorphologischen Gestaltung her günstige Voraussetzungen für eine Erholungsnutzung. Die Weiße Elster mit ihren Zuflüssen sowie die bewaldeten Pöhle gliedern den Raum, in dem einige Landschaftsschutzgebiete ausgewiesen sind: das Steinicht (s. C 10), das Syratal (s. L 1), die Burgsteinlandschaft (s. V 1) sowie die Umgebung der Talsperren Pöhl (s. H 5.2) und Pirk (s. W 11). Ihre Erhaltung sichert die Naherholung, besonders für die Einwohner von Plauen, Oelsnitz, Reichenbach und Greiz. Auch einige Naturschutzgebiete, wie das Triebtal (s. H 4) oder die Elsterhänge bei Röttis (s. H 1) und Pirk (s. S 4) sowie das untere Kemnitztal (s. V 2), dienen der Erholung.
In zunehmendem Maß entwickelt sich die teilweise saisongebundene Ferienerholung. Vor allem Betriebe aus den südlichen und mittleren Bezirken der DDR besitzen beispielsweise in Leubnitz (s. J 1), Mehltheuer (s. E 1) und Syrau (s. F 2), in Jocketa (s. H 6), Neudörfel (s. H 7), Herlasgrün (s. D 9) und Thoßfell (s. M 9), aber auch in der Umgebung der Talsperre Pirk (s. W 11) Ferienheime. Jößnitz und Jocketa erhielten den Status staatlich anerkannter Erholungsorte. Hauptanziehungspunkte für Erholungsuchende stellen die Talsperren Pöhl und Pirk dar. Auch die Tropfsteinhöhle in Syrau (s. F 2) wird als geologische Besonderheit gern aufgesucht. Schließlich ist der Wintersport schon „vor der Haustür", an den Stadträndern von Plauen und Oelsnitz, von Bedeutung.

T. Hecker

Einzeldarstellung

Weidaquellgebiet A 1

Die Bernsgrüner Hochfläche, ein Flachrücken im Bereich der Gemeinden Wolfshain, Bernsgrün, Ober- und Unterpirk und ihrer Fluren, ist das Quellgebiet der Weida, eines Weiße-Elster-Zuflusses, der einschließlich der Auma über ein Einzugsgebiet von 459 km² verfügt. Tektonisch gehört der Raum zur Mehltheuerer oder Vogtländischen Kulmmulde (s. Seite 6), die nach NW zu durch eine Verwerfung (Vogtländische Störung) — etwa 2 km von Bernsgrün entfernt — gegen den Bergaer Sattel absetzt. Den Verlauf der Störung zeichnen die oberste Weida bis zum Butterberg bei Pausa und der ihr entgegenkommende Hundsbach ziemlich exakt nach. Nur im Kulm- und Allrichberg (s. E 6) wird die nach NW geneigte haupttalferne Hochfläche von flachen Vollformen um 20—30 m überragt. Ansonsten ist sie von breiten und weithin vernäßten, im Brüchigt südlich Oberpirk (s. E 4) auch vermoorten Quellmulden bestimmt. Die vorherrschenden Tonschiefer im Untergrund sind vielfach tiefgründig verwittert, worauf schon die geologischen Karten vom Ende des 19. Jh. hinweisen. Diese bis zu 20 m mächtigen Verwitterungsdecken können tertiären Ursprungs sein und wurden in den folgenden pleistozänen Warm- und Kaltzeiten wiederholt überprägt, zum Teil auch umgelagert, aber nie erosiv ausgeräumt. Sie bestimmen mit ihren schwer wasserdurchlässigen dichten, schluffig-tonigen Substraten die meisten Weidaquellmulden, die durch schlechte Dränzügigkeit und Erwärmbarkeit auffallen. Damit verbundene lokalklimatische Effekte rechtfertigen es, die Bernsgrüner Hochfläche bereits den mittleren Gebirgslagen zuzuordnen (Abb. 2).
Noch in den zwanziger Jahren des 20. Jh. gab es in diesem Raum auf einer Fläche von etwa 6 km² über 100 Teiche und Tümpel. Im Lauf der Zeit sind vor allem die Kleinstgewässer verschwunden. An manchen Stellen deuten Sumpfpflanzen ihre ehemalige Lage an, andere sind völlig mit Gebüsch zugewachsen, oder die Teichböden wurden aufgeforstet. An die Stelle versumpfter Wiesen der Hochfläche trat nach weitgehender Melioration ertragreiches Grün- oder Ackerland. Etwa 900 m südöstlich von Wolfshain entstand vor einigen Jahren ein großer Teich neu.
In und an den Teichen befindet sich eine relativ artenreiche Wasser- und Sumpfvegetation, jedoch zeigen sich Röhrichtgürtel infolge der Höhenlage nur andeutungsweise, oder sie fehlen völlig. Die Laichkraut- und Schwimmblattgesellschaften sind vorwiegend durch Schwimmendes und Krauses Laichkraut (*Potamogeton natans*, *P. crispus*) sowie durch Kanadische Wasserpest (*Elodea canadensis*) und Wasserknöterich (*Polygonum amphibium*) vertreten. Manche

A 1 flache Teiche weisen Massenbestände des Teichschachtelhalmes (*Equisetum fluviatile*), der Schlanksegge (*Carex gracilis*) oder des Ästigen und Einfachen Igelkolbens (*Sparganium erectum, S. emersum*) auf. Diese Arten leiten zur Verlandungszone der Teiche über. Nach den flachen Rändern zu wachsen häufig Gemeiner Froschlöffel (*Alisma plantago-aquatica*) und Gemeine Sumpfsimse (*Eleocharis palustris*). Als weitere Arten des Röhrichts verdienen Breitblättriger Rohrkolben (*Typha latifolia*), Wasserschwertlilie (*Iris pseudacorus*) und Kalmus (*Acorus calamus*), eine frühere Arzneipflanze, Erwähnung. An manchen Teichen wird das Röhricht durch einen breiten Saum des Flutenden Schwadens (*Glyceria fluitans*) ersetzt. In den Verlandungssümpfen fallen Fieberklee (*Menyanthes trifoliata*) und Blutauge (*Comarum palustre*) als rot- bzw. purpurnblühende Pflanzen auf.

Viele Arten sind an der Zusammensetzung verschiedener Naßwiesentypen beteiligt. Dazu gehören Seggen (*Carex* spec.), Binsen (*Juncus* spec.), Sumpfdotterblume (*Caltha palustris*), Gemeiner Blutweiderich (*Lythrum salicaria*), Gemeiner Gilbweiderich (*Lysimachia vulgaris*), Sumpfschafgarbe (*Achillea ptarmica*), Brennender Hahnenfuß (*Ranunculus flammula*), verschiedene Weidenröschen (*Epilobium* spec.) und zahlreiche andere Pflanzen. Erlen, Weiden und Faulbaum (*Frangula alnus*) säumen die Ufer. Gelegentlich befindet sich in solchem Gehölz der Bittersüße Nachtschatten (*Solanum dulcamara*). In vielen Teichen lebt der Wasserfrosch (*Rana esculenta*), auf größeren Gewässern brütet neben anderen Arten die Bleßralle, und der Kiebitz hat an Teichrändern und auf Sumpfwiesen geeignete Biotope.

A 2 **Ebersgrün,** Kreis Zeulenroda, und **Wolfshain**

Ebersgrün wurde 1402 als *Eberhartsgrune* (= Rodung eines Eberhart) erstmals urkundlich genannt. Das Waldhufendorf mit einer Flurgröße von 556 ha liegt 470 m bis 500 m ü. NN und zieht sich vom Ortsausgang Pausas an der alten Straße nach Greiz und Gera am Ebersgrüner Bach bis in dessen Quellmulde hinauf. An den Talhängen liegen alte Vier- und Dreiseithöfe, an der Straße entlang kleine Anwesen und Teiche. In Ortsmitte wurde mit Unterstützung der LPG das frühere Gasthaus Zur Linde zum gesellschaftlichen Zentrum ausgebaut. Am westlichen Talhang ziehen sich einzelne Gehöfte bis zur Oberen Kalkgrube hin und grenzen damit an die Wolfshainer Flur. Die Kirche mit ummauertem Friedhof und die Pfarre stehen an der Ostseite.

Bei der Kirche St. Maria Magdalena, einem Rechteckbau mit Walmdach, fällt die leicht konkav gekrümmte Südwand auf. Der kräftige Nordturm mit Sehschlitzen und tonnengewölbtem Untergeschoß, das vom Kircheninnern her betreten wird, ist ins Schiff eingerückt. Sein verschieferter Achteckaufsatz endet in einer gedrückten welschen Haube mit geschlossener Laterne. Ein ehemals den Westgiebel bekrönendes kunstvolles Kreuz des 14. Jh. ziert seit 1859 die Kirchhofsmauer. Das Schiff birgt einen nach der Mitte des 15. Jh. entstandenen Schnitzaltar in neuem Schrein und einen barocken Kanzelaltar der Zeit um 1700 mit 3 Evangelistendarstellungen. Unmittelbar ostnordöstlich der Kirche befindet sich als Überrest einer mittelalterlichen Wehranlage ein von einer alten Linde (Naturdenkmal) bestandener kleiner Turmhügel.

Unweit der Kirche entstand in jüngster Zeit ein Neubau, Sitz einer Abteilung und der Reparaturwerkstatt der LPG (P) Arnsgrün, an die sich die 1960 gegründete LPG Frohe Zukunft angeschlossen hat. An der Straße nach Wolfshain, am Pörstlich (509 m), liegen die Ställe der ZGE Schweinemast Ebersgrün, an der beispielsweise die LPGs (T) Bernsgrün und Unterreichenau beteiligt sind und die in zwei Durchgängen jährlich etwa 8000 Tiere liefert. Für die tierische Produktion in Ebersgrün und Wolfshain zeichnet die LPG (T) Spitzenburg Unterreichenau verantwortlich. Der größere Teil der Werktätigen von Ebersgrün arbeitet aber, außer in einem kleinen örtlichen Betrieb des VEB Vowetex (s. P 1.3), im nahen Pausa. A 2

Wolfshain, seit 1970 Ortsteil von Ebersgrün, wurde 1449 als Wüstung *Wolffhain* erstmals erwähnt. Der Name bedeutet an einem Hain gelegener Ort eines Wolf(hart). Die 275 ha große Waldhufenflur liegt auf der Hochfläche zwischen Triebes und Ebersgrüner Bach. Das Siedlungsbild bestimmen Drei- und Vierseithöfe neben kleinen Anwesen, die sich in 480 bis 495 m ü. NN die Dorfstraße entlang lose aneinanderreihen. Die alte Block- und Fachwerkbauweise ist stark verändert erhalten. Nordwestlich vom Ortsausgang liegen ein kleines Sägewerk des VEB Werkzeugmaschinenfabrik Zeulenroda und, abseits von der Straße, die Untere Kalkgrube. Hier baute man im Mittelalter ein kleines Kalksteinvorkommen des Unterkarbons (Abb. 1) ab. Jetzt steht dort ein Vierseithof neben einem kleinen Anwesen. Außerdem gehörten auf dem Flurstück Obere Kalkgrube noch 3 kleine Güter und der Dillner, das Gasthaus Zur Landesgrenze (Sachsen-Reuß), zu Wolfshain.

Der bäuerliche Charakter des Dorfes blieb erhalten. Der überwiegende Teil der Einwohner arbeitet, nachdem 1960 eine LPG Typ I gegründet worden war, heute in der LPG (P) Arnsgrün (s. B 1) oder in der Viehhaltung.

Bernsgrün, Kreis Zeulenroda, und **Schönbrunn** A 3

Bernsgrün erscheint urkundlich 1449 in der Schreibung *Bernsgrun* = Ort eines Bern(hart). Seine Kirche ist spätromanischen Ursprungs, der etwa quadratische Chorturm mit hohem Dach trägt einen Dachreiter. Die Ost- und Schiffssüdwand weisen schmale romanische Fenster auf. Freigelegte Fresken des 15. Jh. schmücken das Innere des spitztonnengewölbten Chors an der Ostwand. Der geschnitzte Flügelaltar entstand um 1500; der Barockzeit gehören die das Schiff umziehenden zweigeschossigen Emporen an, ebenso das Lesepult von 1671 und die Kanzel mit den möglicherweise von Christian Preller stammenden Evangelistenfiguren.

Bernsgrün ist ein Waldhufendorf (629 ha), die ehemalige Rittergutsflur mit dem Flurstück Ohlisch lag im N. Die Gehöfte ziehen sich von der Quellmulde am Bernsgrüner Bach von 510 m bis 465 m ü. NN hinab. Die Talaue füllen mehrere Teiche und ehemalige Häusleranwesen aus. In der Dorfmitte wurde das Haus Zum Roß, ehemals Brauerei und Gasthof, zum gesellschaftlichen Zentrum mit Mehrzwecksaal und Gemeinschaftsküche umgestaltet.

Die großen Drei- und Vierseithöfe, äußerlich meist verändert, ziehen sich an den Talhängen hin. Am unteren Dorfende befindet sich das ehemalige Rittergut

A 3 (1504—1925), jetzt Sitz der LPG. Nach NO zu war 1665 am Buchberg eine Gutshäuslersiedlung entstanden. In ihrer Nähe liegen auch die großen Ställe der Genossenschaft. Entlang der Straße nach Schönbrunn wurden Wohnhäuser und die heutige Zehnklassenschule gebaut (1910). Die im W seit 1886 den Ort berührende Eisenbahnstrecke Mehltheuer—Weida bot den Einwohnern die Möglichkeit, in den benachbarten Städten einer Beschäftigung nachzugehen. So entwickelte sich das Dorf zu einer Arbeiterwohngemeinde. Etwa zwei Drittel der Werktätigen arbeiten meist in Plauen oder in den beiden örtlichen Betrieben des VEB Spitze-Bekleidung Pausa.

Die bäuerliche Bevölkerung hatte mit der von Frotschau 1958 die LPG Fortschritt gegründet, aus der sich die LPG (T) Oberland Bernsgrün entwickelte. Diese hält etwa 2000 Rinder und 3250 Schweine in den Gemeinden Bernsgrün, Arnsgrün und Dobia. 1975 wurde an der Straßenkreuzung in der Nähe der Neuhäuser eine moderne Anlage der Zwischengenossenschaftlichen Einrichtung Kälberaufzucht Bernsgrün errichtet, die jährlich 3200 Kälber liefert.

Schönbrunn, seit 1970 Ortsteil von Bernsgrün, liegt 1 km nördlich von seinem Hauptort. Das Kurzreihendorf taucht 1449 als Wüstung *Schönprun* (= Ort am schönen Brunnen) erstmals auf. 1549 aber gab es dort 8 Bauernhöfe. Diese Zahl stattlicher, meist modernisierter Drei- und Vierseithöfe hat sich nur unwesentlich durch Teilung vergrößert, kleine ehemalige Häusleranwesen und Neubauten fügen sich in das Dorfbild ein. Am Rand der Quellmulde eines Nebentälchens des Bernsgrüner Baches ziehen sich die Höfe von 495 bis 475 m ü. NN an der Dorfstraße abwärts. Die 225 ha große Waldhufenflur breitet sich auf der Bernsgrüner Hochfläche aus. Außerhalb liegt an der Bernsgrüner Straße das Gehöft einer früheren Windmühle aus dem Anfang des 19. Jh.

Der Dorfcharakter blieb gewahrt; 90% der Einwohner arbeiten in der Landwirtschaft. Eine 1960 gegründete LPG Typ I schloß sich 1968 der LPG in Bernsgrün an.

B 1 **Arnsgrün,** Kreis Zeulenroda,

zieht sich als Waldhufendorf in der Quellmulde eines Seitentälchens zum Bernsgrüner Bach von 450 m bis 400 m ü. NN hinunter. Die Vier- und Dreiseitgehöfte liegen zu beiden Seiten einer langgestreckten angerartigen Erweiterung, auf der sich außer Teichen ehemalige kleine Häusleranwesen ausbreiten. Aus einer Scheune ging ein Kindergarten in einem kleinen Park hervor. Jenseits der Straße nach Eubenberg wurden neben 3 Höfen die frühere Schule und der moderne Verwaltungsbau der LPG errichtet.

An der Nordseite des Angers hat auch die denkmalgeschützte Kirche ihren Platz. Von einem schlanken Dachreiter bekrönt, besteht sie aus dem kurzen Schiff, dem durch einen gotischen Triumphbogen abgetrennten Rechteckchor und einem südlichen Anbau. Im Chor fallen 2 mittelalterliche Weihekreuze, ein barocker Kanzelaltar und die fischgrätenartig gebildete Balkendecke auf. Das Schiff umziehen eingeschossige Emporen, die an der 1678 datierten Nordseite in den Chor hineinreichen und im W die 1784 von JOHANN GOTTLOB TRAMPELI (1742—1812) in Adorf erbaute Orgel mit Rokokoprospekt tragen. Die Schiffsdecke zeigt barocke Feldergliederung.

Grundherrliche Rechte besaßen in dem 1328 als *Arnsgrune* (= Rodesiedlung eines Arno) erstmals erwähnten Dorf die Reußen zu Greiz, aber auch die Mühltroffer Pfarre und der Deutsche Ritterorden zu Plauen. Seit 1952 gehört Arnsgrün mit einer Flurgröße von 469 ha zum Kreis Zeulenroda. B 1

Etwa die Hälfte der Berufstätigen arbeitet in meist Elsterberger Betrieben. In der sozialistischen Landwirtschaft, in der die übrigen Werktätigen beschäftigt sind, nimmt Arnsgrün eine zentrale Stellung ein. Im Jahr 1958 gründeten Bauern die LPG Typ III Oberland, mit der sich die 1960 entstandenen LPGs Bünagrund Büna, Eibental Eubenberg und die in Schönbrunn später vereinigten. Seit 1973 bearbeitet die LPG (P) Arnsgrün eine landwirtschaftliche Nutzfläche von 5436 ha unter anderen der Gemeinden Arnsgrün, Bernsgrün und Schönbach. Hauptanbaufrüchte sind Getreide, Feldfutter und Kartoffeln. Am Ortsausgang nach Bernsgrün wurde 1964 ein Rinderstall für 100 Tiere gebaut, an der Straßenkreuzung bei den Neuhäusern 1967 eine Trocknungsanlage und 1978 eine Lagerhalle. Für die Tierzucht nutzt die LPG (T) Oberland Bernsgrün (s. A 3) in Arnsgrün einige Ställe. Zum Ort gehören auch die ehemalige Kesselmühle im Triebitzbachtal, die Neuhäuser, zwei Güter, im NW der Flur und an der Ostgrenze Neugrün, ein kleines Gehöft, alle drei wohl auf Wüstungsareal angelegt (Barth 1949).

Büna, seit 1950 Ortsteil von Arnsgrün, B 2

wurde 1549 als *Pyne* erstmals erwähnt. Die Bezeichnung entstand durch Übertragung des Namens der Familie von Bünau. Die 254 ha große ehemalige Blockflur liegt, fast überall von Wald umgrenzt, auf der Hochfläche zwischen dem Lohbach, Leininger Bach und der Triebes. Der seit 1749 (älteste Karte, im Staatsarchiv Weimar, Karten und Pläne Greiz, Nr. 11) kaum veränderte Ortsgrundriß in 425—435 m ü. NN läßt einen Weiler erkennen. Die im 19. Jh. meist modernisierten vorwiegenden Dreiseithöfe umgeben in aufgelockerter Form einen Anger mit Teichen und einigen Häusleranwesen, die später auch zwischen die Höfe gebaut worden sind. Zwei von ihnen befinden sich im W an der alten, durch das Dorf führenden Straße von Plauen nach Elsterberg.

Der bäuerliche Charakter des Ortes blieb erhalten. Der überwiegende Teil der Einwohner arbeitet seit 1973 in der LPG (P) Arnsgrün (s. B 1). Die Tierproduktion untersteht der LPG (T) Oberland Bernsgrün (s. A 3), die Ställe einiger alter Höfe nutzt. Die übrigen Werktätigen sind meist in Elsterberg beschäftigt.

Eubenberg, seit 1950 Ortsteil von Arnsgrün, B 3

heißt in einer Urkunde von 1372 *Ybinberg*. Der Name läßt sich wahrscheinlich von einem Flurnamen herleiten (= Ort am Eibenberg). Im Kirchenbuch von Fröbersgrün erscheint Eubenberg während des 17. Jh. als *Neuberg*, noch heute heißt es im Volksmund Neieberg.

B 3 Die Flur umfaßt 154 ha und ist fast ganz von Wald umgeben. Sie zieht sich auf dem Rücken zwischen dem Triebitz- und dem Lohbach hin. Ehemals erstreckten sich die Gelänge vom Hof jeweils bis zur Flurgrenze und im N in langen Streifen von W nach O. Die alten 6 Höfe auf der Karte von 1745 liegen in 380 m Höhe im Halbkreis um den Anger mit mehreren Teichen. Später kamen noch einige Häusleranwesen hinzu. Durch die abseitige Lage blieb das ursprüngliche Ortsbild erhalten, es wird nach wie vor von den Vier- und Dreiseithöfen bestimmt. Trotz der Modernisierung der Gebäude kann man den alten Aufgang zu den Gangkammern (Nr. 2) und die als Taubenschlag zweckentfremdete Käsestiege noch finden. Die hölzerne, kastenförmige und luftdurchlässige Stiege diente früher zum Trocknen des Käses. An der südlichen Flurgrenze stehen am Talhang des Triebitzbaches 2 kleine, Gems genannte Anwesen (1745 *Gembs*).
Über die Hälfte der Einwohner arbeitet in der Landwirtschaft. Für die tierische Produktion sorgt die LPG (T) Oberland Bernsgrün (s. A 3), die auch in Eubenberg Ställe nutzt. Die Pflanzenproduktion obliegt der LPG (P) Arnsgrün (s. B 1).

B 4 Triebitzbach

Die Hauptquellarme des Triebitzbaches, den der Volksmund abschnittsweise durch die Bezeichnungen Frotschauer Bach, Fröbersgrüner Bach, Triebitsch oder Kriebitsch, Höllental und Steinermühlenbach unterteilte, entspringen am Ostrand der Bernsgrüner Hochfläche. Die oberste Quelle liegt am Bahnhof Mehltheuer in 500 m ü. NN. Die Wasserläufe tiefen sich rasch zu Kerbsohlen- und Sohlentälern mit mäßig steilen bis steilen Hängen ein, die mehrfach asymmetrisch und meist bewaldet sind. An der Steinermühle nimmt der Triebitzbach den Lohbach auf und kurz vor seiner Mündung in die Weiße Elster, 275 m ü. NN oberhalb von Elsterberg, den Rumpelbach (s. C 3).
Mit einem Einzugsgebiet von 48,2 km² und einer Tallänge von 11,5 km gehört der Triebitzbach zu den mittelgroßen Elsterzuflüssen des Vogtlandes. Es befindet sich fast ausschließlich im Bereich der Mehltheuerer Kulmmulde, in deren weichen Gesteinen sich das Gewässernetz bis nahe an die Hauptwasserscheide (s. A 1) auf die Erosionsbasis der Weißen Elster einpegeln konnte. Bis etwa 100 m tief haben sich die Bachläufe in die Hochfläche eingegraben und diese in Riedel aufgelöst.

B 5 Kölbelmühle

Der Triebitzbach lieferte die Antriebskraft für die Kölbelmühle, die am östlichen Hang und damit abseits der dem Tal folgenden Straße von Fröbersgrün nach Elsterberg liegt und den Mahl- und Schneidemühlenbetrieb bereits 1911 einstellte. Danach wurde das Anwesen landwirtschaftlich sowie als Gaststätte und Sommerfrische genutzt. Gegenwärtig dienen die Gebäude dem VEB Papierfabrik Greiz als Betriebsferienheim Willi Neumann.

Nach Chroniküberlieferungen entstand die erste Mühle an dieser Stelle schon im 16. Jh. als Eigentum der Pfarre in Schönbach, wohin die Kölbelmühle auch eingemeindet ist. Nach einem Brand im Jahre 1547 kaufte den Bauplatz der Besitzer des angrenzenden Bauerngutes, SIMON KÖLBEL, der 1550 eine neue Mühle errichtete und diese mit seinem Gut vereinigte. Die halbkreisförmig angelegten Wohn- und Wirtschaftsgebäude, die zu einem Teil Schieferverkleidung zeigen und im Obergeschoß einfaches Fachwerk aufweisen, sind älter als die am Schlußstein der geräumigen ehemaligen Toreinfahrt sichtbare Jahreszahl 1853 angibt. Seitdem der sehr breite Mühlgraben weitgehend eingeebnet ist, erinnern nur noch wenige Merkmale an die frühere Funktion als Wassermühle. B 5

Fröbersgrün, Kreis Plauen, **B 6**

wird 1366 als Sitz eines Kaplans genannt und erscheint 1449 als *Fröbrisgrün* im Besitz der Reußen zu Greiz. Der Ortsname läßt sich als Waldrodung eines Frō-win — Ausgangsform für ein späteres Fröber — deuten.
Die musterhaft ausgebildete ehemalige Waldhufenflur (528 ha), auf der ein Walzenbeil aus der mittleren bis jüngeren Steinzeit gefunden wurde, dehnt sich auf der Hochfläche im O bis zum Rumpelbach aus und wird im W vom Triebitzbach und Lohbach durchschnitten. Das Reihendorf (Bild 13) selbst zieht sich zu beiden Seiten des verrohrten Dorfbaches und mehrerer Teiche von der Quellmulde (440 m) bis hinunter ins Triebitzbachtal (390 m). Die großen Höfe nehmen die flachen Hänge über der Straße ein; dazwischen befinden sich auch frühere Häusleranwesen. Die meisten Gebäude sind in den letzten 100 Jahren modernisiert worden, aber noch gibt es Häuser mit Erdgeschossen aus 50—70 cm dicken Lehmmauern, sogenannten Lehmstöcken. Das ehemalige Rittergut sowie die Kirche und das Pfarrgut liegen am linken Hang des Tales in der Ortsmitte. Das Rittergut — vermutlich als Vorwerk des Cossengrüner Gutes (HÜLLEMANN 1939) gegründet — wurde 1873 in die Dorfgemeinde einbezogen.
Die Kirche ist ein Rechteckbau mit als Sakristei dienender romanischer Halbrundapsis und südlichem Anbau. Ein Dachreiter mit welscher Haube und offener Laterne von 1823 bekrönt das Satteldach. Der schlichte klassizistische Kanzelaltar der Zeit um 1800 vor der Apsis mit ihrer gotischen Sakramentsnische wird von 2 Logen flankiert. Unter der Kanzel hängt ein Gemälde, Christus mit Kindern in Fröbersgrüner Landschaft, von PAUL SÖLLNER (1877 bis 1947), einem bedeutenden, in Fröbersgrün ansässig gewesenen Vogtlandmaler. Ein Holzkreuz schmückt sein Grab auf dem Kirchhof.
Im oberen Dorf, an der Straße nach Syrau, stehen die Jugendherberge Rosa Luxemburg und 10 dazugehörende Bungalows. Aus der Bäckerei Hauptstraße 14 ging ein Ferienheim des VEB Brandenburger Bekleidungswerke hervor. Der Kühle Morgen an der westlichen Flurgrenze nach Frotschau zu bezeichnet einen alten Einzelhof.
1960 gründeten Landwirte eine LPG Typ I. Heute gehören die Genossenschaftsbauern zur LPG (P) Syrau, die die landwirtschaftliche Nutzfläche bearbeitet, oder zur LPG (T) Vorwärts Syrau, die für die Tierproduktion auch Ställe in Fröbersgrün nutzt. Überwiegend aber arbeiten die Werktätigen in Elsterberger und Plauener Betrieben.

B 6 Der kleine auflässige Steinbruch am Nordausgang von Fröbersgrün bietet einen guten Einblick in die Grauwacken und Schiefer, die einen erheblichen Teil der das nordwestliche Vogtland durchziehenden Mehltheuerer Kulmmulde aufbauen. Die graugrünen, dichten bis grobkörnigen Grauwacken wechseln mit sandigen und tonigen Schiefereinlagerungen ab. Im höheren Teil der Gesteinsfolge treten kalkhaltige Horizonte mit Seelilienstielgliedern auf, die etwas entfernt von der Küste im Inneren eines flachen Beckens zur Ablagerung gelangten.

B 7 Frotschau, seit 1950 Ortsteil von Bernsgrün,

zieht sich am linken Talhang des Triebitzbaches von 460 bis 415 m ü. NN hinunter. Die ehemalige Blockflur umfaßte 295 ha. Der Ort erscheint 1449 erstmals als *Fratzschen* (1529 *Frotzschau, Frotzschaw*), zu dem altsorbischen Personennamen Vrotiš. Der Weiler hat seinen Grundriß kaum verändert: Zu den 6 Gehöften und dem Gemeindehaus um den Anger mit Teich zählen noch 2 Anwesen jenseits des Baches und die ehemalige Mühle. Zwischen den modernisierten alten Bauerngütern stehen kleine Neubauerngehöfte. Das Wohnhaus des größten Gutes, dessen 100 ha umfassende Flur durch die demokratische Bodenreform an 8 Landlose bzw. -arme aufgeteilt wurde, beherbergt ein Kinderferienlager. Die Frotschauer sind überwiegend in der Landwirtschaft tätig, und zwar in der LPG (T) Oberland Bernsgrün (s. A 3).
Zu Frotschau gehört die am jenseitigen Talhang an der Straße nach Syrau gelegene Siedlung Kleinamerika. Sie geht auf ein von einem enttäuscht zurückgekehrten Auswanderer 1923 erbautes Gasthaus zurück und ist heute auf 7 Wohnhäuser angewachsen, deren Bewohner meist in Plauen arbeiten.

C 1 Schönbach, Kreis Greiz,

fand 1320 als *Schönbuch* (1365 *Schömpach* = Ort am schönen Bach) eine urkundliche Erwähnung. Das Waldhufendorf liegt in der Quellmulde eines Zuflusses zum Rumpelbach. Die Anwesen ziehen sich oberhalb der mit vielen Teichen besetzten Aue von 420 m bis 380 m ü. NN auf halber Höhe beiderseits im Tälchen hinab. Zwischen den Gehöften und hinter der westlichen Hofreihe befinden sich ehemalige Häusleranwesen und neue kleine Häuser. Der Hakenhof Nr. 17 und der Vierseithof Nr. 11 weisen Fachwerk im Obergeschoß, Schieferdach und -behang an der Giebelseite auf. Zum Dorf gehören die Kölbelmühle (s. B 5) im Triebitzbachtal, die Taubertsmühle und das Gasthaus Reußischer Hof im Rumpelbachtal an der F 92, das ein Meißner Betrieb als Ferienheim nutzt.
Den Abschluß im N des Ortes bilden Pfarrgut, Schule (jetzt Kindergarten) und Kirche, die 1742 in heutiger Gestalt erbaut wurde. Bereits 1320 selbständige Pfarre, besaß sie neben dem reußischen Landesherren grundherrliche Rechte im Dorf. Stand die frühere Kirche im Friedhof, so wurde die jetzige im sogenannten Pfarrgarten errichtet. Sie ist ein im O dreiseitig geschlossener Saal

mit großen Korbbogenfenstern und eingezogenem Westturm, der über einen eingerückten quadratischen Aufsatz in ein schlankes verschiefertes Achteck mit spitzem Helm übergeht. In den klassizistischen Kanzelaltar ist ein Kreuzigungsgemälde der ersten Hälfte des 17. Jh. eingefügt, wohl Rest eines ehemaligen Altars. Von 1768 stammt die reichverzierte Rokokotaufe in Urnenform. Die große runde Kuppa eines mittelalterlichen Taufsteins steht im Hof des Pfarrhauses. C 1

Die Hälfte der Einwohner arbeitet auswärts, meist in Elsterberger Betrieben. Im Jahr 1953 gründeten Landwirte eine LPG Typ III Bergland, mit der sich die 1960 entstandene LPG Typ I Freier Bauer 1969 zusammenschloß. Seit 1973 gehört ihre Feldbauabteilung zur LPG (P) Arnsgrün (s. B 1). Die LPG (T) Oberland Hohndorf, die einige Ställe weiternutzt, übernahm die Viehzucht in Schönbach.

Cunsdorf, seit 1961 Ortsteil von Schönbach, C 2

liegt in der Quellmulde (Bild 14) eines kleinen Nebenbaches vom Rumpelbach. In dem 1394 erstmals erwähnten *Cunrasdorff* (= Dorf eines Konrad) besaßen die Rittergüter Kleingera (1577) und Cunsdorf (1764) grundherrliche Rechte. Der Ort gehörte bis 1952 immer unter sächsische Verwaltung. Ein Hof, das Reußische Haus, kam erst 1928 zum Freistaat Sachsen.

Die Radialwaldhufen der 352 ha großen Flur verliefen fächerförmig und nach W hin gekrümmt auseinander. Die großen Drei- und Vierseithöfe und einige frühere Häusleranwesen ziehen sich, locker aneinandergereiht, oberhalb einer mit Teichen besetzten angerartigen Erweiterung an beiden Seiten von 360 m bis 395 m ü. NN aufwärts. Der kleine Dreiseithof Nr. 9 zeigt Fachwerk im Obergeschoß mit schmalem Gefach, mit Schieferdach und Schieferbehang am Giebel. Zu Cunsdorf gehört im Rumpelbachtal die frühere Aumühle. Nach dem Bau der heutigen F 92 in den sechziger Jahren des 19. Jh. wurde am linken Talhang am Abzweig nach Cunsdorf ein Gasthaus errichtet, das heute dem Rat des Kreises Oschatz als Schullandheim dient. 3 kleine Wohnhäuser schließen sich an.

Die Einwohner arbeiten überwiegend in der Landwirtschaft. 1960 riefen die Bauern die LPG Typ I Vogtland ins Leben, die seit 1976 zur LPG (T) Oberland Hohndorf gehört.

Rumpelbach C 3

Die F 92 nutzt zwischen Plauen und Elsterberg das 7 km lange Tal des Rumpelbaches, des längsten Triebitzbachzuflusses. Dieser entspringt in den Rohwiesen nordöstlich der Syrauer Windmühle 440 m ü. NN und mündet bei 285 m ü. NN. Der flachmuldige und vernäßte obere Teil des Tales gehört noch der diabasdurchsetzten Syrauer Hochfläche an. Mit dem Eintritt in die weicheren Kulmtonschiefer an der Taubertsmühle bildet sich unverzüglich ein asymmetrisches Kerbsohlental aus, wie es für das Triebitzbacheinzugsgebiet typisch ist.

C 4 **Görschnitz,** Kreis Greiz,

breitet sich in 360–385 m Höhe oberhalb der Quellmulde des Görschnitzbaches (1810 *Grübigsgraben*) aus, der in die Elster mündet. Durch den Ort zieht sich die alte Höhenstraße von Plauen über Steinsdorf nach Elsterberg. Görschnitz war ursprünglich ein Weiler mit einer Blockflur von 253 ha. Es wurde erstmals 1383 als *Goerschicz* (zu dem altsorbischen Personennamen Goreš) genannt. Das Dorf war jahrhundertelang landesherrschaftlich geteilt: Eine Anzahl der Bewohner unterstand den Reußen zu Greiz, die andere den Herren von Lobdeburg-Elsterberg bzw. den Wettinern. Der reußische Teil war bis 1873 ein Rittergutsdorf.

Die Anwesen liegen an einem verzweigten Straßennetz, vor allem an der alten Straße. Das Dorf besitzt noch Fachwerkhöfe, so Nr. 4 und 6. Im früheren Herrenhaus blieb die Gerichtsstube erhalten. Die Stallgebäude des ehemaligen Rittergutes nutzt heute die LPG (T) Steinicht Cossengrün (s. C 6). Die LPG (P) Syrau bewirtschaftet die Feldflur. Der Ort entwickelte sich seit dem Ende des 19. Jh. zu einer Arbeiterwohngemeinde, und gegenwärtig ist der größere Teil der Einwohner in Elsterberger Betrieben beschäftigt.

C 5 **Gippe,** seit 1868 Stadtteil von Elsterberg,

wird 1596 erstmals urkundlich genannt. Der Name kennzeichnet eine Anhöhe oder Bodenerhebung. Die kleine Streusiedlung unterstand der niederen Elsterberger Gerichtsbarkeit. Sie lag zwar auf Elsterberger Flur, befand sich aber außerhalb des städtischen Weichbildes. In den ersten *Gipphäusern* (Meilenblatt 1795) wohnten wohl Gutsarbeiter der benachbarten, zum Rittergut Frankenhof gehörenden Franzmühle.

Die älteren, durch An- und Umbauten stark veränderten Häuser liegen im Ausgang des Görschnitzbachtales in die Elsteraue. Am nahen Hang steht der einzige kleine Dreiseithof mit meist verputztem Fachwerk, mit der Jahreszahl 1844 am ehemaligen Wohnstallhaus, der Zahl 1812 und Initialen am Kuhstall. Den Hof kaufte 1918 die Stadt Elsterberg, die 1926 darin ein Altersheim einrichtete. Nach dem Ausbau unter Wahrung des Gehöftcharakters dient es jetzt als Feierabendheim Franz Rohleder. Seit dem ersten Weltkrieg zieht sich eine Reihe von Siedlungshäusern am linken Talhang elsterabwärts.

C 6 **Cossengrün,** Kreis Greiz,

erstreckt sich auf einem Höhenrücken zwischen dem Elster- und dem Rumpelbachtal. In einer Höhe von 384 bis 402 m gruppiert sich das Radialwaldhufendorf (185 ha) um den mit 2 Teichen besetzten Anger, der sich in die Quellmulde des Orbisgrabens (1784 *Urbisgraben*) hineinzieht. 1394 wird *Kositzgrune*, ein slawisch-deutscher Mischname, der als Rodesiedlung eines Kosic oder Kosič zu deuten ist, erstmals erwähnt. 1479 erscheint urkundlich das Rittergut *Kostengrün*. Es wurde später Kammergut der Grafen Reuß ältere Linie, die es 1720 parzellierten.

1715 erhielt die Gemeinde das Marktrecht verliehen, und seit dem gleichen Jahr führt die alte Straße Plauen—Elsterberg durch den Ort. Kleine Häuser waren damals zwischen die Höfe gebaut worden und ziehen sich nun an der Straße entlang nach N zum Flurteil Bettler, nach S bis zur Straße Rentzschmühle—Rumpelbachtal. Hier liegen nach W zu auf ehemaligem Rittergutsland Einzelhöfe und der alte Schafhof (1597). Die Rentzschmühlenstraße führt an Gebäuden — die meisten aus der Zeit nach 1945 — vorbei durch das Rinnelbachtal zu den Lochhäusern und weiter bis zum Elstertal. Im Jahr 1597 wird der gutseigene Steinbruch „in der Leite an der Elster" erwähnt. Seine Diabasbrekzien baut jetzt der Betriebsteil Rentzschmühle des VEB Zuschlagstoffe und Natursteine Gera ab, der moderne Wohnhäuser für seine Mitarbeiter an der Steinsdorfer Straße errichten ließ. C 6

Die LPG Steinicht Cossengrün entstand 1973 aus einer 1958 gegründeten LPG Typ III, der sich die 1960 gebildeten LPGs im Ort und in Görschnitz angeschlossen hatten. In den Jahren 1968/69 wurde eine Milchviehanlage für 200 Tiere auf dem Gelände des alten Rittergutes errichtet. Die pflanzliche Produktion übernahm die LPG (P) Syrau.

Im 19. Jh. lebten viele Einwohner von den Einkünften aus der Hausweberei, die später von der Stickerei abgelöst wurde. Von diesem Erwerbszweig blieb noch eine Produktionsstätte im Ort erhalten; der Großteil der Werktätigen jedoch arbeitet heute in Elsterberg. Das Dorf besitzt eine zehnklassige Oberschule.

Großer Pöhl und **Alberthöhe** C 7

Um Steinsdorf erheben sich die imposantesten Pöhle des flachwelligen und von gefällereichen Kerb- und Kerbsohlentälchen durchsetzten Jößnitz—Steinsdorfer Kuppenlandes (Abb. 2). Östlich der Straße Steinsdorf—Cossengrün ist der Große Pöhl mit 461 m der höchste. Seine Kuppe trägt naturnahen krautreichen Laubmischwald, der je nach der Exposition auf trockene bis feuchte Bodenverhältnisse hinweist. Am Nordosthang bestand vor 100 Jahren eine kleine Ziegelei, die ein isoliertes Vorkommen eines lößlehmartigen Sediments nutzte.

Vom westlichen Ortsausgang Steinsdorfs erreicht man über einen Feldweg nordwärts nach 500 m die Alberthöhe (453 m). Von hier bietet sich eine weite Sicht nach SO (Kemmler, Schöneck), S, W und NO (Höhen um Greiz), vom östlichen Waldrand einer zwischen beiden Höhen liegenden namenlosen Kuppe auch auf Jocketa, die Talsperre Pöhl, den Bergener Kontakthof und bis zum Kiel bei Mühlleithen. Alle 3 Pöhle sind Verwitterungshärtlinge aus Diabasbrekzie, während ein weiterer, wenig nördlich der Alberthöhe, aus Granitgerölle führendem Konglomerat besteht.

Trieb, seit 1974 Ortsteil von Jocketa, C 8

erstreckt sich am linken Talhang der Elster und wurde als Waldhufendorf gegründet. Seine Flur umfaßt 221 ha. In den Urkunden taucht es 1414 als *Triewe*, 1464 *dorff zur Treib* auf. Der Name geht wahrscheinlich auf das ostmitteldeut-

C 8 sche *trib* zurück, ein in Flurnamen enthaltenes Wort, das sich mit dem ebenfalls in Flurnamen verwendeten Treibe vermischte. Ein Bezug auf eine Viehtreibe erscheint möglich.
Meist Drei- und Vierseithöfe sowie andere Anwesen umschließen den mit stattlichen Linden und Eichen bewachsenen Dorfplatz, in dessen Mitte der Gasthof steht, heute Ferienheim des VEB Elektromotorenwerke Weida mit 30 Betten. Außerdem gibt es für Urlauber Privatzimmervermietung und seit 1979 eine Finnhüttensiedlung in Richtung Barthmühle, wo auch einige neue Wohnhäuser stehen. 1960 gründeten die Trieber Bauern die LPG Typ I Vogtlandperle, die sich später der LPG Jößnitz anschloß (s. G 4).

C 9 **Rentzschmühle,** Ortsteil von Ruppertsgrün,

liegt im Tal der Elster und am Rinnelbach aufwärts, und zwar vermutlich an einer Furt der alten Straße Reichenbach—Ruppertsgrün—Cossengrün. 1394 zum erstenmal urkundlich erwähnt, gehörte dieser Werkweiler zur Grundherrschaft Liebau. Seine Entstehung verdankt er einer Mahl-, Brett-, Walk- und Ölmühle. Der Name — um 1420 in der Schreibung *Renczschmol* — bezieht sich auf die früheren Besitzer; noch 1542 wird ein ERHARDT RENTZSCH als Müller genannt. 1884 trat an die Stelle der alten Ölmühle eine Pappenfabrik. Seit 1972 ist diese volkseigen und Betriebsteil des VEB Preßspan- und Spezialpappenwerk Zwönitz. Die wenigen Häuser von Rentzschmühle gehörten bis 1952 zu 4 Gemeinden (Ruppertsgrün, Liebau, Trieb und Cossengrün) und 3 Kirchspielen (Ruppertsgrün, Steinsdorf und Schönbach).
Mit der Errichtung des Haltepunktes Rentzschmühle an der Bahnlinie Gera—Weischlitz und der Erschließung des Triebtales (s. H 4) und des Steinichts (s. C 10) für Naturfreunde und Touristen entwickelte sich der Ort zu einem beliebten Wanderziel. Es entstanden Einkehrstätten, wie das Hotel Steinicht — heute Ferienheim mit öffentlicher Gaststätte und Kinderferienlager der Leipziger Verkehrsbetriebe — und das Lochhaus (abgerissen), sowie Wohngebäude besonders in Richtung Cossengrün.
Als bemerkenswertes Beispiel alter Volksbauweise der zweiten Hälfte des 18. Jh. blieb das kleine Häusleranwesen Nr. 7 an der Straße nach Ruppertsgrün erhalten. Unter dem einfach gegliederten Fachwerkgiebel und an der Hoftraufseite befindet sich die als Stützgerüst dienende umgebindeähnliche Ständerkonstruktion, die mit ihrer Schwelle auf einem massiven Bruchsteinsockel ruht.

C 10 **Steinicht** (Bild 15)

Im nördlichen Teil des Jocketaer Elstertales, zwischen Rentzschmühle und Franzmühle, hat sich die Weiße Elster ein außerordentlich steilhängiges, etwa 60 m tiefes Kerbsohlental in einen SW—SO streichenden breiten Zug verschiedenartiger Diabase von großer Abtragungsresistenz eingeschnitten. Eine stellenweise nur 30 m breite Aue, in der der Wasserlauf in der sogenannten Rösch zum Teil unmittelbar auf dem anstehenden Gestein fließt und hier zahlreiche Strudeltöpfe herausgearbeitet hat, geht jäh in mit Blockschutthalden bedeckte und von überhängenden Felsen durchsetzte Steilhänge über. Der Betrachter gewinnt hier einen guten Eindruck von aktiven Abtragungsvorgängen. C 10

Ganz im Gegensatz zur eigentlichen Talkerbe stehen die schotterfreien Reste der Hochterrasse, die sich als auffällige, beackerte und bis zu 500 m breite Verebnungen besonders östlich der Rentzschmühle bis zum Fuß des Wachthübels (427 m) erstrecken.

Die verschiedenen Diabasgesteine gehören dem tieferen Oberdevon an und belegen einen sehr intensiven submarinen Vulkanismus. Sowohl im Steinbruch an der Rentzschmühle als auch an den zahlreichen von der natürlichen Verwitterung herausmodellierten Felsen, wie Nelkenstein, Uhustein und Kletterstein, lassen sich fast alle im Vogtland vorkommenden Diabastypen beobachten. Eine mächtige Serie von Diabasbrekzien und -tuffen wurde durch den Steinbruch aufgeschlossen. Tuffite, Grauwacken und Schiefer, Diabasmandelsteine und Kissenlaven befinden sich am Kletterstein und am Rabenstein, wo sich auch aus brekziöser Kissenlava ein granitführendes Diabaskonglomerat entwickelte. Den raschen Wechsel zwischen Diabastuffen, -konglomeraten und -brekzien kann man im Bereich des Elstertunnels beobachten. Die Entstehung dieser Gesteine ist seit Jahrzehnten in zahlreichen geologischen Arbeiten diskutiert worden (Deubel 1925), doch zeigen gerade die neueren Veröffentlichungen (Weise 1966), daß zahlreiche Probleme bisher ungeklärt blieben. So wurden beispielsweise die granitführenden Diabaskonglomerate von den verschiedenen Autoren sowohl als Brandungsgerölle als auch als Flußsedimente oder, wenigstens teilweise, als Bomben- und Lapillituffe gedeutet. Für sie kommt als Liefergebiet die Umgebung von Netzschkau, vor allem unterhalb der Göltzschtalbrücke, in Betracht (Weise 1966).

Große Teile der felsigen Steilhänge sind mit naturnahen Laubmischwaldgesellschaften bestockt, wie sie auch weiter elsteraufwärts gedeihen (s. H 1, H 4, S 4). Wegen der vielfältigen Gliederung der Hänge treten die verschiedenen Gesellschaften oft nur sehr kleinflächig auf. Auf sonnig-trockenwarme Standorte beschränken sich Blauschwingel (*Festuca cinerea*, Abb. 7) und die sehr seltene Pfingstnelke (*Dianthus gratianopolitanus*, Abb. 7). Als weitere Besonderheit der Felsgebüsche und -spalten sowie trockener Wäldchen auf einigen benachbarten Diabaspöhlen taucht die Gemeine Zwergmispel (*Cotoneaster integerrimus*, Abb. 7) auf. Der Rasen-Steinbrech (*Saxifraga decipiens*, Abb. 7) besiedelt trockene bis feuchte Felsen, aber auch Eisenbahnschotter im Elstertal zwischen Möschwitzer Tunnel und Nordrand des Steinichts. Ein kleines Vorkommen gibt es weiterhin im unteren Triebtal. Nur an einer Stelle gelang der Nachweis der Herabgebogenen Hackelie (*Hackelia deflexa*). Auf den schmalen Auwiesen treten vereinzelt Pflanzen der Gebirgswiesen auf, die hier bei Höhen um 300 m ü. NN noch günstige Wuchsbedingungen vorfinden. Dazu gehören Waldstorchschnabel (*Geranium sylvaticum*), Perückenflockenblume (*Centaurea pseudophrygia*) und Gebirgshellerkraut (*Thlaspi caerulescens*).

Unsere größte einheimische Eule, der Uhu, horstete noch um 1861 in den Felsen des Steinichts. Dann fehlte er über ein Jahrhundert lang im Gebiet. Neuerdings ist er an 2 Stellen der Plauener Binnenzone wieder regelmäßiger Brutvogel. Als vom Aussterben bedrohte Art bedarf er des absoluten Schutzes.

C 10

Wegen der Schönheit dieses Durchbruchtales, seiner beachtlichen Pflanzenwelt und seines Wertes für das Wandern und den Klettersport stehen beide Talhänge unter Landschaftsschutz. Der Nelkenstein unterhalb des Steinbruchs des Hartsteinwerkes ist ein Naturdenkmal. Bis ins vorige Jahrhundert hinein war das Steinicht, namenkundlich als Kollektivbildung zu Stein zu verstehen, eine nahezu unzugängliche Felswildnis. Zwei hervorragende Demokraten der bürgerlich-demokratischen Revolution von 1848/49 haben unabhängig voneinander und aus unterschiedlichen Motiven das Gebiet aufgesucht und bekannt gemacht. Als Botaniker kam der spätere Professor für Zoologie in Tharandt EMIL ADOLF ROSSMÄSSLER um 1828 von Weida aus zu einer Exkursion hierher. Dabei entdeckte er seltene Pflanzenarten, die auch heute noch vorkommen. Zur Körperertüchtigung zog OTTO LEONHARD HEUBNER um 1834 von Plauen aus (s. P 1.2) mit seinen Turnern ins Steinicht.

D 1

Losa mit Wipplas,
seit 1976 Ortsteil von Coschütz

Im SW von Losa liegen auf dem Höhenrücken nordöstlich des Forellenbaches, kurz vor dessen Einmündung in die Weiße Elster, sogenannte Schwedengräber, wohl jungbronzezeitliche Hügelgräber. In historischer Zeit taucht Losa urkundlich 1400 als *Lazan* (Erklärung s. T 6) auf. Seine Gehöfte gruppieren sich um einen Platz am linken Hang des Öltzschbachgrundes in 380—400 m ü. NN. Die Größe der ehemaligen Blockflur beträgt 239 ha. Wipplas ist ein späterer Ausbau mit heute 3 Anwesen (1764 2 Häusler) östlich von Losa an der Straße nach Reimersgrün. Etwa 1 km südlich von Losa finden wir an der Straße nach Ruppertsgrün die Dürre Henne, ein einzelnes Gehöft.

1960 schlossen sich die Bauern zur LPG Typ I Freie Heimat zusammen, deren Tierbestände jetzt zur LPG (T) Coschütz gehören.

Abb. 7. Pflanzenarten im Steinicht

Die landwirtschaftliche Nutzfläche wird vom VEG (P) Christgrün (s. D 7) bearbeitet. Seit 1976 erhalten die Losaer Kinder ihren Unterricht in Coschütz. D 1

Lerchenpöhl D 2

Südlich von Losa führt ein Hohlweg zu dem sanft ansteigenden und baumfreien, 431 m hohen Lerchenpöhl. Dieser erhebt sich 140 m über die nur knapp 2 km entfernte Elsteraue und wird von den Tälchen des Forellen- und Öltzschbaches begrenzt. Somit bieten sich von hier gute Sichtbeziehungen, besonders gegen S und W.

Über den Lerchenpöhl verläuft von SW nach NO eine markante Gesteinsgrenze. Diese trennt die Diabasgesteine des Pöhler Kuppenlandes (Abb. 2) im S von den Tonschiefern und Grauwacken (Unterkarbon) des Brockauer Rückengebietes im N. Besonders erkennbar sind die Reliefunterschiede beider Kleinlandschaften; auch Nährstoffgehalt und Bodenformen (Anhang B) weichen voneinander ab.

Reimersgrün, Kreis Reichenbach, D 3

ein Waldhufendorf an der Südwestseite des Kuhberges, wird 1421 als *Reymarsgrune* urkundlich erwähnt. Es gehört als Reihendorf zu den Rodungssiedlungen (eines Reinmar oder Reimar) der letzten Jahrzehnte des 12. Jh. zwischen dem Dobnagau und dem Gebiet um Greiz—Mylau—Reichenbach. Die Gehöfte stehen in 2 ungleichmäßig langen Reihen beiderseits der Dorfstraße, aber von dieser etwas abgerückt.

Etwa 400 m südöstlich von Reimersgrün wurden nahe beieinander 2 Brakteatenfunde geborgen. Vom Fund I blieben 161 Brakteaten, 7 Hälften, 2 Viertelstücke und 6 Bruchstücke, vom Fund II 50 Brakteaten, 1 Hälfte und 2 Bruchstücke erhalten (Vogtlandmuseum Plauen). Neben königlichen Geprägen, besonders OTTOS IV., erlangen vor allem die kleiner Dynasten Bedeutung. Die Brakteaten wurden 1212, zur Zeit der Auseinandersetzungen des späteren Kaisers FRIEDRICH II. mit dem Gegenkönig OTTO IV., vergraben (KRUG 1935). Im Mittelalter gehörte Reimersgrün zur Herrschaft Elsterberg, später mehrere Jahrhunderte zum Amt Plauen. Die grundherrlichen Rechte im Ort übte das Rittergut Thürnhof in Coschütz aus.

Die Reimersgrüner Flur umfaßt 327 ha. 1960 schlossen sich die Bauern zur LPG Typ I Harmonie zusammen, die später teilweise im VEG Christgrün bzw. 1971 in der damaligen KAP Talsperre Pöhl aufging (s. D 7).

Foschenroda, seit 1972 Stadtteil von Netzschkau, D 4

liegt 1,8 km ostsüdöstlich des Kuhberges (511 m) in ungefähr 420 m Höhe ü. NN, und zwar in der Quellmulde einer kurzen Kerbe zum Limbach, der zur Göltzsch entwässert. Die Eisenbahnstrecke Plauen—Reichenbach führt auf halber Hanghöhe, die F 173 zwischen beiden Städten im Tal des Limbaches nordöstlich am Ort vorbei.

D 4 Der Siedlungsgrundriß – die Bauerngüter stehen um einen relativ weiten Anger – entspricht einem Platzdorf. Foschenroda gilt mit seiner 128 ha großen Gelänge-Waldhufen-Mischflur als deutsche Rodesiedlung. Die Ortsbezeichnung ist jedoch ein slawisch-deutscher Mischname, der vermutlich mit Boš (Kurzform zu Bogusłav oder einem ähnlichen slawischen Vornamen) gebildet wurde (Eichler 1967). Das B wurde später zu V bzw. F eingedeutscht. Der erste urkundliche Beleg stammt aus dem Jahre 1440. 1448 ist das Dorf als *Fusschenrode* überliefert. 1952 kam es zum neugebildeten Kreis Reichenbach.
1960 gründeten die Bauern die LPG Gute Hoffnung, die sich 1965 der LPG Ehre der Arbeit Limbach anschloß. Diese unterhält in Foschenroda einen Rinderstall. Die landwirtschaftliche Nutzfläche wird vom Volksgut (P) Christgrün bewirtschaftet. Zu diesem Betrieb gehört in Foschenroda eine Herde von rund 400 Schafen (1981).
Auf Foschenrodaer Flur wurde zeitweilig Bergbau betrieben. Dicht südlich des Dorfes förderte man auf der ‚Polenzfundgrube' von 1862 bis 1901 – mit Unterbrechungen – das Erzmineral Thuringit, ein oliv- bis dunkelgrünes Eisensilikat. Die Belegschaft – zuletzt 40 bis 50 Mann stark – lieferte täglich 45 bis 50 dt Erz in die damalige Königin-Marien-Hütte in Cainsdorf bei Zwickau. Nördlich des Ortes befuhren Bergleute von 1924 bis 1928 die ‚Arnofundgrube'.
1 km südwestlich von Foschenroda werden auf Limbacher Flur seit Jahrzehnten umfangreiche Lehmlager ausgebeutet. Der Verarbeitungsbetrieb gehört heute zum VEB Ziegelkombinat Karl-Marx-Stadt. Die meisten Berufstätigen sind als Industriearbeiter vornehmlich in Netzschkau beschäftigt.

D 5 **Ruppertsgrün,** Kreis Plauen,

ursprünglich als Waldhufendorf mit Rittergut, Kirche, Pfarrhaus und einigen Gehöften als Dorfkern in halber Höhe des linken Talhanges des Forellenbaches gegründet, hat sich durch verschiedene Ausbauten wesentlich erweitert. Nördlich des Ortskerns im Tal des Forellenbaches (Kleppergrund) entstanden als lose Dorfzeile vor 1557 die sogenannten Bachhäuser, auch Kleinchristgrün genannt, und südöstlich die Ziegelhäuser. Aus jüngerer Zeit stammen die Wohngebäude an den Straßen nach Losa, Altjocketa und Christgrün sowie am Bahnhof. Die Flur umfaßte 481 ha.
Frühester urkundlicher Beleg ist die Nennung eines Pfarrers zu *Rupersgrun* 1365, die Schreibung *Ruprechczgrune* (1400) läßt auf die Rodung eines Ruprecht schließen. Im Ort wird auf Grund alter Nachrichten eine überbaute mittelalterliche Wehranlage vermutet. Befestigungsmerkmale lassen sich jedoch nicht mehr erkennen. Ältere Nachrichten sprechen von Wall, Graben und Mauer; 1412 gab es ein Vorwerk.
Im Dreißigjährigen Krieg fand 1640 bei Ruppertsgrün ein Gefecht statt, in dessen Verlauf 16 Gehöfte, die Pfarre, die Kirche und die Hälfte des Rittergutes niederbrannten. Die Kirche wurde 1642–51 wiederaufgebaut und 1708/09 stark erneuert. Dabei erhielt sie eine Barockeinrichtung mit dem Altar – das Altarbild entstammt dem Ende des 19. Jh. –, der Kanzel, der Patronatsloge an der Nordwand und dem Taufengel von dem Elsterberger Schnitzer Christian

PRELLER. Eine hölzerne Kassettendecke überspannt das helle Innere. Die Kirche besitzt einen spitzen Westturm von 1886; das Südportal ist 1708 datiert. D 5
Auf dem Friedhof erinnert ein Gedenkstein an 9 unbekannte jüdische Opfer des faschistischen Terrors, die — erfroren bzw. verhungert — am 27. Januar 1945 aus einem Transportzug geworfen worden waren.
Gegenüber der Kirche und südlich der den Dorfkern schneidenden Eisenbahnlinie Plauen—Reichenbach beleben 3 Höfe das Siedlungsbild. Das durch Ständer und Riegel gebildete regelmäßige Fachwerk befindet sich nicht nur im Obergeschoß der massiven Wohnhäuser, sondern auch an den rechtwinklig angeschlossenen Wirtschaftsgebäuden und weist damit auf ursprüngliche Hakenhöfe, die später durch Scheunen- und Stallbauten erweitert wurden. Ein Torstein blieb Altjocketaer Straße 7 erhalten (Abb. 8).

Abb. 8. Torstein Ruppertsgrün, Altjocketaer Straße 7

Nach 1945 entstanden mehrere Neubauernstellen; ein anderer Teil des 147 ha großen Rittergutslandes ging an landarme Bauern. Die Wirtschafts- und Stallgebäude des Gutes werden zum Teil noch genutzt. Die 3 LPGs (Frohe Zukunft 1958, Eintracht 1960 und Einigkeit 1960) schlossen sich später zusammen, ehe sie sich 1974 mit der LPG (T) Herlasgrün (s. D 9) vereinigten. Diese betreut in Ruppertsgrün mehrere Ställe, darunter eine Milchviehanlage für 244 Kühe.
Bereits im 19. Jh. arbeiteten viele Häusler als Heimweber für Textilverleger in Netzschkau, Reichenbach und Greiz. In der Gegenwart gehen die meisten Werktätigen in diesen benachbarten Städten einer Beschäftigung nach.
Ruppertsgrün ist seit 1972 Sitz des Gemeindeverbandes Talsperre Pöhl, zu dem noch Jocketa, Möschwitz, Helmsgrün und Herlasgrün gehören. Zur Verbesserung der Lebensbedingungen und des geistig-kulturellen Lebens entstanden ein Landwarenhaus (1958), ein Kindergarten (1960) und ein Kulturhaus (1964). Das 1905 erbaute Schulgebäude beherbergt jetzt die Verwaltungsräume des Rates der Gemeinde und des Gemeindeverbandes, da die Schüler des Ortes die Oberschule in Jocketa besuchen.

Liebau, seit 1950 Ortsteil von Ruppertsgrün, D 6

liegt am oberen Rand des Prallhanges der Weißen Elster, etwa 60 m über der Talsohle. Die Gemarkung war bereits in der jüngeren Bronzezeit und frühen Eisenzeit besiedelt. Auf dem Viehhübel hinter dem ehemaligen Rittergut be-

D 6 weisen Scherbenfunde einen jungbronzezeitlichen Wohnplatz. Hügelgräber kamen auf dem Schafhübel zum Vorschein, und ein Grab auf dem Knorrspöhl stammt aus der frühen Latènezeit. Dieser etwa 2,50 m hohe, 30 m lange und 20 m breite Hügel auf der Bergkuppe überdeckt eine etwa 1 m tief in den Felsen geschlagene Grabgrube von 3,50 m × 2,50 m. Der Kopf des Toten muß nach O zu gelegen haben, das Gesicht in Richtung S. Im Nordwestteil der Grube befanden sich etwas abseits die Überreste von 9 Tongefäßen, andere Beigaben waren um den Bestatteten angeordnet: ein eisernes zweischneidiges Langschwert mit Scheide (bronzene Vorder- und eiserne Rückseite) und anthropomorphem Holzgriff, ein eisernes Hiebmesser mit Bronzerahmengriff, Reste eines kleinen Eisenmessers, von einer Lanze die Spitze und der Schuh aus Eisen, ein Wetzsteinbruchstück sowie aus Bronze 2 Ringe vom Schwertgehänge, Gürtelhaken und -schließe, Zierknöpfe, rundstabige Nadelschaftteile, Tatauiernadel und Pinzette. Etwa 3,50 m nordwestlich der Grabgrube gab es eine Brandstelle mit kleinen Scherben (Überreste des Totenfeuers?). Vergleichbares Inventar ist aus frühkeltischen Fürstengräbern bekannt. So kann das bisher im Territorium einmalige Grab an das Ende des 5. Jh. v. u. Z. datiert werden. Direkte Verbindungen mit den geschichtlichen Vorgängen um die Zerstörung des Eisenbergwalles (s. H 3) ließen sich bislang nicht herstellen (Coblenz 1956).

1327 taucht Liebau zum erstenmal als castrum *Lûbawe* auf. Der Name steht in Beziehung zum altsorbischen Personennamen L'ub bzw. L'uba. Dieses Castrum, eine landesherrliche Feste der Vögte von Plauen (s. W 4, W 8, W 10), liegt im W des Ortes auf einem Sporn über der Weißen Elster. Zu erkennen sind 3 Kernwerke, durch Gräben getrennt und von einem Halsgraben geschützt. Das nördliche Kernwerk wurde mit dem Schloß Liebau überbaut, das bis 1742 bewohnt war, heute Ruine ist. Eine Vorgängerburg lag etwa 500 m südlich, über der Elster am Südende des ehemaligen Gutsparkes. Der Turmhügel mit 2 Halsgräben ist im Wall- und Grabengelände durch eine alte Begräbnisstätte beeinträchtigt und unter dem Namen Alt-Liebau bekannt. Zwischen der Ruine und der Dorfstraße stand das ehemalige Rittergut. Zu ihm gehörten 240 ha, während die Ortsflur selbst nur 162 ha umfaßte. Liebau weist die Form einer Gutssiedlung auf.

Im Jahre 1945 erfolgte die Aufteilung des Rittergutslandes an 10 Neubauern, die teilweise die vorhandenen Gebäude und Stallungen nutzten. 1958 traten 4 Neubauernfamilien der LPG Frohe Zukunft in Ruppertsgrün (s. D 5) bei, 1960 folgten die übrigen. Östlich des Dorfkerns liegen auf dem Schafhübel (429 m) die sogenannten Schäfereihäuser. In einem der Gebäude befindet sich ein Stall der LPG (T) Herlasgrün. Mehrere Einfamilienhäuser und ein Wohnblock haben das ursprüngliche Ortsbild verändert.

Am Elsterhang unterhalb der Ruine Liebau stehen mehrere steil aufgerichtete Kalksteinklippen an. Vermutlich wurde der Kalkstein mehrfach verschuppt. Nach den in ihm vorkommenden Versteinerungen — millimeterlange, kommaähnliche Tentakuliten, welche frei schwebende Meerestiere von unbekannter systematischer Zugehörigkeit darstellen — zu urteilen, handelt es sich um Tentakulitenkalk des Unterdevons. Die unteren Teile der Kalkfolge sind durch das Eindringen eines Diabases kontaktmetamorph verändert worden. Es kam dabei im Kalkstein zur Bildung von Kalkgranaten vom Grossular-Typ. Diese rotbraunen Granatkristalle erreichen etwa Stecknadelkopfgröße und sind teilweise im Kalkstein massenhaft angehäuft. In der Nähe des Diabasganges ist der Kalkstein stark verkieselt worden. Im höheren Teil der Kalksteinfolge treten oft vollkörperlich erhaltene Exemplare von *Nowakia acuaria* auf, einer Tentakulitenart, die in den Meeresablagerungen des Unterdevons im vogtländisch-thüringischen Schiefergebirge häufig vorkommt. Die Kalke gehen zum Hangenden hin in sandige, blaugraue Schiefer über, welche die gleiche Fauna enthalten. Der Kalkstein stellt den am besten erhaltenen Tentakulitenkalk im Vogtland dar und steht unter Naturschutz. D 6

Christgrün, seit 1974 Ortsteil von Ruppertsgrün, **D 7**

urkundlich 1366 als *Cristansgrune* (= Rodung eines Christian) erstmals genannt, ist als Reihendorf entstanden. Die Gehöfte ziehen sich beiderseits eines Quellbaches zum Forellenbach in einer Höhe von 420 bis 400 m hin. Die ehemalige Gelängeflur von 403 ha Größe breitet sich am Nordostrand des Mittelvogtländischen Kuppenlandes aus, weist vorwiegend verschiedene Diabasgesteine und devonische Schiefer im Untergrund auf und erreicht am Stänker 457 m ü. NN.
Der älteste Herrensitz lag nördlich vom Volksgut im Gartengelände am Rande der Niederung des Dorfbaches. Der Turmhügel ist durch einen Brunneneinbau gestört, der Wall- und der Grabenbereich sind verändert. Auf Christgrüner Flur gibt es 2 weitere ehemalige Wasserburgen. Die eine, dicht an der Flurgrenze, dürfte früher zu Herlasgrün gehört haben (s. D 9). Die andere befindet sich nördlich des Ortes, nahe der Flurgrenze zu Reimersgrün, in einer kleinen Bodensenke unmittelbar westlich des an der einstigen Schule vorbeiführenden Fußweges von Christgrün nach Reimersgrün. Für den gut erhaltenen Turmhügel mit Graben und Außenwall sind die Flurnamen Altes Schloß, Alter Wall, Ringwall und Wallinsel überliefert. Infolge dichten Baumbewuchses fällt die Anlage von weitem ins Auge. Ursprünglich dürfte sie zu Reimersgrün gehört haben.
1827 wurde der Rittergutsbesitz testamentarisch zu einer Familienstiftung eingerichtet, die vom jeweiligen Plauener Amtmann als Hauptadministrator verwaltet und in Pacht ausgetan wurde. Im gleichen Zusammenhang entstand 1829/30 die Grabkapelle im Schloßgarten, ein klassizistischer Rundbau mit neugotischen Elementen. Das Innere wird von einer Kuppel überwölbt, die in Rechteckfelder mit Stuckrosetten eingeteilt ist. Das ehemalige Rittergutsgebäude selbst trägt einen barock geformten Dachreiter von 1823 mit welscher Haube.
Christgrün entwickelte sich zu einem Zentrum der industrialisierten sozialistischen Landwirtschaft. Dem 1945 gegründeten Volkseigenen Gut wurden 1952 das VEG Pöhl und 1954 das VEG Gansgrün angeschlossen. Im Zuge der weiteren Spezialisierung in der Landwirtschaft bildeten sich 1977 schließlich 2 Volksgüter in Christgrün heraus. Das VEG Tierproduktion umfaßt außer dem Stammbetrieb die Teilbetriebe Neudörfel, Gansgrün, Reusa, Reißig, Chrieschwitz, Syrau, Steinsdorf und Kauschwitz. In Christgrün selbst finden wir am westlichen Ortseingang Rinder- und Kälberställe sowie einige Hochsilos und am

D 7 südöstlichen Ortsausgang Schweineställe. Der Tierbestand umfaßte 1979 unter anderem etwa 2000 Rinder und 3000 Schweine. Im gleichen Jahr betrug die Marktproduktion ungefähr 28000 dt Milch, 4200 dt Schweinefleisch und 1200 dt Geflügelfleisch.

Die spezialisierte Pflanzenproduktion setzte mit der Gründung der Kooperativen Abteilung Pflanzenproduktion (KAP) Talsperre Pöhl ein, die die Flächen des bis dahin bestehenden Volksgutes und der LPG Reimersgrün bearbeitete. Hinzu kamen 1973 die Feldbauabteilungen der LPGs Helmsgrün, Herlasgrün, Frohe Zukunft Ruppertsgrün, Chrieschwitz, Limbach und Coschütz. Schließlich ging daraus 1977 das VEG Pflanzenproduktion mit einer Fläche von etwa 5000 ha hervor. Die Fluranteile gehören zu 25 Städten und Gemeinden der Kreise Plauen-Stadt, Plauen-Land, Reichenbach und Greiz. Das Produktionsprofil bestimmen Halmfrucht-, Hackfrucht- und Futteranbau. Als Nebenprodukte erzeugt man Erdbeeren und einige Gemüsearten. In den siebziger Jahren entstanden 2 Verpackungshallen und eine Lagerhalle, verschiedene Werkstätten und eine Pflegestation für Geräte und Maschinen.

D 8 Scherrer

Südwärts vom Christgrüner Eisenbahnübergang führt ein Feldweg auf den bewaldeten Scherrer. Diese aus Diabasbrekzien aufgebaute längliche Kuppe gehört mit 463 m zu den höchsten Erhebungen des Pöhler Kuppenlandes. Zahlreiche kleine Felsklippen belegen die hohe Verwitterungsresistenz des Gesteinszuges, der von hier über Jocketa, das untere Triebtal und das Kaltenbachtal nach Reißig südwestwärts zieht und durch seine hohen Waldanteile, Engtäler und Felsbildungen hervortritt. Die südöstlichen Abschnitte des Scherrers waren vor 100 Jahren gerodet, wurden jedoch in der Folgezeit wegen der blockig-steinigen Böden wieder aufgeforstet.

D 9 **Herlasgrün,** Kreis Plauen,

entstand am Nordostrand des Mittelvogtländischen Kuppenlandes als Waldhufendorf in der Quellmulde des Aubaches, eines rechtsseitigen Zuflusses der Talsperre Pöhl. Der ehemalige Herrensitz lag im SW des Ortes an der Flurgrenze nach Christgrün und zur Hälfte auf Christgrüner Flur in der Sumpfniederung des Aubaches. Der gestörte Turmhügel der ehemaligen Wasserburg enthält Reste von Mauerwerk, ist auf Herlasgrüner Seite eingeebnet und auf Christgrüner Seite stark verflacht. 1380 taucht ein Kezzeler von *Herlyssgrun* auf (= Rodung eines Herrlein, möglicherweise Übernahme in der im Fränkischen belegten Bedeutung Großvater). 1421 wird ein Vorwerk zu *Helbersgrune* genannt, das aber nicht lange bestanden haben dürfte. Die Gemarkung umfaßt 579 ha.

Charakteristisch für das Landschaftsbild um Herlasgrün sind die zum Umspannwerk beim Ort führenden Hochspannungsleitungen. Das Werk, das zum VEB Verbundnetz Elektroenergie, Netzbereich Dresden, gehört, wurde 1923 errichtet und 1973 erweitert.

In der zweite Hälfte des 19. Jh. erlebte der Ort infolge der einsetzenden kapitalistischen Entwicklung wesentliche Veränderungen. Dazu trug in erster Linie der Bau der Eisenbahnlinien Leipzig/Dresden—Reichenbach—Herlasgrün—Plauen—Hof (1851) bei, von der bei Herlasgrün die Strecke nach Falkenstein (1865) abzweigt. Es entstanden eine Spinnerei (1856) am Ortsausgang nach Helmsgrün (jetzt von der LPG genutzt), eine Nagelfabrik (um 1890) gegenüber dem Bahnhof (heute Betriebsteil des VEB Elektromotorenwerke Thurm) und einige kleine Stickereien. Die damit verbundene wachsende Einwohnerzahl (Anhang A) erforderte den Bau zahlreicher Wohnhäuser und eines neuen Schulgebäudes (1885), so daß der Ort immer mehr den Charakter einer Arbeiterwohnsiedlung annahm. Der größere Teil der Berufstätigen (1979: 185 Auspendler) arbeitet in Betrieben der Städte Plauen, Netzschkau und Reichenbach. Der wichtigste einheimische Betrieb ist eine Eisengießerei, die 1958 von Pöhl nach hier verlegt wurde und ebenfalls dem VEB ELMO Thurm angehört. 150 Beschäftigte stellen vorwiegend Gußteile für Motoren- und Getriebegehäuse her. Im stillgelegten Steinbruch links der Straße zwischen Ortsausgang und ehemaliger Dreckschenke unterhält die Bezirksdirektion für Straßenwesen eine Mischanlage. Der Diabasbruch nordöstlich der Straße von Treuen nach Elsterberg liegt auf Limbacher Flur und arbeitet als Betriebsteil des VEB Hartsteinwerke Vogtland (s. X 6). D 9

Nach 1945 entstanden in Herlasgrün ein Kindergarten und eine Verkaufsstelle der Bäuerlichen Handelsgenossenschaft; 1978 richtete sich der VEB Holz- und Leichtbauelemente Leipzig in der ehemaligen Gaststätte Sächsisch-Bayrischer Hof ein Ferienheim mit 24 Betten ein.

1960 gründeten die Bauern des Dorfes die beiden LPGs Drei Linden und Grüne Aue, die sich später zur LPG Vogtlanderde vereinigten. Sie schuf den Grundstock für eine spezialisierte LPG der Tierproduktion, die 1974 aus den Genossenschaften Herlasgrün, Helmsgrün, Ruppertsgrün und Plauen-Chrieschwitz hervorging. 1979 hielt sie je 2000 Rinder und Schweine in 40 Ställen, verteilt auf 6 Dörfer.

Mehltheuer, Kreis Plauen E 1

1418 wurden wüste Güter, Wald, Wiesen und Äcker auf der *Mehltheuer* urkundlich genannt, 1419 die Wüstung *zu der Melterey*. Nach Erkenntnissen der Namenforschung deutet die Bezeichnung auf einen Ort, wo das Mehl teuer ist, wobei es sich bei so benannten Dörfern stets um späte Ausbausiedlungen auf ungünstigen Böden handelt. Der verlassene Wohnplatz gehörte den Grundherren in Leubnitz, die im 16. Jh. Bauern ansetzten, 1764 gab es aber erst zwei. Im weiteren Verlauf des 18. Jh. legte das Rittergut Leubnitz hier ein Vorwerk an. Mit ihm in Verbindung dürften die 16 Häuser zu bringen sein, die 1794 außer 3 Bauern im Ort seßhaft waren. Wohl wegen der langen Wüstungsperiode umfaßte die Parzellenflur von Mehltheuer eine nur sehr kleine Fläche: 1900 = 67 ha, 1963 = 98 ha.

1848 bekam das Dorf an der Sächsisch-Bayerischen Eisenbahn eine Haltestelle, die mit 510 m ü. NN etwa 100 m höher als der 11 km entfernte Obere Bahnhof

E 1 in Plauen liegt. Von Mehltheuer aus wollte die 1872 im kapitalistischen Gründungsfieber geschaffene Mehltheuer-Weidaer Eisenbahngesellschaft in Richtung N eine Linie bauen, die aber infolge von Zahlungsschwierigkeiten dieses privaten Unternehmens jahrelang unvollendet blieb. Schließlich kaufte 1881 der sächsische Staat die angefangene Strecke als Konkursmasse und ließ sie bis 1883 fertigstellen.

Mehltheuer breitet sich auf der Hochfläche an den genannten Bahnlinien und an der F 282 aus. Die wenigen Bauernhöfe liegen verstreut: Den Kern des alten Ortes stellen kleine ehemalige Häusleranwesen im Gebiet der Bernsgrüner Straße dar. Hier fallen 4 gleichförmige Doppelhäuser auf, die im vorigen Jahrhundert für Eisenbahnerfamilien errichtet wurden. Vorstädtischen Charakter tragen die Bauten an der Goethe- und Antonstraße; Villen stehen im Waldgebiet Richtung Schneckengrün. Die Nähe des großen Forstes (s. F 1) begünstigte die Schaffung von Ferienheimen, die auch als Kinderferienlager dienen. Eines davon, das frühere Hotel Waldhaus, baute sich die Deutsche Reichsbahn zum Erholungsheim um. 1959—63 wurde im Nationalen Aufbauwerk das Waldsportheim errichtet. In 2 Neubaublocks im S des Ortes gibt es moderne Wohnungen. Viele Einwohner von Mehltheuer arbeiten auswärts, besonders in Pausa, Plauen oder Zeulenroda.

Ein weithin sichtbarer Schornstein gehört zur früheren Tüllfabrik Mehltheuer AG, die seit 1909 Stickereitüll für die Plauener Spitzenindustrie sowie Gardinen- und Kleidertüll herstellte. Nach dem ersten Weltkrieg wurde ihr eine Webereiabteilung für Gardinen- und Möbelstoffe angegliedert. 1944/45 waren in dem Werk Maschinen zur Rüstungsproduktion für die Vomag (s. P 1.3) in Plauen aufgestellt.

Etwa 350 weibliche Häftlinge eines Außenlagers des Konzentrationslagers Flossenbürg, die aus Polen und Ungarn stammten, mußten hier unter unmenschlichen Bedingungen schuften. Nach dem zweiten Weltkrieg zog wieder der Textilbetrieb ein. Eine wesentliche Modernisierung und Spezialisierung erfolgte 1972 mit der Übernahme durch den VEB Plauener Gardine. Heute stellt das Werk auf modernen Raschelmaschinen Gardinen (Bild 21) her und beschäftigt Arbeiter aus 10 Orten.

Der Gemeindeverband Mehltheuer, zu dem sich Leubnitz, Rodau, Demeusel, Kornbach, Schönberg und Mehltheuer mit seinen Ortsteilen 1977 zusammengeschlossen haben, umfaßt 2600 ha landwirtschaftliche Nutzfläche, die von der LPG (P) Völkerfreundschaft, Abteilung Rodau, bewirtschaftet wird. Ein Lagerhaus zur Überwinterung von Pflanzkartoffeln, das zur LPG (P) Syrau gehört, liegt am Ortsausgang nach Oberpirk. Die LPG (T) III. Parteikonferenz Rodau sowie die LPG Freundschaft Schönberg betreuen die Tierbestände von Mehltheuer.

E 2 **Fasendorf,** seit 1974 Ortsteil von Mehltheuer

Die alten Gehöfte von Fasendorf liegen als Zeile fast durchweg an der Westseite von Straße und Bach, der auf der Hochfläche von Mehltheuer entspringt und sich nahe der Teichmühle bei Leubnitz mit dem Lelebach vereinigt. Die modernisierten Gebäude lassen die frühere ländliche Bauweise kaum noch erkennen. Gegenüber der Gehöftreihe steigt der Hang steil nach O an. Auf der Höhe befinden sich einzelne kleine Häuser, auch Villen aus kapitalistischer Zeit. Eine von ihnen dient seit dem Umbau als Altersheim der Inneren Mission. E 2

1301 wurde die Siedlung ursprünglich *Bozendorf* genannt, zu dem altsorbischen Personennamen Božęta (Lautersatz, s. D 4). 1834 gehörten zum Dorf 13 Häuser. Seine 352 ha große ehemalige Gelängeflur reicht bis an Mehltheuer heran, an dessen Rand seit der zweiten Hälfte des 19. Jh. Häuser stehen. Das alte Dorf ist noch heute stark bäuerlich geprägt. Im Ort unterhält die LPG (P) Syrau eine neue Pflegestation für Maschinen und Geräte.

In Fasendorf lebte nach dem ersten Weltkrieg der aus Plauen stammende Maler, Grafiker und Bildhauer WALTHER LÖBERING (1885—1969). Seit 1923 wirkte er auch als Lehrer an der Plauener Kunstschule. Der vielseitige Künstler gestaltete in seinem Werk vor allem Menschen und Landschaften des Vogtlandes. In einer eigenen kleinen Sternwarte in der Nähe seines Hauses beobachtete er als Laienforscher jahrzehntelang den Jupiter. Für seine wissenschaftlichen Leistungen ehrte die Akademie der Wissenschaften der DDR LÖBERING 1954 mit der Leibniz-Medaille.

Drochaus, seit 1974 Ortsteil von Mehltheuer, **E 3**

wird als *Trachans* erstmals 1298 erwähnt. Der Name ist möglicherweise eine deutsche Genitivbildung zum slawischen Personennamen Drogan bzw. Dragan. Die Geschichte des Waldhufendorfes, das zusammen mit dem nördlich anschließenden Ortsteil Geiersberg eine konstante Anzahl der besessenen Mann über Jahrhunderte aufweist (Anhang A), veranschaulicht die vielfachen feudalen Abhängigkeitsverhältnisse. 1418/19 besaßen die Grundherren von Haselbrunn, Leubnitz, Rodau, Rodersdorf und Rößnitz Rechte an insgesamt 9 Gütern in Drochaus. 1487—1545 verpfändete der Landesherr 3 Güter mitsamt den Obergerichten an das Rittergut Geilsdorf. 1506 hatten außerdem die Rittergüter Syrau und Leubnitz Rechte an 3 bzw. 4 Höfen, und schließlich besaßen auch das 50 km nördlich gelegene Nonnenkloster Cronschwitz und die Kirche zu Thierbach je einen Hof. Durch Kauf, Tausch, Verpfändung und Erbschaft wechselte die Abhängigkeit einzelner Höfe mehrfach.

Das Siedlungsbild zeigt noch fast unverändert die geschlossenen Hofanlagen, die sich im Dorfkern von 460 bis 530 m ü. NN am Hang des Elmbachs, eines Quellarms des Rosenbachs, aneinanderreihen. Der Wasserlauf ist vor den Höfen zu mehreren Teichen angestaut, darunter zu einem Löschteich.

Zur bäuerlichen Bevölkerung kamen in der zweiten Hälfte des 19. Jh. einige Handwerker- und Arbeiterfamilien, vor allem Eisenbahner (1911 = 9 Familien). Sie bewohnten hauptsächlich die Häusleranwesen oberhalb des Bahnkörpers der Strecke Mehltheuer—Schönberg, die in der Karte von OBERREIT (1847—50) als Elm bezeichnet werden. Von den ursprünglich mindestens 6 Wohnstätten am Fuße des Elmhügels existieren heute nur noch 2.

Bei der Durchführung der demokratischen Bodenreform 1945 gingen aus einem Großbauerngut 3 Neubauernstellen hervor. 1960 gründeten die Bauern die LPG

E 3 Rosenquelle mit einer Nutzfläche von 226 ha, die die LPG (P) Völkerfreundschaft (s. E 1) bearbeitet. Seit 1975 betreut die LPG (T) III. Parteikonferenz Rodau die Viehbestände von Drochaus.

E 4 **Oberpirk,** seit 1974 Ortsteil von Mehltheuer

Die Gehöfte des Zeilendorfes ziehen sich vorwiegend östlich des mittelalterlichen Straßenzuges von Plauen nach Pausa in einer Höhe von 480—490 m hin. Größere Bedeutung kommt heute der Transitstraße (F 282) nach Schleiz zu, die in Oberpirk in westlicher Richtung abbiegt. An der Abzweigung stand ein Chauseehaus, in dem die Gebühr für die Benutzung der alten Straße entrichtet werden mußte. In der 499 ha großen ehemaligen gelängeähnlichen Streifenflur — sie liegt auf der Nordwestvogtländischen Hochfläche — fallen zwei große flache Mulden auf, in denen Quellbäche der Weida entspringen.
1418 lassen sich in Oberpirk, das 1402 als *obern Pirck* (= Ort bei der Birke) belegt ist, 4 Güter nachweisen, von denen je 2 den Grundherren von Leubnitz und von Haselbrunn unterstanden. 1477 gab es 6 Güter, 1506 bereits 9.
An der Straße nach Fasendorf steht im Gelände einer früheren Ziegelei ein ehemaliges Kindererholungsheim. Von 1954 bis 1980 diente es als Heim für vorschulpflichtige Kinder.
Ein starker Aufschwung in der Landwirtschaft begann 1960 mit der Gründung der LPG Typ I Sputnik, deren landwirtschaftliche Nutzfläche von der LPG (P) Völkerfreundschaft (s. E 1) bearbeitet wird. Heute bestimmen die Ställe und Silos der 1972/73 erbauten Milchviehanlage für 450 Kühe der LPG (T) III. Parteikonferenz Rodau das Siedlungsbild. Einen Teil des benötigten Futters liefern die Wiesen der Quellmulde südlich des Ortes.
In dieser Mulde hat sich ein ausgedehntes Torflager entwickelt, das Brüchigt. Es erstreckt sich auf 700 m Länge bis nahe an die Straßengabel in Oberpirk, seine größte Breite beträgt 500 m. Das bis zu 2,5 m mächtige Torflager wurde zeitweilig in mehreren Stichen ausgebeutet, zuletzt nach dem zweiten Weltkrieg (bis 1950), um die Brennstoffnot in Plauen zu lindern. Das Zentrum des Lagers mit frischem bis feuchtem Boden ist durch ein Erlen-Birken-Wäldchen gekennzeichnet. In ihm fallen große Bestände des Faulbaums auf. Typische Arten sind Rasenschmiele (*Deschampsia caespitosa*), Waldsimse (*Scirpus sylvaticus*), Sumpfveilchen (*Viola palustris*) und Gemeiner Gilbweiderich (*Lysimachia vulgaris*). In Entwässerungsgräben und an ihren Rändern wachsen Flutender Schwaden (*Glyceria fluitans*), Sumpfblutauge (*Comarum palustre*) und Sumpfhornklee (*Lotus uliginosus*). Nach umfassender Melioration ist das Brüchigt in ertragreiche Grasfelder umgewandelt worden. Das Moor wurde pollenanalytisch untersucht, jedoch gestatteten die damaligen Methoden (Frenzel 1930) keinen exakten Einblick in die postpleistozäne Waldgeschichte.
An dem südlichen Rand der Quellmulde stehen die Bitthäuser knapp 500 m ü. NN. Die unmittelbar benachbarte Wasserscheide zwischen Weida und Rosenbach trägt jedoch Fichtenforst, den zahlreiche Entwässerungsgräben durchziehen. Für die hohe Bodenfeuchtigkeit spricht das montane Wollige Reitgras (*Calamagrostis villosa*), das große Flächen bedeckt und auch fruchtet.

Unterpirk, seit 1974 Ortsteil von Mehltheuer, E 5

erstreckt sich in einer Höhe zwischen 450 und 460 m ü. NN an der Landstraße zwischen Oberpirk und Pausa, und zwar in einer flachen Senke unterhalb des Kulmberges (531 m). Die geschlossenen Höfe des Platzdorfes gruppieren sich locker zu beiden Seiten des Peintenbaches, der zur Weida entwässert. Der Name bezieht sich auf die Peinten oder Beunten, abgegrenzte Wiesenstücke bei den Höfen (Wild 1936), die früher nicht zur Gemeindehutung gehörten, sondern den Bauern das Winterheu lieferten.
Das Dorf mit einer Gelängeflur von 371 ha wird erstmalig 1357 als *Birke* (Erklärung s. E 4) und 1438 als *Niddern Birke* genannt. Es gehörte zu dem 1460 gebildeten sächsischen Amt Pausa und war ausschließlich Amtsdorf, in dem sich die Besitzverhältnisse und Sozialstruktur über Jahrhunderte kaum veränderten. Das Pausaer Amtserbbuch von 1506 nennt 11 besessene Mann auf 9 ganzen und 2 halben Höfen, 1943 existierte die gleiche Zahl an Landwirten, hinzu kamen 7 Kleinbauern und einige Gewerbetreibende. Die 1960 gegründete örtliche Genossenschaft schloß sich 1967 der LPG Sputnik Oberpirk an (s. E 4).

Allrichberg E 6

Von dem rechtwinkligen Knick der Straße Mehltheuer—Bernsgrün aus erreicht man den Allrichberg, mit 532 m ü. NN der höchste Punkt der staunassen Bernsgrüner Hochfläche (s. A 1). Vom Feldweg aus bietet sich ein weitreichender Blick nach S über Oberpirk und das Brüchigt auf die zu den mittelhohen Gebirgslagen aufschwingende und in einem Halbrund verlaufende Landstufe um Kornbach—Stelzen—Reuth (s. Seite 7), der auch die Bahnlinie nach Gutenfürst folgt. Die unscheinbare Anhöhe des Allrichberges fällt durch einen von Kiefern durchsetzten Birkenwald auf. Vom Waldrand aus bietet sich ein weites Sichtfeld gegen N und O. Unmittelbar am Bergfuß beginnt nordwärts das vernäßte Weidaquellgebiet (s. A 1) mit einem vielfältigen Wechsel von Wald, Grasland, Teichen und Ackerland. Dahinter folgen die Kleinstadt Pausa und das Waldgebiet des Pöllwitzer Forstes. Gegen NO und O reicht der Blick bis zu den Höhen um Greiz, zum Netzschkauer und Schönheider Kuhberg und ins Auersberggebiet.

Mehltheuerer Forst F 1

Der Mehltheuerer Forst bedeckt den östlichen Ausläufer der eintönigen ostthüringisch-vogtländischen Schiefergebirgshochflächen zwischen Saale und Weißer Elster. In Gestalt eines von N nach S verlaufenden 5 km langen Flachrückens (Abb. 9 oben u. Anhang B), dessen Scheitel 526 m (Lerchenberg) bis 548 m ü. NN erreicht, erhebt er sich 60—80 m über die Syrauer Hochfläche und ist, besonders von O her, weithin sichtbar. Wegen seiner Waldbedeckung besteht nur an seinem Südrand ein ständiger hervorragender Sichtpunkt (s. J 3). Klimatisch zählt der Rücken zu den thermisch rauhen und stark den Winden aus-

F 1 gesetzten mittelhohen Lagen des westlichen Vogtlandes. Die bunten Tonschiefer mit Sandstein- und Grauwackeneinlagerungen aus dem Unterkarbon im Untergrund liefern mäßige Verwitterungsböden in Form von Braunerden und Braunpodsolen, die vor allem in den Quellmulden der östlichen Rückenflanke wiederholt von Stauvernässungsarealen unterbrochen sind.

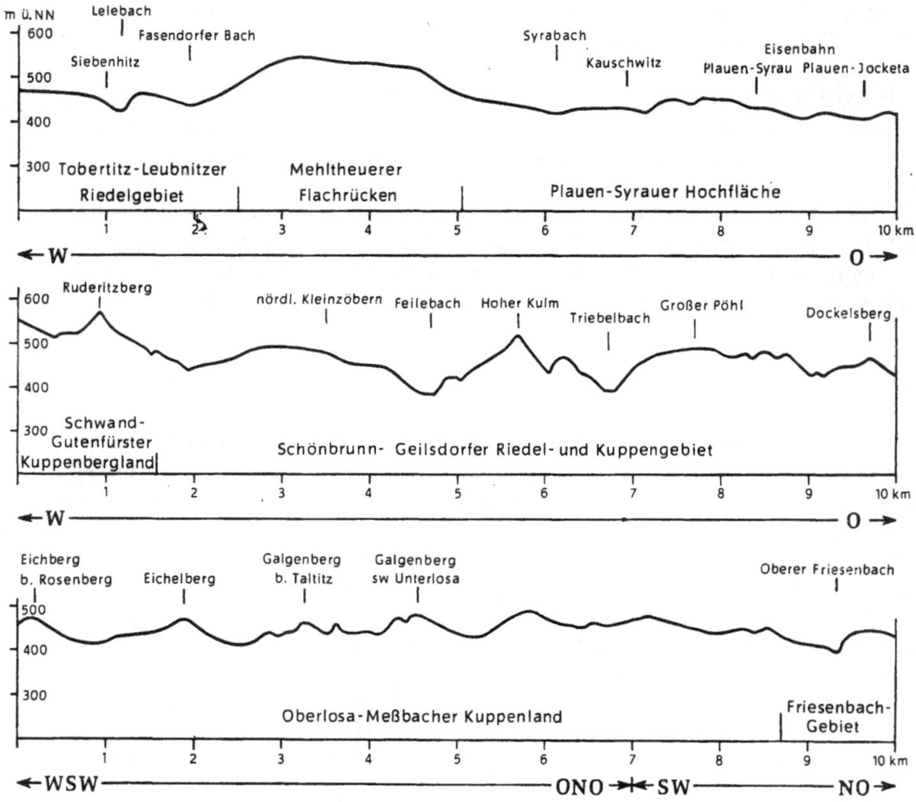

Abb. 9. Morphologische Profile des Plauener Raumes (Entwurf A. Bernhardt)

Das Waldgebiet gehörte 1506 teilweise zum Amt Plauen und hieß damals wegen seiner Größe Der Forst. Aus ihm stammte Bauholz für das Plauener Schloß, die städtischen Mühlen und Vorwerke. Die anderen Waldbestände des Amtes waren dagegen in schlechtem Zustand und lieferten nur Brennholz (s. L 3). Auch 1595 begegnet uns Der Forst als ein ansehnliches und stattliches Holz mit Tannen, Fichten und Rotbuchen. Der Wald hatte sich zu diesem Zeitpunkt gut regeneriert, nachdem er zum größten Teil zur Gewinnung von Bauholz für den Wiederaufbau der 1548 abgebrannten Stadt Plauen abgeschlagen worden war. Heute besteht der von der Oberförsterei Reiboldsruh bewirtschaftete Forst im wesentlichen aus Fichte und Waldkiefer, wobei in vielen Parzellen diese Gehölze aufgelockerte Mischbestände mit natürlicher Verjüngung bilden. Stellenweise wurde die Europäische Lärche gepflanzt, deren natürliches Verbreitungsgebiet von den Alpen bis zu den Karpaten reicht. Sehr vereinzelt sind Birken und Eichen eingestreut. Im Unterschied zu der artenarmen Kraut-Gras-Schicht entfaltet sich reicheres Pflanzenleben längs der Forststraßen. Große Bestände bilden das ozeanisch verbreitete Harzlabkraut (*Galium harcynicum*; Abb. 3) und an verschiedenen Wegen die Breitblättrige Sitter (*Epipactis helleborine*), eine Orchidee. F 1

Schlagreife Kiefern werden neuerdings in diesem Revier einige Jahre vor dem Hieb geharzt. Der gewonnene Rohbalsam enthält etwa 70% Kolophonium und 20% Terpentinöl, wichtige Rohstoffe für die chemische Industrie.

Syrau, Kreis Plauen, **F 2**

liegt auf einer Hochfläche rund 470 m ü. NN am Rand des Mehltheuerer Forstes. Die F 282 von Plauen nach Schleiz durchzieht den Ort, die Eisenbahnstrecke Plauen—Gutenfürst mit dem Haltepunkt Syrau tangiert ihn nur. Im Verlauf der Jahrhunderte mußte der Ort an der alten Reichsstraße nach Thüringen unter den durchziehenden Söldnern schwer leiden. Zu dem Gassengruppendorf gehört eine 1038 ha große ehemalige Blockflur. Das frühere Rittergut steht am südlichen Rand des Ortes. Im Schloßteich wird eine mittelalterliche Wasserburg vermutet, worauf die Flurnamen Altes Haus, Alter Hof und Wol hindeuten. Erstmals ist Syrau 1282 als *Syraw* urkundlich belegt. Dagegen wird der 1,5 km westlich des Dorfes im Mehltheuerer Forst entspringende Syrabach (s. L 1), nach dem der Ort seinen Namen trägt, bereits 1122 als ein Teil der Grenze des damaligen Gaues Dobna erwähnt (*Siroune*, zu altsorbisch *žir* = Weide, Futter). Die 1506 genannte Mühle unterstand dem Amt Plauen.

Die Kirche in der heutigen Form entstand vorwiegend in den Jahren 1686—89. Sie erhebt sich im Friedhof auf unsymmetrischem Grundriß. Der viereckige Westturm geht in das mit der Jahreszahl 1686 bezeichnete Achteck mit welscher Haube und offener Laterne über. Der 1628 datierte Altar ist ein Werk des Schleizer Malers Paul Keil (1573—1646), des bedeutendsten ostthüringisch-vogtländischen Malers seiner Zeit. Damals entstand auch die intarsiengezierte Kanzel. Die Grabsteine für Georg Friedrich und Agnisa von Watzdorf schuf 1623 wahrscheinlich Sebastian Walther aus Dresden. Eine spätgotische Anna selbdritt ist dem Meister des Thossener Altars zuzuschreiben (s. N 5).

Die Einwohnerzahl von Syrau (Anhang A) wuchs mit der Entwicklung der Industrie im nahen Plauen. Da viele Werktätige der Arbeiterklasse angehörten, gaben bei den Reichstagswahlen 1932 insgesamt 171 Syrauer der KPD, 79 der SPD ihre Stimme. Nach der Befreiung vom Faschismus forderten 1946 beim Volksentscheid in Sachsen 82% der Bürger von Syrau die entschädigungslose Enteignung der Kriegsverbrecher und Naziaktivisten. Diese Prozentzahl lag etwa 4% über dem Mittelwert für Sachsen.

Das ehedem bäuerliche Dorf hat sich zu einem Ort entwickelt, in dem Landwirtschaft, Gartenbau, Textilindustrie und Fremdenverkehr gleichermaßen vertreten sind. Das Volksgut, heute Betriebsteil des VEG (T) Christgrün

F 2 (s. D 7), und die LPG Vorwärts (seit 1975), die Schweine- und Rinderställe in mehreren Gemeinden betreut und der auch die 1960 gegründete LPG Syraquelle beitrat, betreiben Viehwirtschaft. Die rund 5000 ha große landwirtschaftliche Nutzfläche zwischen den Orten Trieb und Rodau wird von der 1978 aus der KAP Völkerfreundschaft hervorgegangenen LPG (P) Syrau bearbeitet. Die GPG Plauen nutzt die westlich der Straße nach Fröbersgrün gelegenen 2,6 ha großen Flächen unter Glas und Folie. Neben Treibgemüse werden hier Blumen gezogen. Im wirtschaftlichen Leben des Ortes spielen die Teilbetriebe der VEBs Plauener Spitze, Vowetex und Plauener Gardine eine bedeutende Rolle.

Schon 1551 gab es im Dorf einen Lehrer. Die 1742 errichtete neue Schule (Nr. 53) diente bis 1898 Unterrichtszwecken. Schüler aus Syrau, Fröbersgrün und Kauschwitz besuchen die 1898 erbaute und 1958 aus- und umgestaltete Oberschule Ernst Thälmann. Der Kindergarten nimmt bis zu 80 Vorschulkinder auf. Das Herrenhaus des früheren Rittergutes, das 1928 die Stadt Plauen erwarb, wird als Wochenkrippe für den Kreis Plauen genutzt.

An der Straße nach Plauen und an der Fröbersgrüner Straße entstanden rund 100 Neubauwohnungen. 1979 begann der Aufbau von 240 Wohnungen westlich der Straße nach Frotschau. In der Nähe dieses Neubaugebietes befindet sich am Rand des Mehltheuerer Forstes das große Waldstadion. 2 ehemalige Gaststätten wurden zu einem Ferienheim bzw. einem Gästehaus umgebaut.

In Syrau lieferten zu Anfang dieses Jahrhunderts kleine Brüche Kalksteine. Solche Vorkommen waren bereits in der ersten Hälfte des 19. Jh. zeitweilig ausgebeutet und in 2 hier erbauten Kalköfen gebrannt worden. Schon damals wußte man von mehreren Spalten und Höhlen mit Tropfsteinen zu berichten, was aber später in Vergessenheit geriet. Bei Steinbrucharbeiten entdeckte man am 14. März 1928 ein umfangreiches Höhlennetz und machte es in den folgenden Jahren der Öffentlichkeit zugängig. Diese nach einer alten Volkssage benannte Drachenhöhle (s. F 3) stellt ein eindrucksvolles Beispiel einer Verkarstung dar, die durch starke tektonische Zerklüftungen besonders gefördert wurde. Im Höhlenbereich wie auch über Tage stehen graue Flaserkalke mit Schiefereinlagerungen an, die dem Oberdevon zuzurechnen sind. Die Klüfte entlang dringen kohlendioxidhaltige Sickerwässer in die Tiefe und laugen große Hohlräume im Kalkstein aus (Korrosionshöhlen). Der Kalk setzt sich größtenteils aus dem tropfenden Wasser ab und bildet an den Decken nach unten sich vergrößernde Stalaktiten, denen vom Boden aus Stalagmiten entgegenwachsen. Die Höhle enthält zahlreiche Tropfsteinbildungen, von denen besonders die Sintervorhänge, die sogenannte Gardine (Bild 24), beachtenswert sind. Gelblichbraune Tonrückstände des Kalkes und der Schiefereinlagerungen kleiden die Wände und Nischen aus. Das Sickerwasser sammelt sich in einigen Seen, deren größter eine Tiefe von 5 m erreicht.

Nach der Entdeckung der Höhle entwickelte sich Syrau zu einem bedeutenden Ausflugsziel. Die Zahl der Höhlenbesucher beläuft sich auf rund 120000 im Jahr.

Syrauer Windmühle (Bild 34) **F 3**

Die Windmühle 1,2 km nordöstlich von Syrau blieb als letzter Zeuge der besonders in der ersten Hälfte des 19. Jh. zahlreich entstandenen Windmühlen im mittleren Vogtland erhalten. Sie verloren aber durch den Ausbau des Transportwesens und die Einführung der Dampfkraft bald ihre Bedeutung. Eine erste hölzerne Bockwindmühle — 1851 in der Nähe des ehemaligen Rittergutes errichtet — brannte 1864 ab. Noch im gleichen Jahr ließ der Besitzer, der ehemalige Strumpfwirker JOHANN GOTTLIEB SCHLOTT aus Pausa, auf der nunmehr erworbenen Anhöhe 489 m eine hölzerne Holländerwindmühle bauen, die 1887 ebenfalls einem Blitzschlag zum Opfer fiel. In dem steinernen Nachfolgebau mit einem Durchmesser von 7 m am Fuß und einer Höhe von 9 m befindet sich als wertvollster Bestand das hölzerne Getriebe aus der damals abgebrochenen Windmühle bei Dehles. Das mit 2 Gängen ausgestattete Werk wurde von den rund 9 m langen, zur Windregulierung mit Türen und Jalousien bestückten Flügeln angetrieben. Die Mühle blieb bis 1929 in Betrieb, 1936 erwarb sie die Gemeinde Syrau als Denkmalsobjekt, das 1982 restauriert wurde.
Vor dem Bau der Windmühle gehörte die Anhöhe teilweise zum Pfarrholz der Syrauer Kirche und führte auch den Namen Liekirche (= Liebfrauenkirche). Diese Bezeichnung hielt die Erinnerung an eine spätestens vor 1544 aufgelassene Kapelle wach. Der Überlieferung nach soll auch eine kleine Glocke der Syrauer Kirche ein Fund aus den Trümmern der Kapelle sein. Die Gründung der Liekirche verknüpft sich mit einer Sage von einem dort hausenden Lindwurm, der ständig von den Dorfbewohnern Menschenopfer forderte, bis ein tapferer junger Bursche zur Rettung eines geliebten Bauernmädchens den Kampf mit dem Drachen aufnahm und ihn tötete. Als Dankopfer wurde daraufhin die Kapelle erbaut. An diese Sage erinnert auch der Name Drachenhöhle in Syrau (s. F 2).

Schöpsdrehe **F 4**

heißt die kleine, zur Gemeinde Kauschwitz gehörende Häusergruppe, die an der Stelle liegt, wo die F 282 nach Schleiz von der F 92 abzweigt. Die Bezeichnung ist wohl im Volksmund entstanden und stellt einen scherzhaften Vergleich zu der bei Schafen auftretenden Drehkrankheit dar. Die Erweiterung der Ansiedlung, zumeist mit Einfamilienhäusern, erfolgte vorwiegend in den zwanziger Jahren des 20. Jh.
Auf dem Terrain gegenüber der Abzweigung bestand ein Flugplatz, der von einem Unternehmer-Interessenverband mit Beteiligung der Stadt Plauen seit 1925 ausgebaut wurde. Er nahm zunächst 18 ha und nach mehreren Erweiterungen eine Fläche von rund 40 ha ein. Nach seiner Einweihung am 23. August 1925 blieb er bis 1934 in Betrieb.

G 1 **Steinsdorf,** Kreis Plauen,

liegt in der Quellmulde eines kleinen Gewässers, das sich unterhalb des Ortes mit dem Tierbach (s. G 2) vereinigt, einem linken Zufluß zur Weißen Elster. Die F 92 Plauen—Greiz führt dicht westlich an Steinsdorf vorbei. Den Ort umgibt ein Kranz bewaldeter Erhebungen: im S der Warthübel (454 m) und Ploßenhübel (433 m), im SW der Kobitzhübel (440 m), im W der Rumpelberg (433 m), im N die Alberthöhe (453 m) und der Große Pöhl (461 m). Das Dorf weist auf Grund seiner Lage nahe der Wasserscheide zwischen Rumpel- und Tierbach nur geringe Höhenunterschiede auf (420 bis 440 m ü. NN).
Der älteste Beleg des Platzdorfes mit einer 356 ha großen ehemaligen Block- und Streifenflur datiert von 1418. Von 1419 stammt die Schreibweise *Stawstorff*, wahrscheinlich vom slawischen Personennamen Stan. Daß die Steinsdorfer Bauern für ihre Rechte einzutreten wußten, bezeugt die Tatsache, daß sie nicht nur 1525 Teilnehmer am Bauernlager an der Possig bei Plauen stellten (s. P 1.8), sondern sich auch 1725 gegen den Mißbrauch des Hutungsrechts durch den Rittergutsbesitzer wehrten, indem sie sich „mit Spießen, Stangen, Mistgabeln und anderm tödlichen Gewehr ..." (Wild 1936) vor dem Rittergut aufhielten.
Steinsdorf hat seinen landwirtschaftlichen Charakter, der sich im Ortsbild durch zahlreiche geschlossene Hofanlagen mit Elementen der Fachwerkbauweise, so Nr. 1, 40 und 41, widerspiegelt, bis heute weitgehend gewahrt. 1960 vereinigten sich die Bauern zur LPG Schöne Aussicht, deren Flächen die LPG (P) Syrau (s. F 2) bewirtschaftet. Der Viehhaltung widmet sich die LPG (T) Vorwärts Syrau. Aus dem früheren Rittergut ging ein Betriebsteil des VEG (T) Christgrün (s. D 7) hervor. Der Kreisbetrieb für Landtechnik Vogtland und die LPG (P) Syrau errichteten neue Gebäude am westlichen Ortsrand.
Der 57 Wohnhäuser zählende Ort entwickelte sich mit seinen 2 Gasthäusern zu einem beliebten Ausflugsziel. Einer der Anziehungspunkte ist die Kirche, ein Rechteckbau mit quadratischem, sehr kräftigem Westturm mit geschweiftem Schieferdach, geschlossener Laterne und Zwiebel. Das Innere (Bild 26) mit hölzernen Einbauten, Emporen und flacher Felderdecke trägt barocken Charakter. Die Kanzel mit Evangelistendarstellungen, die von einem sitzenden Engel getragene Taufe mit reich geschnitztem Deckel und die Chorschranken des frühen 18. Jh. werden dem 1645 geborenen Elsterberger Schnitzer Christian Preller zugeschrieben. Der 1497 datierte Flügelaltar ist das früheste bekannte Werk des Zwickauer Bildhauers Peter Breuer. In ihm zeigen sich Einflüsse der Kunst Tilman Riemenschneiders, Gregor Erharts und zeitgenössischer Graphik.

G 2 **Tierbach**

Der 2,5 km lange Tierbach entspringt 415 m ü. NN in einer Quellmulde südlich von Steinsdorf und mündet bei 300 m ü. NN an der Barthmühle in die Weiße Elster. Er ist ein typischer Vertreter der kleinen Elsterzuflüsse im Bereich des Jocketaer Engtales. Obwohl sein Unterlauf die teilweise weichen Schiefer des Jößnitzer Sattels anschneidet, schuf der Bach ein ausgesprochenes Kerbtal, das kaum Platz für die Straße läßt. Sein hohes Gefälle von 60‰ zeigt, daß sich der Wasserlauf noch nicht auf die Erosionsbasis der Elster einstellen konnte und sich weiterhin kräftig eintieft. G 2

Barthmühle, seit 1974 Ortsteil von Jocketa, **G 3**

entwickelte sich als Eisenbahnersiedlung im Tal der Elster am Bahnhof gleichen Namens der Linie Gera—Weischlitz. Ursprünglich wohl nur aus einer Mühle (1533 *Bartmul* = Mühle eines Bart[h]) bestehend, kamen seit dem Ende des 19. Jh. Wohngebäude, 2 Gaststätten, eine Fabrik und eine Hühnerfarm hinzu. Die Mühle gehörte zum Rittergut Röttis, nach 1800 zu Liebau. Bis 1952 besaßen die Gemeinden Röttis, Liebau, Trieb und Jocketa Fluranteile. Die Werksgebäude beherbergten früher eine Pappenfabrik, sind aber wegen Baufälligkeit abgerissen worden. In der ehemaligen Bahnhofsgaststätte richtete der Rat der Stadt Gera ein Ferienheim mit 50 Betten ein.

Jößnitz, Kreis Plauen, **G 4**

wird vom Kaltenbach durchflossen, der im Park unterhalb des Schloßberges den aus Oberjößnitz kommenden Sattelbach aufnimmt. Von Oberjößnitz bis Röttis zieht sich in einem großen südlichen Bogen der Plauener Stadtwald um die ehemalige Blockflur (784 ha) herum. Im N, im Bereich des Jößnitzer Sattels, verleihen zahlreiche Diabaskuppen der Landschaft das charakteristische Bild des Mittelvogtländischen Kuppenlandes. Die bekanntesten Pöhle sind Warthübel (454 m), Ploßenhübel (433 m) sowie Hornhübel, Toten- und Poppenpöhl. Die drei letztgenannten stehen wegen ihres Laubmischwaldes als Flächennaturdenkmale unter Schutz. Auf einigen dieser Pöhle zwischen Jößnitz und dem Ortsteil Röttis gibt es Hügelgräber wohl aus der jüngeren Bronzezeit.

Zwischen Toten- und Poppenpöhl breitet sich das alte Dorf aus. Sein Name erscheint nach der Besitzergreifung durch deutsche Siedler als *Jezenicz* (1263), aber bereits von 1244 liegt die Bezeichnung des Dorfbaches vor („... usque ad fluvium, que dicitur *Iezniz*"), die auf den Ort übertragen wurde. Das altsorbische Wort *Jasenica* bedeutet Eschenbach. Auf den Herrensitz macht erstmalig eine Urkunde anläßlich einer Totenbettschenkung aus dem Jahre 1282 aufmerksam. Vom alten Schloß erhielt sich nur noch das sogenannte Jägerhaus mit seinem spitzen Dachreiter, das auf der Höhe hinter dem Park zu den Blickpunkten des Ortes zählt. Der Besitzer, Kammerherr Otto von Watzdorf, hob im Jahre 1830 als einziger Vertreter des vogtländischen Feudaladels alle Frondienste auf dem Rittergut Jößnitz auf. Er gehörte zu den Abgeordneten des Frankfurter Parlaments 1848/49.

Anschließend an die Gebäude des ehemaligen Rittergutes steht heute ein großer Rinderstall der LPG (T) Vorwärts Syrau. Ihr und der LPG (P) Syrau (s. F 2) gehören die Genossenschaftsbauern des Ortes an. 1960 waren zunächst 3 Genossenschaften gegründet worden: Einigkeit, Erlengrund und Hohe Warte. Über mehrere Zwischenstufen, so unter Einschluß der LPGs von Röttis, Trieb und Steinsdorf, bildete sich die spätere Struktur heraus.

G 4 Die bebaute Ortslage, die sich in das alte Dorf, das Bahnhofsviertel, die Siedlungen sowie den Ortsteil Oberjößnitz gliedern läßt, erstreckt sich zwischen 370 und 425 m ü. NN. Das alte Platzdorf hat seinen Kern in Bauten und Wegeverhältnissen bis heute teilweise bewahrt. Das älteste Wohnhaus, Grüne Gasse 4, steht als Beispiel der Volksarchitektur aus dem 18. Jh. unter Denkmalschutz. Es weist im Erdgeschoß, mit Ausnahme der ehemaligen Küchenwände im hinteren Flurteil, Blockbau und an Giebel- und Traufseite des Stubenteils die typische Umgebindekonstruktion auf. Das Obergeschoß mit verbretterten Fachwerkwänden ist infolge des einhüftigen Daches nur an der Hofseite voll ausgebildet. Krüppelwalmdach, mit Stakhölzern und Lehmbewurf ausgefüllte Gefache und Kratzputzmuster blieben als weitere Zeugnisse alter Volksbauweise erhalten.

Die Kirche, ein Saalbau mit Korbbogenfenstern, eingezogenem Ostturm mit welscher Haube und südlichem Logenanbau, stammt von 1755; schon 1598 versah der Plauener Maler Benedikt Richter die achtseitige hölzerne Taufe auf rundem Fuß mit biblischen Darstellungen. Neben einigen spätgotischen Holzplastiken muß ein konvexes Tafelbild der Cranachwerkstatt um 1510 mit dem Kampf St. Georgs gegen den Drachen und mit der knieenden Stifterfamilie genannt werden.

Auf dem Friedhof erinnert ein Gedenkstein an 3 unbekannte jüdische Häftlinge, die am 27. Januar 1945 nahe beim Ort aus einem Transportzug geworfen und tot aufgefunden wurden. Hier ruht ebenfalls ein tschechischer Zwangsarbeiter, der bei einem Bombenangriff auf Plauen am 17. März 1945 sein Leben lassen mußte.

Die neuere Bebauung zieht sich vom Schloßberg nach S und SW bis zum Rand des Plauener Stadtwaldes. Jößnitz erhielt 1902 — 800 m vom alten Dorfkern entfernt — einen Haltepunkt an der Eisenbahnstrecke von Plauen nach Reichenbach, an dem das Bahnhofsviertel entstand. Es bildet das Zentrum des heutigen Jößnitz. Mehrgeschossige Neubaublocks in der Riedel-, Schiller- und Gellertstraße prägen — vereint mit alten Ein- und Mehrfamilienhäusern — sein Ortsbild. Ganz in der Nähe des Bahnhofs befindet sich das nach dem Plauener Antifaschisten und 1945—47 als Landrat wirkenden Richard Mildenstrey (1884 bis 1956) benannte FDGB-Ferienheim mit einem 1972 errichteten Bettenhaus. Gemeindeamt, Kulturhaus, Einkaufszentrum und Postamt liegen ebenfalls im Bahnhofsviertel, weiterhin die 1975 erbaute Hans-Beimler-Oberschule, der Kindergarten von 1976 und die im Nationalen Aufbauwerk 1959 geschaffene Turnhalle. Vor der Oberschule steht die Betonplastik Großer Schwimmer (1976) von Johannes Schulze aus Plauen. In Jößnitz wurde 1877 der Maler Paul Söllner geboren (s. B 6).

Die obere und untere Siedlung entwickelten sich nach Aufteilung des Rittergutslandes im Jahre 1929. Sie erstrecken sich vom Ufer des Sattelbaches über die Bahnlinie hinweg bis zur Reißiger Straße. In diesen Siedlungen entstehen weitere Einfamilienhäuser; ebenso werden neue Gärten angelegt und Bungalows errichtet, die den Ort besonders als Naherholungsgebiet der Stadt Plauen kennzeichnen. Jößnitz besitzt zur nahe gelegenen Stadt eine günstige Verkehrslage, wobei die Eisenbahnverbindung die wichtigste Rolle spielt. Deshalb sind die in Jößnitz wohnenden Werktätigen zu 90% in Plauen beschäftigt.

Die kleine abseitige Siedlung Oberjößnitz an der Eisenbahnstrecke Plauen—Syrau nimmt eine Fläche von 2,4 ha ein und umfaßt 19 Wohnhäuser. Gärten und Wochenendhäuser prägen auch hier das Bild. G 4

Röttis, seit 1969 Ortsteil von Jößnitz, G 5

liegt am Rand der pleistozänen Hochterrasse der Weißen Elster in etwa 370 m ü. NN. Seine 180 ha große Flur reicht vom Kaltenbach im S über den Eichberg (434 m) zum Lohbach im N und weiter vom westlichen Elsterufer von der Barthmühle aufwärts bis zur Kaltenbachmündung. Der Gasthof Friedrich-August-Stein, ein beliebtes Ausflugsziel, steht auf der Oberhangkante des Elstertales. Von diesem Aussichtspunkt am Rand des NSG Elsterhang bei Röttis (s. H 1) aus reicht der Blick ins Elster- und Triebtal sowie nach Jocketa und zum Eisenberg mit dem Julius-Mosen-Turm (s. H 3).
Den kleinen Ort mit seinen 14 Häusern, ein Waldhufendorf, teilt ein hoher Eisenbahnviadukt der Strecke Reichenbach—Plauen (s. H 6). Röttis ist erstmals 1244 als *Rothis* urkundlich belegt. Sein Name kann vielleicht als genitivische Bildung zu einem Personennamen Rot(h), Rött gedeutet werden. Das kleine Rittergut — 1412 Vorwerk — läßt sich erst im 16. Jh. nachweisen. Das 1328 erwähnte „vorberg zu dem *roteys*" bezieht sich auf das Pfaffengut (s. G 7).
Das 75 ha umfassende Rittergutsland wurde 1946 enteignet und in 4 Neubauernstellen und in Siedlergrundstücke aufgeteilt. Die Bauern von Röttis schlossen sich 1960 zur LPG Elstertalbrücke zusammen. Heute gehören die Genossenschaftsmitglieder zu den LPGs in Syrau (s. F 2).
In der zweiten Hälfte des 19. Jh. ging um Röttis Bergbau um, vorwiegend auf Braun- und Spateisenstein. Diese Erze wurden unter anderen in den Gruben „Schwarzer Schmidt", „Hans-Georg-Fundgrube" und „Saxonia-Bavaria" (s. G 6) abgebaut. Auch verschiedene Kupfererze und das nach Röttis benannte Röttisit (Pimelit), ein grünes Nickelsilikat, zählten zeitweise zu dem Fördergut. Vom Bergbau zeugen Halden, ferner Flurnamen, beispielsweise Schachtwiese, und das ehemalige Huthaus an der Bahnlinie südlich des Ortes in Richtung Plauener Stadtwald.

Kaltenbach G 6

Östlich von Syrau entspringt nahe Siebenlind in einem ehemaligen Teich der reichlich 6 km lange Kaltenbach in 442 m ü. NN. Sein zunächst flachmuldiges, vielerorts vernäßtes und einst mit einer Reihe von Weihern besetztes Tal wird bei Jößnitz von kleinen Härtlingskuppen aus Quarzit bzw. Diabas gesäumt. Obwohl der Kaltenbach schon in Höhe des Eisenbahnhaltepunktes Jößnitz in den südlichen Diabasriegel des Elsterengtales eintritt, beginnt erst an der 1 km entfernten Pfaffenmühle die Ausbildung einer steilhängigen Talkerbe mit zunehmendem Längsgefälle. Hier stellt sich der Bachlauf auf die Erosionsbasis der Weißen Elster ein, in die er an der Teufelskanzel 310 m ü. NN mündet.

G 6 Die 1,3 km lange Engtalstrecke des Kaltenbaches gehört zum NSG Elsterhang bei Röttis (s. H 1) und führt den volkstümlichen Namen Nymphental. Diese Bezeichnung entstammt ebenso der romantischen Naturbetrachtung des 19. Jh. wie der Name Teufelskanzel für die Felsgruppe am Talausgang. Der Abschnitt zählt zu den landschaftlich schönsten im vogtländischen Diabasbereich. An den mit Erlen gesäumten Bachlauf schließt sich eine sehr schmale Aue an, die fast durchgängig von der Gemeinen Pestwurz (*Petasites hybridus*) bedeckt ist. Als weitere Hochstauden fallen beispielsweise Echtes Springkraut (*Impatiens noli-tangere*) und Sumpfpippau (*Crepis paludosa*) auf. Vor vielen Jahren bürgerte sich oberhalb des Stollenmundloches der früheren Eisensteingrube ‚Saxonia-Bavaria' — aufgelassen seit einem Wassereinbruch im Jahre 1892 — ein ansehnlicher Bestand des Großblütigen Milchlattichs (*Cicerbita macrophylla*) ein, der aus dem Kaukasus stammt.

Auf den nährstoffreichen, frischen Mullböden des Unterhangs finden viele Waldpflanzen optimale Wuchsbedingungen. Zu ihnen gehören Hundsquecke (*Agropyrum caninum*), Riesenschwingel (*Festuca gigantea*) und Waldflattergras (*Milium effusum*). Die Steilhänge sind mit Horsten des Waldreitgrases (*Calamagrostis arundinacea*) bewachsen. Von den zahlreichen Blütenpflanzen sind weiterhin Kriechender Baldrian (*Valeriana repens*) und Waldziest (*Stachys sylvatica*) zu nennen. Verschiedentlich fallen die dreiteiligen Wedel des Eichenfarns (*Gymnocarpium dryopteris*) auf. Die Hangwälder wurden in Fichtenforste umgewandelt, in denen vereinzelte Birken stehen, und unterhalb der Pfaffenmühle legten Forstleute einen Eichenhain an.

G 7 Pfaffenmühle und Pfaffengut

Die Ausflugsgaststätte Pfaffenmühle mit ihren Wirtschaftsgebäuden liegt im Talgrund des Kaltenbaches unmittelbar vor dessen Eintritt in das Nymphental (s. G 6). Zwischen 1785 und 1798 ließ ein Verwandter des damaligen Besitzers des nahen Pfaffengutes die Mühle errichten, die im Volksmund analog den Namen Pfaffenmühle erhielt. Bereits um 1850 kam zum Mahl- und Schneidemühlenbetrieb ein Bierausschank hinzu. Nach einem Brand im Jahre 1895 entstanden die Gebäude im Folgejahr in der heutigen Gestalt.

Name und Geschichte der ehemaligen Mühle sind eng verknüpft mit dem nur 500 m entfernten, aber am bewaldeten Elsterhang liegenden Pfaffengut oder Pfaffenhaus. Der erste indirekte Hinweis auf dieses Einzelgut stammt von 1244; es gehörte 1328 als „vorberg zu dem *roteys*" (s. G 5) zum Besitz der Niederlassung des Deutschen Ordens in Plauen. Bei der Säkularisierung des Ordensbesitzes nach der Reformation wurde das Gut 1544 an den damaligen Pächter verkauft und mit der Fronauflage belastet, gegen eine Entschädigung alljährlich aus 58 Dörfern des Amtes das Zinsgetreide der Kirche, den Pfaffenscheffel, nach Plauen zu transportieren sowie ein Pferd für die Landdiakone zu halten. Diese Verpflichtungen galten bis zu ihrer Ablösung 1848. Die heute geläufige Bezeichnung tritt erstmalig in einem Kaufbrief von 1654 auf: „...das freye Lehengut im hintern Reißig, das *Pfaffenguth* genannt." Die bäuerliche Wirtschaft mit rund 45 ha Ackerland und 14 ha Wald verfügte 1897 über 28 Rinder und

4 Pferde. In diesem Jahr brannten Wohn- und Stallgebäude ab, entstanden aber bald neu. Gegenwärtig wird das Gut vom VEG (T) Christgrün (s. D 7) genutzt und beherbergt außerdem eine Fasanerie (s. H 1) des VEG Mastkombinat Plauen-Reißig. G 7

Jocketaer Elstertal und Naturschutzgebiet Elsterhang bei Röttis H 1

Der reichlich 6 km lange Elstertalabschnitt zwischen dem Lochhaus bei Möschwitz und der Franzmühle bei Elsterberg-Gippe bildet eine eigene Kleinlandschaft (Abb. 2), der auch das unterste Triebtal zugerechnet wird. Widerstandsfähige Diabasbrekzien, -konglomerate und -tuffe bedingen das steilhängige und fast unbesiedelte Kerbsohlental, das nur zwischen Barthmühle und dem Ort Trieb durch zwischengelagerte Schiefer etwas sanftere Formen und eine breitere Aue aufweist. Da in der Engtalstrecke das Flußgefälle mit 5—8,5 m/km hoch ist und damit die Wasserturbulenz und die Sauerstoffaufnahme groß sind, besteht hier ein sehr gutes Selbstreinigungsvermögen des Wasserlaufs. Die überwiegend bewaldeten, 60—80 m hohen Hänge können von den Elsterzuflüssen (s. G 2, G 6) und selbst von der Trieb nur in Kerbtälern durchschnitten werden.

Besonders östlich des Elsterengtales bestehen oberhalb des Steilhanges in 360 bis 380 m ü. NN auffallende Verebnungen. Die Schottervorkommen von Neujocketa bis Liebau sowie bei Röttis und Görschnitz belegen, daß diese Hochterrasse die etwa 1—2 km breite Talsohle der Weißen Elster zu Beginn des Pleistozäns, noch vor dem ersten Inlandeisvorstoß, darstellt.

Das LSG Steinicht (s. C 10), das NSG Triebtal (s. H 4) und das NSG Elsterhang bei Röttis bestätigen den hohen natürlichen Wert dieses Talabschnittes, der zugleich erhebliche Bedeutung für die Erholung besitzt. Das 40 ha große NSG bei Röttis umfaßt den linken Elstersteilhang zwischen dem Knick unterhalb des Pfaffengutes und dem Tierbachtal, schließt aber auch das untere Kaltenbachtal ein (s. G 6). Die verschiedenen Diabase im Untergrund treten am Ufer als Felsmassive hervor, besonders ausgeprägt am Friedrich-August-Stein bei Röttis. Stellenweise bedecken den Hang umfangreiche Blockfelder. Die ostexponierte Seite ist wenig wärmebegünstigt, zudem sind die Blockböden für Hangwasser sehr durchlässig. Diesen Verhältnissen entspricht der artenreiche, feuchtigkeitsliebende Ahorn-Winterlinden-Wald. Neben dem häufigsten Gehölz, der Winterlinde, trifft man auch den Bergahorn vielfach an. Dagegen geht der Anteil der Bergulme (Abb. 17) durch das vom Kleinpilz *Graphium ulmi* verursachte Ulmensterben ständig zurück. Stellenweise tritt die Vogelkirsche reichlich auf. Je nach den standörtlichen Bedingungen kommen auch Trauben- und Stieleiche, Sommerlinde, Gemeine Esche und Rotbuche vor. Die Hainbuche steht hier fast am Rand ihrer natürlichen Verbreitung im Vogtland. Sie stößt in einer Zunge nach S weit ins Elstergebiet vor. Der Spitzahorn war noch vor einem Jahrhundert im Vogtland nur als Kulturpflanze bekannt, ist jedoch stark verwildert und heute als eingebürgert zu betrachten.

Die Strauch- und die Krautschicht zeichnen sich durch zahlreiche Arten aus, unter denen Vertreter des Berglandes bemerkenswert sind. Zu ihnen gehören

H 1 Schwarze Heckenkirsche (*Lonicera nigra*), Quirlweißwurz (*Polygonatum vertillatum*) und Waldgeißbart (*Aruncus sylvestris*). Das ozeanisch verbreitete Gegenblättrige Milzkraut (*Chrysosplenium oppositifolium*) kommt in überrieselten, stark beschatteten Kerben im gesamten Elstergebiet des Mittelvogtländischen Kuppenlandes vor.
Im Naturschutzgebiet und in seiner Umgebung leben 2 in Mitteleuropa nicht einheimische Tierarten. Die Fasanerie im Pfaffengut zieht den aus Kaukasien stammenden Jagdfasan in großer Zahl auf und setzt ihn aus. Muffelwild, eine Schafart, lebt wild auf Korsika und Sardinien. Es wird hier seit dem Ende der sechziger Jahre gehalten und hat sich gut vermehrt.

Abb. 10. Lochhaus

H 2 Lochhaus

Das Lochhaus (Abb. 10), genannt der Lochbauer, liegt am westlichen Elsterufer. Sein Name bezieht sich auf die Lage im Loch, einem verborgenen Wohnort, oder im Loh, einem feuchten, moorigen Wiesengrund bzw. einer sumpfigen Stelle im Wald.
Der typische mittelgroße Dreiseithof setzt sich aus Wohnstallhaus, Scheune und Schuppen zusammen. Das ehemalige Wohnstallhaus hat noch als Reste traditioneller Bauweise Umgebinde und Blockstube sowie das in Fachwerk errichtete Obergeschoß. Die Fugen der Blockstube waren mit Lehm abgedichtet, die Deckenbalken ruhen auf einem starken Unterzug und tragen die hölzerne Stulpschalung. Die ehemalige Einteilung des Hauses in Flur mit Schwarzer Küche und Gewölbe, Stube und Stall läßt sich noch erkennen, auch der ehemalige Backofenbau. Das in Fachwerk fränkischer Art erhaltene Obergeschoß war früher in Heuboden und Kammern eingeteilt. Die baulichen Merkmale weisen auf die zweite Hälfte des 18. Jh. als Entstehungszeit hin.
Die Wasserstelle – im vogtländischen Bauernhaus gewöhnlich im Keller unter dem Flur oder der Stube – fehlt im Lochgut. Sie befindet sich unter der Scheune. Der in neuerer Zeit errichtete Brunnen außerhalb des Hofes liefert ebenfalls Trinkwasser. Ein Schindeldach schützt die den Hof abschließende Mauer aus Naturstein. An der Blockstuben-Giebelseite steht eine mächtige Kastanie. Laubbäume sollten den Funkenflug bei ausbrechendem Feuer hemmen.

Der Hof unterstand im 18. Jh. der Herrschaft Röttis und besaß ehemals eine 9,71 ha große Flur. Durch Abgabe von Land für den Bau der Sächsisch-Thüringischen Eisenbahn und an das Pfaffengut (s. G 7) sank die Flurgröße auf 2,82 ha. 1937 unter Denkmalschutz gestellt, übernahm die Stadt Plauen 1941 den Hof. Seine Gebäude wurden 1955 unter Wahrung der typischen traditionellen Bauweise zur Nutzung als Betriebsferienheim eingerichtet. Aus dem Stall entstand ein Aufenthalts- und Speiseraum, aus der Küche eine moderne Großküche, und die umgebauten Bodenkammern dienen als Schlafstätten für Feriengäste. Die Wohnstube behielt ihr altertümliches Aussehen und ist heute öffentliche Gaststätte. H 2

Eisenberg H 3

Um den 435 m hohen Eisenberg haben sich die Weiße Elster (s. H 1) und die Trieb (s. H 4) im Bereich der harten, widerstandsfähigen Diabasbrekzien schmale und sehr tiefe Erosionstäler geschaffen. Die Talsohle an der Triebmündung liegt rund 130 m tiefer als der Gipfel des Eisenberges, der sich aus Diabaskonglomerat aufbaut. Am Südostrand schneidet eine in erzgebirgischer Richtung verlaufende Verwerfung die Diabase ab. Hier wurde gegen Ende des 18. Jh. ein kleines Vorkommen obersilurischen Ockerkalkes ausgebeutet. Südlich vom Eisenberg zieht sich die vorwiegend aus Schiefern bestehende Möschwitzer Mulde von Plauen her rechts der Weißen Elster bis nach Neudörfel hin und bedingt auch die Talweitung der Trieb um Pöhl.
Der 1898 errichtete Aussichtsturm trägt seit 1953 den Namen des Dichters Julius Mosen (s. L 1). Von hier aus bietet sich ein umfassender Blick auf weite Teile des Vogtlandes und angrenzende Landschaften. Um den im Blickfeld liegenden Teil des Stausees (s. H 5) zieht sich im Bereich der Diabase ein Waldgürtel vom Eisenberg über den Dobris (465 m) zum Scherrer (463 m, s. D 8). Er setzt sich im Uhrzeigersinn weiter fort als Rodlerholz, Eichberg bei Helmsgrün (440 m) und Bosenhübel (423 m) zum Seitenarm der Talsperre im Gölischgrund. Das Mittelvogtländische Kuppenland gibt sich bei der Umschau — im N beginnend — als dichtbesiedeltes Gebiet zu erkennen: Altjocketa, Ruppertsgrün, Rodlera, Herlasgrün, Helmsgrün, Plauen, Oberneundorf (Wasserturm), Röttis, Jößnitz, Syrau, Neujocketa, Steinsdorf, Trieb und Cossengrün tauchen auf. Gegen den Horizont heben sich aus der Bergwelt des Westerzgebirges von O bis SO ab: Steinberg (Turm, 659 m), Kuhberg bei Schönheide (Turm, 795 m), Laubberg (767 m), Auersberg (Turm, 1019 m), Blatenský vrch (Großer Plattenberg mit Turm, 1043 m), Großer Rammelsberg (963 m) und der Waldrücken des Kiels (943 m). Die Elster-Saale-Schwelle mit dem Kirchturm von Mißlareuth, der Reuther Linde (585 m) und der Stelzenhöhe (610 m) rundet das Bild nach W ab, die ausgeglichene Züge tragende Waldlandschaft des Mehltheuerer (s. F 1) und des Pöllwitzer Forstes schließt nach N an.
Der Eisenberg verdankt seinen Namen den Vorkommen von Braun- und Spateisenstein. Bereits 1462 bzw. 1491 werden das Obere und das Untere Hammerwerk, auch Eisenmühlen genannt, urkundlich erwähnt. Während das Untere bereits Anfang des 18. Jh. wüst lag, ging das Obere im 18. Jh. in eine Hammer-

H 3

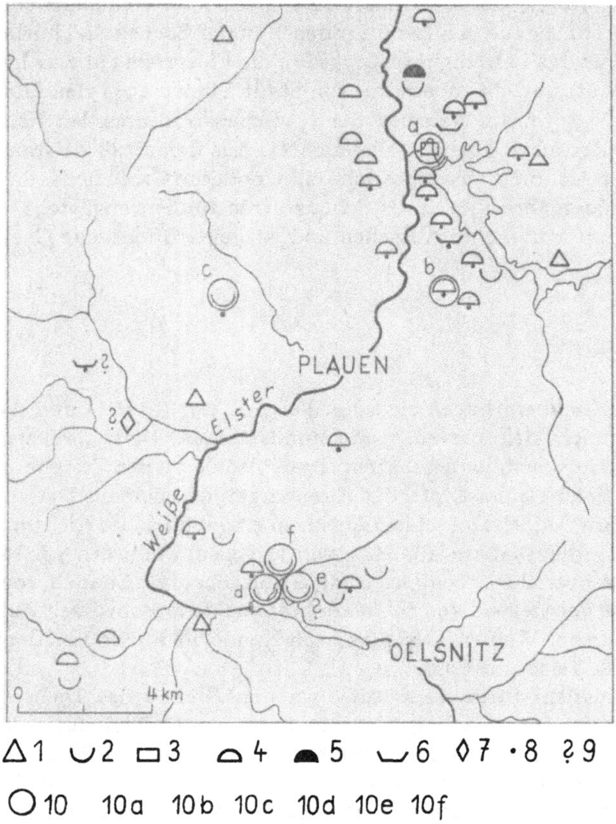

Abb. 11. Verbreitung der Lausitzer Kultur und zugehörige Samenfunde (nach WEBER u. RICHTER 1964)

1 Einzelfund, 2 Siedlung, 3 wehrhafte Höhensiedlung, 4 Hügelgrab, 5 Hügelgrab (Latène A), 6 Flachgrab, 7 Hortfund, 8 Zeichen für mehrere Funde, 9 fragliche Funde, 10 Samenfunde, 10a Jocketa (Eisenbergwall), 10b Plauen-Chrieschwitz (Hügelgrab 1), 10c Zwoschwitz, 10d Taltitz-Dobeneck (Nasser Acker), 10e Taltitz-Dobeneck (Hoher Stein), 10f Taltitz (Göse)

schmiede und im 19. Jh. in eine Eisengießerei über. Dieser schloß sich um 1880 eine Maschinenfabrik an, die vorwiegend landwirtschaftliche Geräte herstellte. Beide Betriebe produzierten bis 1958.

Der Bergbau selbst taucht 1473/74 zum erstenmal in einer Urkunde auf. Im 18. und 19. Jh. kam es zu regem bergmännischem Betrieb. Es konnten mehr als 25 Anlagen am Eisenberg und in seiner Umgebung ermittelt werden. Die bedeutendsten von ihnen waren die „Schaller-Fundgrube“ (Stollenmundloch Nähe Sperrmauer) und die „Rosenkranz-Fundgrube“ (Stollenmundloch Nähe Triebmündung, seit 1824). Bingen und Halden lassen sich noch heute erkennen. Der abgebaute Eisenstein kam seit dem 18. Jh. nach Tannenbergsthal, in der zwei-

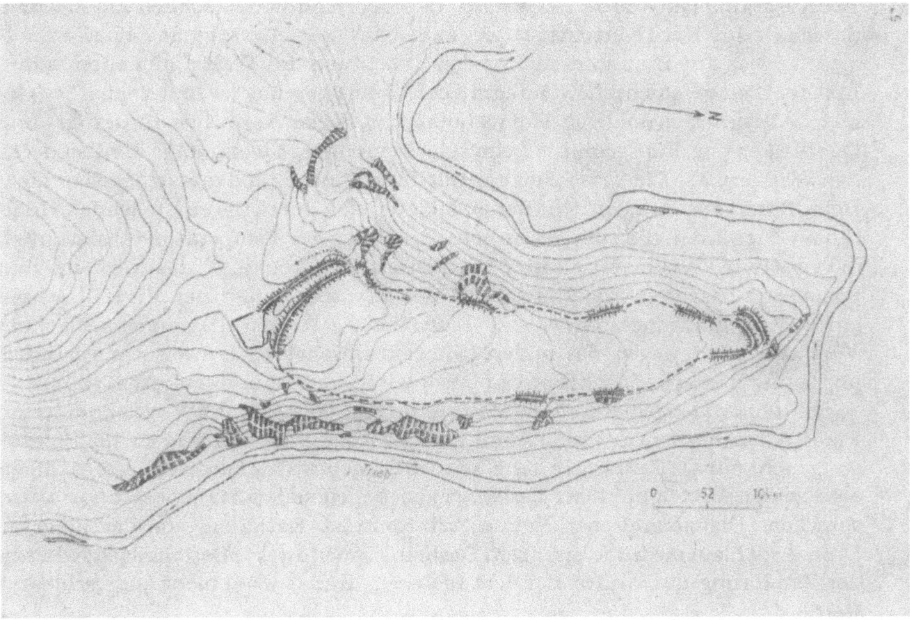

Abb. 12. Jungbronzezeitliche Wallburg auf dem Eisenberg bei Jocketa (aus Coblenz 1972; der Abstand der Höhenlinien beträgt 5 m)

ten Hälfte des 19. Jh. nach Cainsdorf bei Zwickau zur Verarbeitung. 1861/62 waren 22 Bergleute bei Pöhl beschäftigt. In den achtziger Jahren des 19. Jh. stellte man den Abbau ein.

Unmittelbar vor der Staumauer der Talsperre Pöhl liegt auf dem nördlichen Sporn des Eisenberges, der mit einer Länge bis zu 560 m und einer Breite von 120 bis 60 m stufenweise bis zur Trieb abfällt, das bedeutendste Bodendenkmal des Vogtlandes, eine befestigte Höhensiedlung (Abb. 12) der jüngeren und jüngsten Bronzezeit. Die Befestigung umschließt ein Areal von 2,7 ha. An der südlichen Zugangsseite finden wir heute auf einer künstlich errichteten, mit Bruchsteinen umfaßten Terrasse die Fundamente eines 1916 abgetragenen Huthauses, eines Zeugen des Bergbaus. Hinter dem Huthausplateau wird der Sporn durch einen Abschnittswall abgeriegelt, dem ein niedriger Vorwall vorgelagert ist. Er ist im W, aber auch im O mit dem Hauptwall verbunden. Die Mächtigkeit des Abschnittwalles wird noch durch eine Geländeeinsattelung zwischen der Befestigung und dem südlichen Anstieg zur Kuppe des Eisenberges verstärkt. Das Tor zur Anlage ist im W zu vermuten, wo der Wall vor der Friedenshöhe nach innen schwenkt. Die von der Trieb umflossenen, natürlichen Schutz bietenden Steilhänge des Nordsporns waren zusätzlich durch eine einfache Umwallung gesichert, die stellenweise erhalten blieb. Den Abschluß bildet im N, oberhalb der Pyramidenwiese, ein niedriger Doppelwall. Den Hauptwall hatte man als sogenannte Holz-Erde-Mauer errichtet, als 2 parallele, in sich verstrebte Plankenwände, deren Zwischenraum mit Steinen und Erde gefüllt war.

H 3 Bei Ausgrabungen wurde festgestellt, daß der Wall hauptsächlich aus Gestein das heute im Kern verschlackt ist, aufgebaut war. Er ruht auf einer Brandschicht, was auf Brandrodung vor der Errichtung des Walles hindeuten kann. Der deutlich geschichtete Steinkern besteht aus geschmolzenem Diabaskonglomerat. Von der ehemaligen Holzverankerung liegen Anzeichen für Längs- und Querbalken vor. Eine geglühte Lehmschicht mit einer Steinauflage darüber deckt den Wallkern ab. Die Verschlackung dürfte auf einer Brandkatastrophe beruhen. Beim Brand der Holzkonstruktionen bildeten sich durch die entstehenden Hohlräume Zugröhren, die eine wesentliche Erhöhung der Temperatur verursachten, das gesamte Wallmaterial in Mitleidenschaft zogen und das Gestein zum Schmelzen brachten. Die Umwallung des Bergsporns und der Vorwall weisen keine Verschlackungsspuren auf. Eine Gleichzeitigkeit des unverschlackten Vorwalles wird wegen des anderen Konstruktionstyps teilweise angezweifelt und seine spätere Errichtung im Mittelalter nicht ausgeschlossen (Coblenz 1972). Große Mengen Keramik, Mahlsteine und Getreide (im Vogtlandmuseum Plauen) lassen neben der Schutzfunktion der Anlage die Deutung zu, die Befestigung nicht nur als Paßburg in der Nähe des Erzgebirgskammes, sondern vor allem als sozialen Mittelpunkt der das Vogtland besiedelnden Stammesgruppe anzusprechen. Die keramischen Funde gestatten eine Datierung von der jüngeren Bronzezeit bis in die frühe Eisenzeit. Deshalb können direkte Beziehungen zwischen der Zerstörung des Walles und dem Liebauer Grab (s. D 6) nicht ausgeschlossen werden.

H 4 Trieb und Naturschutzgebiet Triebtal

Die Trieb hat ein Einzugsgebiet von 162,4 km^2 und hatte vor dem Talsperrenbau einen natürlichen mittleren Abfluß von 1,54 m^3/s an ihrer Mündung 304 m ü. NN. Sie wird oberhalb des Ortes Bergen als Geigenbach bezeichnet, ihre Quellen liegen auf der vermoorten und vernäßten Schönecker Hochfläche, etwa 1 km nordwärts der Stadt in 760—775 m ü. NN. Eine Vielzahl von Wasseradern und Stichgräben vereinigt sich bei Siehdichfür, wo wenig unterhalb 1904—09 die Talsperre Werda zur Versorgung von Plauen mit Trinkwasser angelegt wurde (s. P 2). In einem kurzen Durchbruchstal erreicht der Geigenbach, nunmehr als Trieb bezeichnet, das Ausraumbecken des Bergener Granits. Nachdem die Trieb bei Altmannsgrün den nördlichen Kontakthof des Granits durchbrochen hat, wendet sie sich an der Einmündung des Treuenschen Wassers nach W und später, mit dem Eintritt in das Pöhler Diabasgebiet, nach NW zur Weißen Elster. Diesen Abschnitt, ein nur 40—70 m eingetieftes und meist breites Sohlental, überstaut heute von Pöhl bis Thoßfell die Pöhler Talsperre (s. H 5). Kieslager östlich von Altensalz und auf der Pöhler Halbinsel (westlich des Eichberges) belegen noch Reste des pliopleistozänen Hochtalbodens, der sich vom Weiße-Elster-Tal her auch im Triebtal aufwärts verfolgen läßt. Unterhalb der Sperrmauer stellt sich der Fluß in einem gefällreichen felsigen Engtal, dem romantischen, 131,5 ha großen NSG Triebtal (Bild 16), auf die Erosionsbasis der Elster ein. Die rückschreitende Tiefenerosion ist hier, im widerstandsfähigen Diabas, seit dem Pleistozän nur wenig vorangekommen.

Die schluchtartige Mündungsstrecke weist infolge ständig wechselnder Expositionen eine vielfältige Pflanzenwelt auf. Besonders aufschlußreich ist ein Querschnitt durch das Tal vom Loreleifelsen in Jocketa zum Eisenberg. Auf engem Raum drängen sich hier fast alle Pflanzengesellschaften des Naturschutzgebietes zusammen. Am Loreleifelsen stockt auf felsigem Grund eine Kiefern-Felsheide. Die gedrungenen Bäume weisen eine für solche Standorte typische schirmartige Krone auf. Talwärts schließt sich ein artenreicher, wärmeliebender Eichen-Linden-Steilhangwald an (s. S 4). Er ist entsprechend dem oberflächennah anstehenden Gestein von offenen Felsstrauch- und Felsspaltengesellschaften durchsetzt. Steinschuttgesellschaften mit wärmeliebenden kontinentalen und mediterranen Arten wie Weißer Schwalbenwurz (*Cynanchum vincetoxicum*), Färberhundskamille (*Anthemis tinctoria*) und Gemeinem Steinquendel (*Acinos arvensis*) schließen sich an. Schwarzerle, Bergahorn und Esche säumen die Ufer der Trieb. Der Gegenhang trägt Fichtenforst, doch blieben auf Felsmassiven und auf teilweise mächtigen Blockfluren Reste eines feuchtigkeitsliebenden Ahorn-Winterlinden-Waldes erhalten. Auf trockenem, nährstoffarmem Standort geht er nach der Oberhangkante zu in einen Eichen-Birken-Wald über. H 4

Das Schutzgebiet, durch das ein 4,5 km langer Lehrpfad führt (WEBER 1980), umfaßt neben dem Engtal der Trieb den gesamten Eisenberg und das rechte Gehänge der Weißen Elster flußabwärts bis zur Barthmühle. In der Talaue und an den schattseitigen Hängen kommen in einer Höhenlage zwischen 350 und 300 m Pflanzen vor, deren natürliches Verbreitungsgebiet in den herzynischen Bergmischwäldern und Hochstaudenfluren des Ostvogtlandes und Westerzgebirges liegt, die hier aber entsprechende mikroklimatische Bedingungen haben. Dazu gehören Schwarze Heckenkirsche (*Lonicera nigra*), Purpurhasenlattich (*Prenanthes purpurea*), Quirlweißwurz (*Polygonatum verticillatum*) und Hallers Schaumkraut (*Cardaminopsis halleri*). Am Fuß des Loreleifelsens wächst auf einem Gesteinsblock eine säulenförmige Gebirgslagenfichte mit hängenden Haupt- und Nebenästen.

Das NSG bietet infolge seiner verschiedenartigen Biotope rund 70 Vogelarten günstige Lebensbedingungen. Etwa zwei Drittel davon wurden als Brutvögel festgestellt. An der Trieb nisten regelmäßig mehrere Paare Wasseramseln. Sehr selten ist der Eisvogel, für den nur 1959 ein Brutnachweis gelang. An Marderartigen kommen Iltis, Steinmarder, Hermelin und das geschützte Mauswiesel vor. Der Dachs wird seit einigen Jahren nicht mehr beobachtet, der letzte Fischotter wurde 1913 an der Trieb erlegt.

Talsperre Pöhl (Bilder 17/18) H 5

Wasserwirtschaft H 5.1

Die von 1958 bis 1964 errichtete Talsperre staut die Trieb, vermag dadurch das Niedrigwasser der Weißen Elster aufzuhöhen und dient dem Hochwasserschutz. Am Pegel in Greiz werden 4 m^3/s Wasser garantiert, das bedeutet, daß der Industrie je Tag rund 350000 m^3 zur Verfügung stehen. Bei einem hohen Dargebot der Weißen Elster wird aus der Sperre kaum Wasser abgelassen, während

H5.1 in Trockenzeiten über die Trieb mehr zufließt, als die Weiße Elster erbringt. Die Wasserqualität erfährt durch den Zufluß aus der Talsperre eine entscheidende Verbesserung.

Der Inhalt beträgt bei Vollstau einschließlich der beiden Vorsperren 63,43 Mill. m³ bei einer überstauten Fläche von 425,2 ha; bei Betriebsstau belaufen sich die Werte auf 54,27 Mill. m³ und auf 384,3 ha. Der Stausee mißt ohne Vorsperren 5,8 km Länge, seine Uferlinie erreicht 25 km. Der Hochwasserschutz erhält durch die Talsperre eine entscheidende Wirkung, indem je nach Stauinhalt bis zu 100 m³/s Wasser zurückgehalten werden können. Bei einem Zufluß von 1,58 m³/s und einem Einzugsgebiet von 160 km² füllt sich das Becken bei Vollstau in 1¼ Jahr, bei Betriebsstau, der 2,5 m tiefer liegt, in 1 Jahr, sofern während dieser Zeit kein Wasser abgelassen wird. Die Verdunstung der Seefläche beträgt etwa 265 mm im Jahr, das Kleinklima verändert den Uferzonenbereich nur im geringen Maße.

Der Staukörper befindet sich in der Diabasregion unmittelbar an einer Verwerfung (s. H 3). Der ‚Hammerknockstollen' an der rechten Talflanke diente während der Bauzeit als Umleitungsstollen und erhielt später im Gründungsbereich des Sperrkörpers eine Betonplombierung. An der linken Talflanke war der ‚Schaller-Stollen' im Bereich des Sperrkörpers aufzugewältigen, auszubauen und zu plombieren.

Der Hauptsperrkörper, über den eine Straße und 2 Fußwege führen, erreicht eine Höhe von 57 m über dem Felsgestein und einen Krümmungsradius von 600 m. Er wurde als Gewichtsstaumauer in Beton errichtet. Die dazu benötigten Zuschlagstoffe lieferte vorwiegend der jetzt aufgelassene, nur 700 m von der Baustelle entfernte Diabaskonglomerat-Steinbruch im Rohrholz. Im Sperrkörper befinden sich ein oberer und ein unterer Kontrollgang sowie das Schieber- und Krafthaus. Der Grundablaß besteht aus 2 Rohren mit einem Durchmesser von je 1,2 m. Mit Ringkolbenschiebern wird der Wasserabfluß gesteuert. In der Regel läuft jedoch die liegende Francisspiralturbine mit einer Leistung von 750 kW.

Die Hochwasserentlastungsanlage besteht aus einem 30 m breiten Überfallrücken und einem im Profil geschwungenen Ablauf mit Strahlaufreißern über dem Schieberhaus. Um Schäden im Triebtal unterhalb der Staumauer möglichst gering zu halten, wird die Bewegungsenergie des herabstürzenden Wassers in einem 30 m breiten, 60 m langen und 5 m tiefen Betonbecken, dem Tosbecken, weitgehend reduziert. Um Wasserversickerung zu vermeiden, wurde das Gründungsareal mit Zementmörtel verpreßt.

Die Vorsperren Thoßfell an der Trieb mit einem Stauinhalt von 1,23 Mill. m³ und Neuensalz am Rabenbach mit 0,21 Mill. m³ errichtete man als Gewichtsstaumauern mit senkrechten Spannstäben. Die schlanken Baukörper sind mit stählernen Spanngliedern im Felsgrund verankert. Die Überfallrücken der Wehrkronen liegen 50 cm höher als am Hauptsperrkörper. Die Vorsperren verhindern ein Freifallen des obersten Staubereichs in Trockenzeiten, halten die Gerölle zurück und verbessern die Wassergüte durch Selbstreinigungskraft.

Die landeskulturelle Einbindung der Kunstbauten erforderte erhebliche Mittel und Kapazitäten. So wurde der Eisenberghang unterhalb des Julius-Mosen-Turmes biologisch befestigt. Die Flächen der ehemaligen Baustelleneinrichtungen nahmen später Parkplätze in Grünanlagen auf. Zu den Folgemaßnahmen gehörten auch der Neubau der Schule und die Neuanlage des Friedhofs in Jocketa (s. H 6). In Altensalz und Thoßfell mußten die Gebäude in der Triebaue weichen. Der Friedhof von Altensalz wurde verlegt, Thoßfell erhielt erstmalig einen eigenen Friedhof. H 5.1

Erholungsfunktion H 5.2

Die Talsperre eignet sich infolge ihrer Größe und ihres sauberen Wassers in vorzüglicher Weise für Erholungszwecke. Daneben ist auch die Nähe der sogenannten Vogtländischen Schweiz um Jocketa besonders zu beachten, die sich schon in der zweiten Hälfte des 19. Jh. zum beliebtesten Erholungsziel im mittleren Vogtland entwickelt hatte. Durch die bürgerliche Sommerfrischenbewegung entstanden einige Ferienziele, zu denen Jocketa (s. H 6), Pöhl und das Huthaus am Eisenberg gehörten. Der Wander- und Ausflugsverkehr bewirkte zugleich einen Ausbau der ländlichen Gasthöfe, und neben Jocketa bildete sich Altensalz (s. M 7) als beliebter Aufenthaltsort heraus, in dessen Nähe die Gansmühle lag.

Mit der Fertigstellung der Talsperre Pöhl entwickelte sich diese mit ihrer Umgebung zum bedeutendsten Sommererholungsgebiet des Bezirkes Karl-Marx-Stadt. Die jährlich über 800000 Naherholungsuchenden und Wochenendtouristen kommen zum großen Teil aus dem Ballungsgebiet Karl-Marx-Stadt—Zwickau sowie dem ostthüringischen Raum. Die Verkehrsanbindung des Erholungsgebietes, beispielsweise durch die Autobahn Karl-Marx-Stadt—Plauen, begünstigt erheblich den Zustrom der Besucher. Untersuchungen ergaben, daß über 50% des Individualverkehrs aus nördlicher Richtung und über 40% aus dem kleineren, aber näher gelegenen Plauener Raum stammen.

Die Liegewiesen für den kurzfristigen Aufenthalt befinden sich an den Zugängen zur Talsperre. Die Urlauber des Gebietes konzentrieren sich auf mehrere Campingplätze und Bungalowsiedlungen sowie auf zahlreiche betriebliche Ferieneinrichtungen (Abb. 13). Die Campingplätze verzeichnen jährlich über 30000 Besucher, während die Bungalowsiedlungen rund 40000 Übernachtungen aufweisen. Die Übernachtungseinrichtungen für die Urlaubserholung liegen zu 75% an der Ostseite der Talsperre und dort besonders im Raum der Schloßhalbinsel, bei Neudörfel (s. H 7) und Rodlera (s. H 9) und am Gunzenberg. Am Westufer, wo außerdem das Gebiet um Voigtsgrün hervortritt, erhielt auch die Schiffsanlegestelle ihren Platz, von der aus Rundfahrten mit Motorschiffen erfolgen. Im Jahr 1978 wurden 134500 Fahrgäste gezählt. Das Kultur- und Versorgungszentrum des Talsperrenraumes konzentriert sich in dem Bereich um die Staumauer in der Nähe von Altjocketa. Das Kulturzentrum kann etwa 5000 Personen aufnehmen und ist Mittelpunkt des alljährlich stattfindenden Strand- und Laternenfestes. Seit 1972 besteht ein zentraler Freizeit- und Sportgarten. Der Erholungsraum wird durch den seit 1966 in Möschwitz ansässigen VEB Erholungsgebiet Talsperre Pöhl verwaltet. Die Talsperre und ihre Umgebung mit einer Größe von 2300 ha stehen seit 1962 unter Landschaftsschutz.

Abb. 13. Erholungseinrichtungen an der Talsperre Pöhl (nach Literatur „Talsperre Pöhl")

Der Stausee beeinflußt nicht nur entscheidend das Landschaftsbild, sondern zieht auch mannigfache Veränderungen der Flora und Fauna nach sich. Bei den Pflanzen vollzieht sich der Prozeß langsamer und weniger auffällig, da sich durch den ständig wechselnden Wasserstand der Hauptsperre Ufer- und Verlandungsgesellschaften nur zögernd und fragmentarisch ausbilden. Fällt das Ufer längere Zeit trocken, siedeln sich je nach Nährstoff- und Wasserverhältnissen Rasen an, in denen sich manche Art binnen kurzem optimal entwickeln kann. Große Bestände bilden in solchen Fällen Vertreter von Zwergbinsengesellschaften, wie Krötenbinse (*Juncus bufonius*), Gliederbinse (*J. articulatus*) und die zierliche Nadelsumpfsimse (*Eleocharis acicularis*). Zweizahngesellschaften sind besonders durch Gemeine Sumpfkresse (*Rorippa palustris*), Dreiteiligen Zweizahn (*Bidens tripartita*), Rotgelben Fuchsschwanz (*Alopecurus aequalis*) und Breitwegerich (*Plantago major* subsp. *intermedia*) vertreten. Aus anderen Unkrautgesellschaften kommen beispielsweise Vielsamiger Gänsefuß (*Chenopodium polyspermum*) und Sumpfruhrkraut (*Gnaphalium uliginosum*) häufig vor. Zu den Charakterarten der Röhrichte gehören Gemeine Sumpfsimse (*Eleocharis palustris*) und

Wasserknöterich (*Polygonum amphibium*).

Die Veränderung der Vogelwelt wurde von HANNS CZERLINSKY (1975) eingehend untersucht, der zahlreiche Arten (Abb. 14) beobachtete, die früher hier nicht vorkamen. Das gilt insbesondere für viele Wasservögel und Strandvögel (*Limikolen*) während des Frühjahrs- und Herbstzuges.

Zur Fischfauna des Stausees gehören Karpfen, Schlei, Plötze, Döbel, Rotfeder, Flußbarsch, Zander, Hecht und Flußaal. Im rückwärtigen Teil, nahe der Autobahnbrücke, besteht eine Stauhaltung für die Aufzucht von Regenbogenforellen. Aus der niederen Tierwelt ist das Vorkommen von großen Schwämmen (*Spongilla lacustris*) bemerkenswert.

H5.3

Das ehemalige Dorf Pöhl

H5.4

Urkundlich 1288 erstmals als *Bele* erwähnt, hatte Pöhl als lockeres Platzdorf eine 467 ha große Blockflur mit Gutsblöcken. Der Ortsname läßt sich mit altsorbisch *bely* = weiß, hell oder *běl* = feuchte Wiese in Verbindung bringen. Nur wenige Anwesen lagen im Tal der Trieb, kurz bevor der Fluß in sein Engtal eintrat. Auf dem Sporn zwischen Bellwitz- und Aubach bildeten der Herrensitz, bestehend aus Gutshof und Schloß, sowie Kirche, Pfarre, Schule, Gasthof und einige Gehöfte den Dorfkern. Im unteren Teil des Ortes existierte bis zum 18. Jh. ein zweiter Herrensitz, das untere Rittergut. Das Rittergut Pöhl mit Helmsgrün (s. H 8) zählte zu den größten des Vogtlandes (602 ha). Das Schloß entstand, wohl auf älterer Grundlage, 1550 und erfuhr mehrere Veränderungen, die letzte 1907, als es aufgestockt und im Neurenaissancestil erneuert wurde. Nach dem Ende des zweiten Weltkrieges ging nach der Enteignung daraus ein Volksgut hervor. Einen kleinen Teil des Bodens erhielten landarme Bauern und Neubauern. Das Schloß

Abb. 14. Vogelarten auf der Talsperre Pöhl

H5.4 diente zunächst als Unterkunft für Umsiedler und Ausgebombte, seit 1950 als Kinderkurheim.
Die 1333 urkundlich erwähnte Kirche wurde als Tochterkirche der Pfarrkirche zu Plauen gegründet. Zu ihr gehörten die Einwohner von Jocketa, Helmsgrün, Neudörfel und Möschwitz. Das 1961 durch Brandstiftung vernichtete Bauwerk diente als Vorbild für die im Zuge des Talsperrenbaus errichtete Kirche zu Jocketa (s. H 6). 1961 endete die Geschichte des Dorfes Pöhl mit dem Bau der Talsperre. 430 Einwohner aus 148 Haushalten fanden meist in der näheren Umgebung eine neue Heimat. So siedelten 85 Haushalte nach Jocketa, 23 nach Plauen und 14 nach Herlasgrün um.
Die Kalkvorkommen bei Pöhl führten im 19. Jh. zu ihrem Abbau, zur Errichtung eines Kalkofens und entsprechender Wohn- und Wirtschaftsgebäude (Kalkwerkhäuser) nördlich des Ortes an der Straße nach Neudörfel. Der Betrieb erlosch 1916. Nahe der Uferlinie ist am Rand der Bungalowsiedlung Neudörfel in einer kleinen Kalkgrube eine S-förmige Falte aus silurischem Kalk erhalten geblieben (geologisches Naturdenkmal).

H 6 **Jocketa,** Kreis Plauen,

dessen Flur ehemals 226 ha umfaßte und heute mit den Ortsteilen und dem Anteil der Talsperre Pöhl 1209 ha groß ist, besteht aus dem ursprünglichen Ort, Altjocketa genannt, dem als Villensiedlung angelegten Neujocketa und einer weiteren Siedlung, die beide Teile verbindet. Hier wurde in der Bergstraße ein jungbronzezeitliches Urnengrab entdeckt.
Altjocketa entstand in Form eines Waldhufendorfes in einer Talmulde des Dobrisbaches, eines kleinen Zuflusses zur Trieb. Der Ortsname ist eine Übertragung des bereits 1122 genannten Bachnamens *Cocotwia* (zu slawisch *kokot* = Hahn). Seine erste urkundliche Erwähnung erfuhr Jocketa 1419. 1438/39 erschien es in der Schreibung *Kogte*. Das Rittergut Liebau hatte im Dorf ein Vorwerk an der Abzweigung nach Ruppertsgrün errichtet.
Der einst dörfliche Charakter Altjocketas ging in den letzten 100 Jahren verloren, in erster Linie durch den Bau von Mehrfamilienhäusern und einigen Villen. Gut fügen sich in das Landschaftsbild die Häuser der Talsperrenarbeiter am Ortsausgang zum Stausee und die auf der Höhe errichtete Dreifaltigkeitskirche in Richtung Neudörfel ein. Sie wurde 1962—65 in Anlehnung an die alte Pöhler Kirche (s. H 5.4) errichtet. Für ihren Wiederaufbau wandte beispielsweise die Wasserwirtschaft 453000 Mark auf. Die Kirche stellt einen Rechtecksaal mit nördlichem Anbau, hohen Rundbogenfenstern und einem auf der Mitte des Satteldaches sitzenden Dachreiter mit geschweifter Haube dar. Ost- und Westgiebel zeigen Fachwerk. Die Westempore, welche die Orgel trägt, ist vorgewölbt und in der Mitte eingezogen. Der weiße Marmortaufstein von 1653 und das große barocke Altarkruzifix aus Adorf vervollständigen die Inneneinrichtung. Ein neuer Friedhof mit einer innen wie außen künstlerich gestalteten Feierhalle entstand am Hang eines kleinen Tales, das zur Trieb hinabführt.
Neujocketa breitet sich auf einer Hochfläche zwischen Weißer Elster und Trieb in rund 380 m ü. NN aus. Es verdankt seine erste Anlage dem Bau der Eisen-

bahnlinie Leipzig—Reichenbach—Plauen—Hof, an der 1851 der Haltepunkt bei der Elsterüberbrückung geschaffen wurde. H 6

Die Elstertalbrücke (Titelvignette) wurde 1846—51 unter Leitung der Ingenieure ROBERT WILKE und KARL HERMANN KELL in Ziegelbauweise errichtet. Ihre Höhe beträgt 68 m, die Länge 279 m. Für den Viadukt benötigte man beispielsweise 21579 m^3 Sandstein- und Granitmauerwerk, 7374 m^3 Bruchstein- und 31237 m^3 Ziegelmauerwerk. Am 16. April 1945 sprengte ein Kommando der faschistischen Wehrmacht völlig sinnlos das Bauwerk, wobei eine fast 80 m große Lücke aufgerissen wurde. Aber bereits am 4. Februar 1946 nahm die Reichsbahn über eine Notbrücke in Form eines Stahlgerüsts den Verkehr wieder auf. Am 30. Oktober 1950 war der Wiederaufbau endgültig abgeschlossen. 1958—62 fanden nochmals umfassende Werterhaltungsarbeiten statt.

Das heutige Ortsbild von Neujocketa wurde im wesentlichen um die Jahrhundertwende geprägt, als infolge des industriellen Aufschwungs Plauens kapitalistische Unternehmer hier ihre Villen errichten ließen. Eine bedeutende Ortserweiterung erfolgte von 1960 bis 1962 durch den Bau einiger Häuserblocks für die ehemaligen Pöhler Einwohner (s. H 5.4) an der Ferdinand-Sommer-, Karl-Marx- und Pestalozzistraße. Die Verbindung zwischen Alt- und Neujocketa stellt eine Siedlung mit Häusern vorwiegend aus der Zeit zwischen den beiden Weltkriegen her. In Richtung Altjocketa treffen wir links auf das 1960 fertiggestellte Landwarenhaus.

Jocketa hat sich seit dem Ende des 19. Jh. zu einem bedeutenden Zentrum für Urlauber und Touristen entwickelt. Nachdem das Triebtal (s. H 4) und der Eisenberg (s. H 3) durch bürgerliche Vereine der Wander- und Naturfreunde erschlossen worden waren, setzte der Fremdenverkehr ein (s. H 5.2). Er verstärkte sich seit 1955 durch die organisierte Urlaubsplatzvermittlung besonders des FDGB-Feriendienstes und erfuhr einen weiteren Aufschwung nach der Fertigstellung der Talsperre Pöhl 1964. Im Jahre 1978 standen zur Verfügung: 88 Betten für den FDGB-Feriendienst, 84 in den 6 Betriebsferienheimen und 69 Betten in Privatquartieren. Der kulturellen Betreuung und körperlichen Betätigung der Urlauber und der Einwohner dient an der Heinrich-Heine-Straße ein Kultur- und Sportzentrum.

Jocketa ist Wohnsitz von Arbeitern und Angestellten, die vorwiegend in den Städten Plauen, Netzschkau, Reichenbach und Elsterberg tätig sind. Einen kleinen Teil beschäftigt im Ort der VEB Baumechanik Lengenfeld, Betriebsteil Hebegeräte. Diese Produktionsstätte entwickelte sich aus einem Privatunternehmen in Pöhl zu einem wichtigen Partner unserer Volkswirtschaft. 70 Betriebsangehörige stellen Gleitbau- und Hubausrüstungen für die Bauwirtschaft her. In der Ferdinand-Sommer-Straße befindet sich eine Abteilung des VEB Plauener Spitze, für die etwa 150 Heimarbeiter in Handarbeit Filetdecken — Netzgrund mit eingestopftem Fadenmuster — produzieren.

Zu den kulturellen Einrichtungen und solchen der Volksbildung rechnen ein Dorfklub, eine Singgruppe und ein Kammerorchester des Kulturbundes der DDR, das Kinderheim in der Straße der Völkerfreundschaft (seit 1951) und der Kindergarten (seit 1947). Vor allem aber ist die Erich-Weinert-Oberschule (1962) an der Straße nach der Barthmühle zu nennen, die von Schülern aus 12 Gemeinden und Ortsteilen besucht wird. Um die gesundheitliche Betreuung zu

H 6 verbessern, wurde 1958 eine staatliche Einrichtung des Gesundheitswesens eröffnet, zu der 1960 eine Zahnstation hinzukam. Außerdem verfügt das Landambulatorium auch über eine Außenstelle in Herlasgrün.

H 7 **Neudörfel,** seit 1963 Ortsteil von Jocketa,

taucht 1412 in Urkunden erstmals als *Nuwendorff* (= das neu angelegte [kleine] Dorf) auf. Seine Anwesen gruppieren sich 1 km nördlich der Talsperre Pöhl am Südwesthang des Scherrers. In einer Quellmulde im NO des lockeren Bauernweilers befinden sich im Garten eines Gehöftes die Überreste einer mittelalterlichen Wasserburg (Flurname Schlößchen). Turmhügel und Graben blieben gut erhalten, das Zentrum ist durch eine Grabstätte zerstört. Neudörfel selbst lag im 15./16. Jh. wüst.
Als Haus Nr. 1 steht rechts an der Straße nach Limbach die Gaststätte Posthaus, jetzt Eigentum des VEB Kraftwerke Völkerfreundschaft Hagenwerder. Ihr Name erinnert an den Postkutschenverkehr auf der vorbeiführenden alten Reichsstraße, die Süddeutschland mit Mittel- und Norddeutschland verband. Hier zweigte nach NW ein alter Verkehrsweg zu den Elsterübergängen bei Elsterberg und Greiz ab.
Die Äcker und Wiesen der 216 ha großen, ehemaligen Block- und Streifenflur werden vom VEG (P) Christgrün (s. D 7) bewirtschaftet. Die nahe Talsperre Pöhl bewirkt, daß sich Neudörfel immer mehr zu einem Erholungsort entwickelt. So gibt es hier ein großes Urlauber- und Ferienzentrum des VEB Kraftwerke Hagenwerder mit 32 Bungalows, ein Ferienheim des VEB Brühlpelz Leipzig und eine Bungalow- und Wochenendsiedlung. Außerdem werden 42 Betten privat vermietet.

H 8 **Helmsgrün,** Kreis Plauen,

liegt auf der Talsohle und an den schwach ansteigenden Hängen des Bellwitzbaches (380—410 m ü. NN), der heute einen fast unmittelbar bis an den Ortsrand heranreichenden Seitenarm der Talsperre Pöhl bildet. Ein Verzeichnis nennt einen Herrensitz in Helmsgrün. Darauf deuten die Flurnamen Burgstatt, Der Wahl bzw. Wall, Der alte Hof und Alter Schloßhof hin. Das Kernwerk auf dem Geländesporn westlich der Straße nach Neudörfel, oberhalb des Bellwitzbaches, blieb nur unvollkommen, der Abschnittsgraben im Westteil erhalten. Urkundlich taucht das Waldhufendorf zuerst 1418 (1419 *Helbrechtsgrune* = Rodung eines Helmbrecht) auf. Das frühere Rittergut lag westlich der Straße in der Dorfmitte. Anfang des 19. Jh. wurde es abgetragen, der Grundbesitz ging an das Rittergut Pöhl (s. H 5.4) über. Den Haupterwerbszweig der Einwohner bildete Jahrhunderte hindurch die Landwirtschaft.
In der Gegenwart entwickelt sich Helmsgrün immer mehr zu einem Arbeiterwohnort. 1960 entstanden die 2 LPGs Typ I Neues Leben und Vogtlanderde, die sich später vereinigten. Seit 1974 ist Helmsgrün Bestandteil der LPG (T) Herlasgrün (s. D 9), die hier 9 Ställe betreut, darunter eine 1977/78 entstandene

Milchviehanlage für 340 Kühe. Die landwirtschaftliche Nutzfläche der vor dem Talsperrenbau 356 ha großen Flur wird vom VEG (P) Christgrün bewirtschaftet. Zur Gemeinde Helmsgrün gehört das etwa 1,5 km entfernte Erholungsheim des Rates des Bezirkes Karl-Marx-Stadt direkt am Ostufer der Talsperre, das einzige von Pöhl erhalten gebliebene Bauwerk. H 8

Rodlera, Ortsteil von Helmsgrün, **H 9**

entstand als Häuslerabbau 1,5 km nordwestlich von seinem Hauptort am Aubach. Die älteste Namensform — 1578 *Rodla* — deutet auf ein hier in mundartlicher Form benanntes Rödlein = kleine Rodung. Die Lage an der Talsperre Pöhl führte nach 1961 zur Errichtung von Bungalows am Hang des Eichberges. Der Kulturbund der DDR, Ortsgruppe Elsterberg, baute ein Haus am Aubach zu einem kleinen Urlauberheim aus.
Im Wald östlich von Rodlera erhebt sich eine Gruppe von Hügelgräbern wohl aus der jüngeren Bronzezeit. Erwähnenswert ist der Fund einer Scherbe der sogenannten Kalenderbergkeramik (aus dem niederösterreichischen Raum).

Herlasgrüner Forst **H 10**

Zwischen Herlasgrün und Thoßfell erstreckt sich ein 3,5 km langer und bis zu 3 km breiter Forst. Durch ihn verläuft von N nach S über Theuma hinaus die Limbach—Thoßfeller Verwerfung (s. Q 8). Diese markiert den Ostrand des Pöhler Kuppenlandes, das mit einem Anstieg von 30 bis 40 m durch die anschließende flachwellige Limbach—Treuener Hochfläche abgelöst wird. Sie bildet mit ihren Tonschieferverwitterungsdecken die Wasserscheide zwischen Göltzsch und Weißer Elster. Während im Mittelalter ein Teil des Waldgebietes als Gräfenstein belegt ist, bezieht sich dieser Name heute nur noch auf die aus kleinen Felsklippen aus Diabasbrekzie bestehende Anhöhe (457 m) unmittelbar nördlich des Frohnweges, der von Helmsgrün zur F 173 Plauen—Reichenbach führt. Hier konnte Alfred Leistner († 1975), Limbach, die Wüstung Greffen archäologisch nachweisen. Der ehemalige Dorfkern lag zwischen dem Gräfenstein und der 500 m nördlich davon befindlichen felsigen Kuppe 443 m im Quellgelände des Bellwitzbaches. Der Ort muß sehr früh wüst gefallen sein; denn bereits 1380 wird vom Verkauf eines Waldstückes im Gräfenstein berichtet. Im Jahre 1506 gehörte der Gräfensteinwald zum Amt Plauen. Später teilten sich die Rittergüter Christgrün, Thoßfell und Pöhl in den Besitz des Waldes, der durch die demokratische Bodenreform 1945 in Volkseigentum überging.
Vor der Wende vom 18. zum 19. Jh. begannen Forstleute mit der Umwandlung des mittelwaldartigen Bestandes (Nieder- und Hochwald gemischt) in reinen Hochwald. Seitdem stellen Fichten die Hauptholzart, jedoch stocken auf Diabaspöhlen und -felsen noch Reste naturnahen Laubmischwaldes, so südlich und südöstlich von Herlasgrün. Die industriemäßige Produktion, die für die Forstwirtschaft immer mehr an Bedeutung gewinnt, zwingt auch im Herlasgrüner Forst dazu, weitgehend gleichaltrige Reinbestände aufzubauen. Den damit ver-

H 10 bundenen Nachteilen, wie Versauerung des Bodens durch starken Rohhumusanteil und einseitigen Nährstoffentzug, kann durch den Einsatz großer technischer Geräte zur Bodenbearbeitung, Düngung und Entwässerung zu nasser Standorte begegnet werden.
Mehr als in anderen Teilen des Vogtlandes macht sich bei einer Höhenlage zwischen 495 m und 400 m montaner Einfluß auf die Pflanzenwelt bemerkbar. Mit Ausnahme der Bärwurz (*Meum athamanticum*) kommen alle in der Überschau (s. Seite 10) genannten Arten des Berglandes hier vor. Nach den Untersuchungen von Brigitte Nitzsche (1972) und Heinrich Dörfelt (1973) gilt diese Feststellung auch für einige montane Pilze. Zu ihnen gehören Königsfliegenpilz (*Amanita regalis*), Verfärbender Scheidenstreifling (*Amanita umbrinolutea*), Mohrenkopf (*Lactarius lignyotis*), Wieseltäubling (*Russula mustelina*), Olivgestiefelter und Schwarzpunktierter Schneckling (*Hygrophorus olivaceoalbus* und *H. pustulatus*) sowie Knotige und Reihige Tramete (*Coriolellus heteromorphus* und *C. seriales*).

J 1 **Leubnitz,** Kreis Plauen,

liegt am Südwestrand des Mehltheuerer Forstes in einem kleinen Seitentälchen (440 bis 405 m ü. NN) des Elmbaches, der an der Forstmühle in den Rosenbach mündet. Urkundlich findet der Ort erstmals 1300 als *Lûbenwicz* (zum altsorbischen Personennamen L'uban bzw. L'uben) Erwähnung.
Das erweiterte Platzdorf mit Häuslerzeilen besitzt eine Flur, die früher in Gelänge und Gutsblöcke gegliedert war. Von der 688 ha großen Gemarkung gehörten 364 ha dem Rittergut. Ein Gerichtsbuch von 1573 (Raab 1903/04) enthält eine ausführliche Untertanen- und Frondienstordnung, die die außerordentlich hohen Belastungen der Landbevölkerung durch den Feudalherren verdeutlicht. 1574 waren in 14 Orten des Vogtlandes unter anderem 73 Güter, 1 Gasthof und 2 Mühlen mit allen Nutzungen, Diensten und Gerechtigkeiten in voller Lehensabhängigkeit des Leubnitzer Rittergutes. 1843 betrieb etwa ein Viertel der über 700 Einwohner Landwirtschaft, die anderen arbeiteten als Hausweber für Baumwollwaren-Verleger.
Die 1823 erneuerte St.-Marien-Kirche, die 1300 schon bestanden haben muß, ist im O dreiseitig geschlossen und mit Strebepfeilern besetzt, von denen einer die Jahreszahl 1517 trägt. Dieser Zeit gehört auch die Stabwerkpforte mit Sitznischen im W an. Der mächtige Südturm endet im Oktogon mit welscher Haube. Eingeschossige Emporen tragen die 1826—28 von den Gebrüdern Heidenreich in Hof erbaute Orgel. Der um 1680 geschnitzte Barockaltar wurde später zum Kanzelaltar eingerichtet. Der Taufengel von 1731 dürfte ein Werk der Hofer Knollwerkstatt sein. Die Holzplastik einer Maria mit Kind entstand um 1480, der Grabstein für Margarethe von Reitzenstein 1599.
Das eindrucksvolle Schloß wurde 1794 als zweigeschossiger Rechteckbau von 13 Achsen mit Pilastergliederung und Mansarddach vermutlich auf älterer Grundlage errichtet. Bedeutendster Innenraum ist der frühklassizistische Festsaal von 6 m mal 14 m, dessen Wandfelder in farbigem Stucco-lustro weiße Reliefs in Form von Musikinstrumenten zieren; 2 Blattsterne gliedern die Decke,

in den beiden Ecknischen stehen Öfen. Das 1975/76 restaurierte Schloß beherbergt heute die Oberschule A. S. Makarenko (Bild 25) und einen Kindergarten. J 1

1945 wurde der Rittergutsbesitz enteignet und aufgeteilt. 1960 gründeten Bauern die LPG Heimatland. Von 1980 an wurden die neuerrichteten Ställe von der LPG III. Parteikonferenz Rodau betreut und die Ackerflächen von der LPG (P) Syrau bewirtschaftet.

Seit der Gründung der DDR entstanden in Leubnitz neue Wohnhäuser und eine staatliche Arztpraxis. Der Ort und seine Umgebung entwickeln sich zu einem Naherholungsgebiet. Den Mittelpunkt bildet der 7 ha große Landschaftspark am früheren Schloß, der seit 1975 eine umfassende Rekonstruktion erfährt. Die an seinem unteren Ende stehende Teichmühle, ein Fachwerkbau, wurde ebenso zu einem Betriebsferienheim umgestaltet wie die ehemalige Papiermühle und Pappenfabrik im Rosenbachtal und das 1,5 km nördlich von Leubnitz gelegene Espighaus. Auch das ehemalige Dorfgasthaus dient als Ferienheim. 1978 stellte der Gemeindeverband Mehltheuer in einem Seitentälchen zum Rosenbach das Waldbad als Gemeinschaftsarbeit fertig. Zu Leubnitz gehören der an der Straße nach Drochaus gelegene Ortsteil Siebenhitz sowie im Rosenbachtal die Weißmühle und die Forstmühle, ein bedeutender volkseigener Mahlbetrieb.

Schneckengrün, Kreis Plauen, J 2

erstreckt sich in 465–495 m Höhe am Übergang des Mittelvogtländischen Kuppenlandes zum Mehltheuerer Flachrücken. Die Gesteinsgrenze zwischen den Diabasen und dem Kulmschiefer zieht sich durch das Dorf. Im S und SW sind dem Ort mit Lanzig (491 m), Lehmberg und Kuhberg (493 m) bewaldete Aufragungen aus verschiedenen Diabasgesteinen vorgelagert. Sie wurden durch die Tiefenerosion mehrerer Quellarme zweier Nebenbäche des Rosenbaches herausmodelliert. 400 m südlich des Ortes erhebt sich in der Wiesenflur eine 460 m hohe, mit Laubmischwald bestockte Diabaskuppe. Der Wald enthält zahlreiche, für das mittelvogtländische Diabasgebiet typische Arten (s. Seite 9).
Urkundlich tritt der Ort erstmals 1382 als *Sneckengrune* (= Rodung eines Schnecke genannten Lokators) auf und ist als Gassengruppendorf mit einer 635 ha großen ehemaligen Block- und Gutsblockflur ausgestattet. Ende des 15. Jh. zählte das örtliche Rittergut zum Eigentum der Adelsfamilie Rabe, die um Plauen zu den meistbegüterten Grundbesitzern gehörte. Ihr waren 1506 nicht nur sämtliche 20 besessenen Mann Schneckengrüns, sondern auch Bauern in weiteren Dörfern zins- und fronpflichtig. Unter den im 17. Jh. wechselnden Besitzern verschärften sich die Lasten. Die 1673 neu festgesetzte Hand-, Spann-, Heu-, Schneide- und Botenfron betrug jährlich für 41 Häusler und Bauern 1517 Tage und einen halben Tag. Für die Ablösung von diesen Verpflichtungen mußten die Schneckengrüner 1833 nicht weniger als 3563 Taler, 19 Groschen und 3 Pfennige an den Gutsherrn zahlen. Das Rittergut ging 1886 in den Besitz des Vereins für Arbeiter-Kolonien in Sachsen über, der darin im gleichen Jahr eine Fürsorgeanstalt für Arbeitslose und Obdachsuchende einrichtete.

J 2 Nach der demokratischen Bodenreform 1945 bauten sich 12 Neubauern eigene Höfe. Im Jahre 1959 gründeten Bauern die LPG Solidarität. Neue Wohn- und Wirtschaftsbauten entstanden, die heute von den zuständigen LPGs in Neundorf (s. O 2) bzw. Geilsdorf (s. V 3) genutzt werden. Zu Schneckengrün rechnen Reiboldsruh (s. J 3) und die an der Straße nach Plauen gelegene Häusergruppe Galopp.

J 3 **Reiboldsruh,** Ortsteil von Schneckengrün

1 km nordwestlich vom Hauptdorf stehen 500 m ü. NN am Südrand des Mehltheuerer Forstes (s. F 1) die zum Staatlichen Forstwirtschaftsbetrieb Oelsnitz gehörende Oberförsterei, eine Ausflugsgaststätte und mehrere Einfamilienhäuser von Reiboldsruh. Der Name geht auf Hans von Reibold zurück, der in der ersten Hälfte des 18. Jh. das Rittergut Rößnitz besaß und kurfürstlicher Oberforstmeister war. Anfangs gab es nur ein Forsthaus und einen kleinen Landwirtschaftsbetrieb, eine Gartennahrung.
Etwa 650 m östlich davon breitet sich als höchster Punkt des geradlinig verlaufenden Waldrandes der frühere Wettinplatz in 523 m ü. NN aus. Von hier aus bietet sich ein hervorragendes Sichtfeld in südlicher Richtung. Im Vordergrund befindet sich im S und SO das wellige Plauen-Kloschwitzer Kleinkuppenland, im SW das asymmetrische Tobertitz-Leubnitzer Riedelgebiet. Jenseits der zu den mittelhohen Lagen ansteigenden Landstufe (s. Seite 7, N 2) mit dem Burgsteingebiet reicht der Blick bei sehr guter Sicht sogar bis zum Döbraberg im Frankenwald, dem Waldstein, dem Fichtelgebirge (alle drei in der BRD) und dem Haj (Hainberg) bei Aš (ČSSR), im SO bis zur Westerzgebirgsrandstufe mit Schöneck.

K 1 **Kauschwitz,** Kreis Plauen

Das 1263 *Cusiczt* genannte Gassengruppendorf Kauschwitz liegt in der Syraniederung in rund 420 m ü. NN. Der Name bezieht sich auf einen altsorbischen Personennamen Kuš(a). Aus dem deutschen Rittersitz entwickelte sich das spätere Rittergut. 1266 verkauften Reinbot und Erkenbert von Strassberg einen Zins von ihren Bauerngütern in Kauschwitz an den Deutschen Orden zu Plauen, 1267 schenkten sie ihm und der Plauener Pfarrkirche 3 Höfe im Ort, und 1317 übereignete Eberhard von Voigtsberg dieser Kirche die Lehen an 3 Behausungen in Kauschwitz und Jößnitz. 1493 wurde Hans von Tettau zu Syrau mit der Mühle im Dorf Kauschwitz belehnt, und 1495 erhielten seine Söhne außerdem ein Vorwerk und weitere Güter.
Neben dem ehemaligen Herrenhaus mit barockem Mansarddach steht die Kapelle (Abb. 15) auf der Grundlage einer mittelalterlichen Wasserburg (Flurnamen Wol, Wahl), deren Wall- und Grabengelände durch den Teich verändert ist. 1763/64 ließ sie der damalige Gutsbesitzer in dem starken runden Wehrturm ausbauen. Die Gemeinde mußte neben Hand- und Spanndiensten einen Teil der Kosten übernehmen. Das hohe Kegeldach mit Gaupen endet in einer offenen

Abb. 15. Kauschwitzer Kapelle

Laterne und Zwiebel, ein Fachwerkanbau enthält die Treppenzugänge. Der Plauener Maler CHRISTIAN FRIEDRICH ZIMMERMANN (1701–76) schuf 1764 das Gemälde der Himmelfahrt Christi am Kanzelaltar. Von der 1770 durch JOHANN GOTTLOB TRAMPELI in Adorf erbauten Orgel blieb der Rokokoprospekt mit musizierenden Engeln erhalten. Eine zweite, vollkommen eingeebnete Wasserburg lag im SW des Ortes, unmittelbar westlich der früheren Mühle auf einem Grundstück mit dem Flurnamen Küchteich. Das Bauwerk dürfte sich durch feudale Besitzteilung notwendig gemacht haben.

Obwohl seit dem Ende des 19. Jh. zahlreiche Kauschwitzer in den nahen Plauener Fabriken arbeiteten und im Ort kleine Stickereien bestanden, behielt der Dorfkern seine bäuerliche Struktur. Im Zusammenhang mit der industriellen Entwicklung des 4 km entfernten Plauens ist auch die rege bauliche Erweiterung in den Randgebieten von Kauschwitz zu sehen (s. K 2, K 3). 1910 erwarb die Stadt für 241000 RM das Rittergut und richtete in ihm 1912 ein Pflegeheim ein. In der Zeit des Faschismus wurde der Krankenstand durch verbrecherische Vernichtungsaktionen dezimiert. Ende der siebziger Jahre wurden die großen Krankensäle des Heims in kleine Zimmer unterteilt. Durch einen Anbau erhöhte sich die Bettenkapazität auf 124.

K 1 Die Genossenschaftsbauern der ehemaligen LPG Syratal gehören entweder der LPG Vorwärts Syrau oder der LPG (P) Syrau an (s. F 2), die die 715 ha große ehemalige Blockflur bewirtschaftet.

K 2 **Tannenhof,** Ortsteil von Kauschwitz

Das ehemalige Gaststättengebäude, jetzt vom Kreisbaubetrieb Plauen genutzt, befindet sich an der F 92 in unmittelbarer Nachbarschaft des Plauener Großbetriebes VEB Plamag. Bereits auf einer Triftkarte aus dem 18. Jh. ist hier eine „Schäfferey zu *Tannhoff*" eingezeichnet, und SCHIFFNER nennt 1839 den Tannenhof als Schäfereivorwerk von Kauschwitz. Der Name läßt sich wohl von dem schon 1595 genannten Waldstück *Tannberg* oder *Thannsberg* zwischen Kauschwitz und Haselbrunn ableiten.
In der Umgebung des Tannenhofes entstanden Gärten und Wohnhäuser. Sie nehmen auch das sich stadteinwärts anschließende Gelände ein, auf dem sich von 1903 bis etwa 1930 eine 19000 m² umfassende Betonradrennbahn befand. An dem gegenüber dem Tannenhof abzweigenden Fahrweg nach Oberjößnitz liegt ein Friedhof für jüdische Bürger, den sich 1899 die israelitische Religionsgemeinde des Vogtlandes schuf.
Ebenfalls östlich der Fernverkehrsstraße — etwa 250 m nördlich vom Tannenhof — befindet sich der seit 1958 unter Naturschutz stehende Diabassteinbruch auf dem Kneiselspöhl (Bild 9). In dem ehemaligen Bruchgelände sind mehrere Diabasvarietäten aufgeschlossen. Körniger Diabas im nördöstlichen bis südöstlichen Teil bildet zahlreiche sechseckige Säulen. Neben Diabasmandelstein trifft der Betrachter auch einen feinkörnigen Diabas an. Innerhalb des Mandelsteins liegt eine graue Aminolbank, bei der es sich um einen durch Wärmeeinwirkung des Diabasmagmas umgewandelten Tonschiefer handelt. Auf Kluftflächen lassen sich häufig kristallisierter Quarz und Feldspat sowie Asbest und Epidot beobachten.

K 3 **Holzmühle,** Ortsteil von Kauschwitz

Von der namengebenden Mühle bei der kleinen Häusergruppe an der Syra blieb kaum noch alte Bausubstanz erhalten. Der älteste Beleg stammt aus dem Jahr 1419, als Burggraf JOHANN VON NÜRNBERG an CONRAD RODER von Rößnitz unter anderem die Holzmühle verlieh. Im Mühlenverzeichnis von 1683 heißt es von dem Anwesen: „Hat zween Gänge. Mählt aus der Syrau. Das Ambt Plauen hat die Ober- und der von Watzdorff zu Kauschwitz die Erbgerichte."
1876 wurde neben der Holzmühle eine Brauerei gegründet, deren Besitzer 1888 auch die Mühle erwarb und zu einer Gaststätte ausbauen ließ. Ein Teil der Gebäude fiel gegen Ende des zweiten Weltkriegs durch britisch-amerikanische Bomben in Schutt und Asche.
Ein Gedenkstein nahe der ehemaligen Gaststätte gemahnt an 678 Opfer, zumeist Sowjetbürger, des hier befindlichen faschistischen Lagers für erkrankte Zwangsarbeiter, die vom 5. April 1943 bis zum 19. März 1945 infolge unmenschlicher

Ausbeutung und permanenter Unterernährung starben. Sie fanden auf dem Kauschwitzer Friedhof ihre letzte Ruhestätte. Nach Unterlagen des Stadtarchivs Plauen beträgt die Gesamtzahl der Toten sogar 695. K 3

Zwoschwitz, seit 1974 Ortsteil von Kauschwitz **K 4**

Die Gehöfte des alten Platzdorfes stehen auf einer Niederterrasse des Zwoschwitzbaches, der die beiden Dorfteiche speist. Den Ort in einer Höhe von 410 bis 420 m ü. NN überragt eine markante Diabaskuppe, der nordwestlich vorgelagerte Kulmberg (458 m). Unmittelbar am Dorfausgang nach Schneckengrün schließt sich ein laubholzbestandener Pöhl an (425 m).
Schon in der jüngeren Bronzezeit befand sich am Kulmberg eine Siedlung, und nahe westlich von Zwoschwitz, südlich der Straße nach Schneckengrün, wurden gleichaltrige Siedlungsgruben freigelegt. Die erste urkundliche Erwähnung als *Zwoskwicz* stammt aus dem Jahr 1282. Der Name läßt sich auf den altsorbischen Personennamen Svoš zurückführen. Die unregelmäßige und stark zersplitterte Parzellierung innerhalb der 427 ha großen ehemaligen Blockflur (Abb. 16) weist nach Leipoldt (1928) auf den im Mittelalter einsetzenden Prozeß der Hofteilungen hin, der eine Verdichtung der Anwesen nach sich zog. So wird ein Halbhof für Zwoschwitz schon 1418, eine Herberge, ein Viertelhof, 1484 erwähnt. Trotz der Nähe von Plauen blieb Zwoschwitz bis in die Gegenwart eine überwiegend bäuerliche Siedlung.
1960 gründeten die Bauern die LPG Typ I Goldener Pflug, wenig später die LPG Typ III Neuer Weg, deren Mitglieder eine moderne Milchviehanlage errichteten. Heute gehört diese zur LPG Vorwärts Syrau (s. F 2).

Großer Weidenteich **K 5**

Gegen Nordwinde durch die 30—50 m hohen bewaldeten Diabaskuppen des Lehmberges, des Lanzigs und des Hengerberges geschützt und im S von flachkuppigem Agrarland umgeben, dehnt sich unweit von Neundorf der Große Weidenteich aus, mit 8,1 ha nach dem Burgteich der zweitgrößte Teich des Vogtlandes. Er entstand durch den Anstau von Quellwasser in einer der flachen, vernäßten Diabasmulden und trägt heute eine kleine Insel. Die Pflanzen- und Tierwelt ähnelt weitgehend der des Burgteiches (s. S 1). Der zur Syra gerichtete Abfluß speist in seinem Oberlauf weitere Teiche.
Vom Großen Weidenteich, dem bedeutendsten Amtsteich, berichtet bereits das Erbbuch des Amtes Plauen aus dem Jahre 1506. Er umfaßte nach einer Messung im Jahre 1494 eine Fläche von 30 Ackern (etwa 16 ha) und wurde damals in der Regel mit 26—31 Schock Karpfen besetzt.

K 5

Abb. 16. Flurkarte Zwoschwitz um 1840 (Ausschnitt, Staatsarchiv Dresden)

L 1 **Syrabach** und **Landschaftsschutzgebiet Syratal**

1,5 km westlich von Syrau entspringt im Mehltheuerer Forst, 504 m ü. NN, ein Quellarm des Syrabaches oder der Syra, ein zweiter südlich davon am Rand der Hainwiese. Bis zur Holzmühle tieft sich der Wasserlauf nur wenig in die Syrauer Hochfläche ein (Abb. 2 u. 9). Das flache Muldental ist vielfach vernäßt und von schluffigen Tonschieferböden bestimmt. Bei Kauschwitz kommen neben Diabasverwitterungsböden sogar lößähnliche Substrate vor. Mit dem Eintritt in den harten Plauen—Jocketaer Diabasriegel wandelt sich die Talform unvermittelt zu einem Kerbsohlental. Im weiteren Verlauf wird das Tal von einer elfbogigen Brücke (Bild 19) überspannt, die 1871—73 mit 200 m Länge und 30 m Höhe für die Bahnstrecke Plauen—Bad Brambach entstanden ist. Von der Plaue-

ner Myliusstraße an ist die Syra unterirdisch kanalisiert. An der neuen Elster- L 1
brücke mündet der 10 km lange Bachlauf, etwa 330 m ü. NN, in die Weiße Elster.

Plauen genießt den großen Vorzug, von einem stadtnahen Waldgürtel mit hohem Erholungswert umgeben zu sein. Ein 138 ha großer Ausschnitt mit dem Syratal unterhalb der Holzmühle, mit Stadtpark, Dobenau und Bärenstein wurde als LSG ausgewiesen. Ein Lehrpfad, der den Namen des verdienten Plauener Lehrers und Heimatforschers Paul Schulz (1888—1956) trägt, macht mit diesem Naherholungsgebiet bekannt. Der etwa 5 km lange Weg beginnt am Forsthaus (Am Fuchsloch) und endet auf dem Bärenstein. Das Syratal wurde im Zuge der in der zweiten Hälfte des 19. Jh. aufgekommenen bürgerlichen Wanderbewegung durch Wege erschlossen, so auch der Tenneraberg (434 m), an dessen Flanke 1907 das Touristenhaus entstand, die heutige Jugendherberge Eugen Schönhaar. Aus dem Jahre 1926 stammt der benachbarte Sportplatz, dessen Name die Erinnerung an den Plauener Arbeitersportfunktionär Kurt Mittag (1886—1934) wachhält.

Geologische und floristische Verhältnisse

Zwischen der Holzmühle und dem Eisenbahnviadukt der Strecke Plauen—Bad Brambach schnitt sich die Syra in einen SW—NO streichenden Zug von oberdevonischen Diabasbrekzien ein. Diese Gesteine verwittern schwer, so daß der Bach nur ein verhältnismäßig schmales Tal schaffen konnte, an dessen steilen Hängen zahlreiche markante Klippen herausragen. Die Diabasbrekzien sind gut geklüftet, wobei die Hauptkluftrichtung mit dem Syralauf übereinstimmt. Die Brekzien treten vor allem am östlichen Talhang auf. In einer chloritischen Grundmasse liegen scharfkantige Stücke von dichtem Diabas (Aphanit) und Diabasmandelstein. Ihre Größe schwankt zwischen wenigen Zentimetern und mehreren Dezimetern. Die Grundmasse zersetzt sich gewöhnlich leichter als die Diabasbruchstücke, und diese treten somit bei vielen angewitterten Felsklippen besonders deutlich hervor. Im Talboden werden die Brekzien zum Teil von Syraschottern verhüllt, die mehrere Meter an Mächtigkeit erreichen können. Dieser Talabschnitt zeichnet sich durch eindrucksvolle Mäander der Syra aus.

Die naturnahen Waldgesellschaften der Hänge und angrenzenden Flächen wurden weitgehend in Fichtenforste umgewandelt. Stellenweise ist die im südlichen Mitteleuropa und im Mittelmeergebiet beheimatete Schwarzkiefer vorhanden, so am linken Talhang. Eine Vorstellung vom natürlichen Laubmischwald mit Eichen und Linden vermittelt der südwestexponierte Hang an der Syratalbrücke. Hier finden wir im lichten Bestand Sträucher und Stauden, die für solche Standorte auf Diabasböden typisch sind. Zu ihnen gehören Rote Heckenkirsche (*Lonicera xylosteum*) und Roter Hartriegel (*Cornus sanguinea*; Abb. 17). Auffällig gelbe Blütentrauben trägt der Schwärzende Geißklee (*Lembotropis nigricans*). Die Artengarnitur wird durch Großblütigen Fingerhut (*Digitalis grandiflora*), Pfirsichblättrige Glockenblume (*Campanula persicifolia*), Bärenschote (*Astragalus glycyphyllos*), Dürrwurz (*Inula conyza*) und Waldplatterbse (*Lathyrus sylvestris*) ergänzt. An lichten, oft magerkrumigen, felsen-

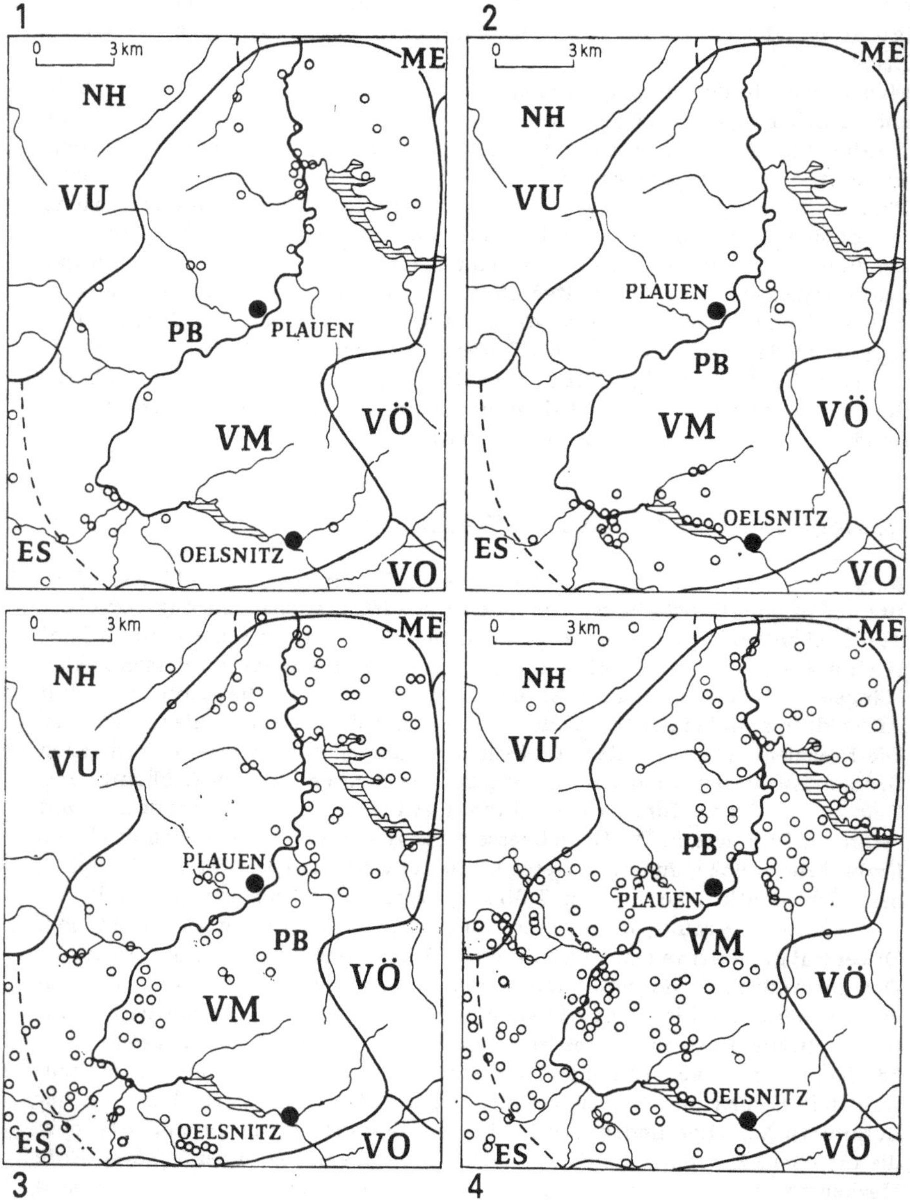

Abb. 17. Verbreitung von Bergulme (1), Mehliger Königskerze (2), Rotem Hartriegel (3) und Fiederzwenke (4); Abkürzungen s. Legende Abb. 3 (Entwurf R. WEBER) Geobotanische Gliederung nach WEBER 1965

durchsetzten Stellen fallen die Rasen der Fiederzwenke (*Brachypodium pinnatum*; Abb. 17) auf. Das Große Schillergras (*Koeleria pyramidata*) beschränkt sich auf extrem trockenwarme Standorte der Plauener Binnenzone. Zu den Arten der Felsfluren gehören Frühlingsfingerkraut (*Potentilla tabernaemontani*), Färberhundskamille (*Anthemis tinctoria*), Pechnelke (*Lychnis viscaria*), Nickendes Leimkraut (*Silene nutans*), Heidegünsel (*Ajuga genevensis*), Ausdauernder Knäuel (*Scleranthus perennis*) und Milder Mauerpfeffer (*Sedum sexangulare*). L 1

Die Hochstaudenfluren längs der mit Erlen und Weiden gesäumten Syra setzen sich vorwiegend aus Rohrglanzgras (*Phalaris arundinacea*), Echtem Mädesüß (*Filipendula ulmaria*), Rauhhaarigem Kälberkropf (*Chaerophyllum hirsutum*), Kohldistel (*Cirsium oleraceum*), Wiesenknöterich (*Polygonum bistorta*), Wasserampfer (*Rumex aquaticus*), Sumpfstorchschnabel (*Geranium palustre*), Großer Brennessel (*Urtica dioica*) und Gemeinem Beinwell (*Symphytum officinale*) zusammen. Durch veränderte Bewirtschaftungsweise breiten sich die Hochstaudenfluren zunehmend in der ganzen Aue aus und verdrängen die ehedem zweischürigen Mähwiesen. Wo der Eingriff des Menschen schon längere Zeit nicht mehr wirkt, haben sich Erlenwäldchen entwickelt.

Dobenau

Südlich des Stadtparkes liegen über der Syra auf dem Dobenaufelsen, einem nach drei Seiten zu steil abfallenden Bergsporn, die Überreste einer mittelalterlichen Wehranlage. Haupt- und Vorburg sind durch einen aus dem Fels geschlagenen Graben voneinander getrennt. Nach Überlieferungen aus Sagen soll der Felsen die Stammburg des Gaues Dobna getragen haben (Namensgleichheit Dobenau—Dobna/Dobena, s. X 1). Urkundliche Belege für diese Annahme fehlen, und die keramischen Funde lassen sich erst in das 13./14. Jh. einordnen.

In der ovalen Ringanlage der Burgruine wurde 1470 die von 3 Plauener Bürgern gestiftete St.-Wolfgangs-Kapelle mit eingezogenem 5/8-Chor gebaut. Bereits 1533 beschloß man, sie nicht mehr kirchlich zu nutzen. Nur noch Grundmauerreste blieben bis heute sichtbar. Auch durch den Bergbau auf Silber — 1677 als ‚Fundgrube zu Dobenau unter der Capelle St. Wolfgang' belegt — ist die Anlage gestört.

Die Umgebung des Dobenaufelsens erlitt 1945 durch die britisch-amerikanischen Bombenangriffe starke Schäden. Vor allem wurde dabei das denkmalgeschützte alte Dobenaugut vernichtet, das an der Stelle des ehemaligen Wirtschaftshofes der Burg stand. Am rechten Ufer der Syra befand sich gegenüber dem Dobenaufelsen die 1945 teilweise zerstörte Poppenmühle mit einem Mühlteich. Die ehemalige Getreidemühle war 1570/71 von einem Plauener Ratsherrn und Besitzer des Vorwerkes Dobenau anstelle eines Schleifwerkes eingerichtet worden und erhielt ihren Namen von einem 1608 genannten Besitzer Franz Popp.

Die Bezeichnung des benachbarten Streitsberges (391 m), auf dem 1904 zwei wuchtige Wohnhäuser entstanden und dessen Flanke einst ein Steinbruch einnahm, ist von einem früheren Besitzer abgeleitet. In der Nähe, an der Dobenaustraße, wurde 1949 in einer repräsentativen Villa das Bethanien-Krankenhaus eingerichtet. Unmittelbar nördlich der Dobenau lag im spitzen Winkel

L 1 zwischen Wolfsbergweg und der alten Straße nach Kauschwitz ein weiteres städtisches Vorwerk, das Tenneragut. An seiner Stelle befinden sich Staudenbeete und Volieren.
Auf dem 384 m hohen Dobenaufelsen stocken neben Stieleiche und Winterlinde auch Bergulme, Berg- und Spitzahorn. Den Weg längs des Bergfußes säumen lichtliebende Sträucher. Dazu gehören Schwarzdorn (*Prunus spinosa*), Graugrüne Rose (*Rosa dumalis*), Hundsrose (*R. canina*), Blutroter Hartriegel und Gemeine Hasel (*Corylus avellana*). Als Stickstoffanzeiger treten Schwarzer Holunder (*Sambucus nigra*), Schöllkraut (*Chelidonium majus*) und Taumelkälberkropf (*Chaerophyllum temulum*) auf. Der Berg weist eine reiche Krautschicht auf, deren Arten je nach Lage zur Gesellschaft des trockenen, sonnigen Hanges mit Pflanzen wie an der Syratalbrücke oder zur schattenliebenden Flora des Laubmischwaldes gehören. Deren Glieder blühen und fruchten, ehe sich die Laubdecke der Gehölzschichten schließt. Dazu zählen Buschwindröschen (*Anemone nemorosa*), Ausdauerndes Bingelkraut (*Mercurialis perennis*), Echte Sternmiere (*Stellaria holostea*) und Goldnessel (*Galeobdolon luteum*). Später im Jahr blüht das Kleinblütige Springkraut (*Impatiens parviflora*), ein Neophyt (Neubürger), der in Mittelasien beheimatet ist.

Stadtpark

Der Stadtpark nimmt die Quellmulden zweier Bäche ein, die den Parkteich speisen. Durch geschickte Maßnahmen — Wegeführung, Bepflanzung in Gruppen, weite Rasenflächen mit günstigen Sichtbeziehungen, stehendes Gewässer — gelang es, den Park sinnvoll in die Landschaft einzugliedern. Zahlreiche fremdländische, teils recht seltene Laub- und Nadelgehölze entsprechen dem Charakter einer solchen Anlage.
Die Anfänge des jetzt rund 18 ha großen Stadtparkes gehen bis 1885 zurück. Seine heutige Gestalt erhielt er im wesentlichen zwischen 1905 und 1910. Der westlich der alten Straße nach Kauschwitz gelegene Teil wurde seit 1964 völlig verändert. Den Mittelpunkt dieses Bereiches stellt das Parktheater dar. Die Freilichtbühne mit den 2900 Zuschauerplätzen hat sich zum Veranstaltungsmittelpunkt herausgebildet, wo seit 1955 auch das Plauener Spitzenfest begangen wird; 1974 wurde das Parktheater um ein Festgelände mit gastronomischen Einrichtungen erweitert.
Am Dr.-Rudolf-Friedrichs-Ring erinnert ein Denkmal an den Dichter JULIUS MOSEN (1803—1867, s. Bd. 26, B 4), dessen Bronzebüste Dr. GUSTAV KIETZ in Dresden 1888 schuf. Unweit vom Waldturnplatz erhebt sich seit 1979 auf einer Granitsäule die Bronzeplastik St. Georgs zu Pferde im Kampf mit dem Drachen, die 1928 der Dresdner Bildhauer HERMANN KRESZ schuf und die ehemals den Plauener Schloßbrunnen zierte. Am nordöstlichen Zufluß des Teiches steht ein granitener Röhrenkasten vom Jahre 1842, der sich ursprünglich an der Hammermühle im Feilebachtal befand.

Bärenstein L 1

Die im Stadtbild von Plauen weithin sichtbare Kuppe des 432 m hohen Bärensteins baut sich vorwiegend aus Diabasbrekzien und -konglomeraten des Oberdevons auf. Besonders gut aufgeschlossen sind diese Gesteine an der Keplerstraße, nahe der Einmündung in die Schmidstraße. Die Konglomerate setzen sich aus feinkörnigen bis dichten Diabasen, porphyrischen Diabasen, Diabasmandelstein, feinkörnigem Granit und Granitporphyr zusammen. Die Gerölle liegen meist gut gerundet vor. Ihre Herkunft ist umstritten, es wird eine nordwestliche bis nördliche Transportrichtung angenommen. Die Diabasbrekzien wechseln häufig mit Aschentuffen ab. Die Konglomerate und Brekzien des Bärensteins setzen sich als einheitlicher Komplex über das Syratal bis in das Gebiet von Zwoschwitz fort.
Vom Gipfel des Bärensteins, besonders aber von der neu gestalteten Aussichtsplattform unterhalb der Kuppe, bietet sich ein hervorragender Blick auf die Stadt und ihre Umgebung (Bild 6). Die Vielgestaltigkeit des Mittelvogtländischen Kuppenlandes wird durch die nacheiszeitliche Talbildung der Weißen Elster und ihrer Nebengewässer noch verstärkt. Der alte rechtsseitige Hochtalboden der Elster trägt auf dem Gelände ehemaliger Kiesgruben seit einigen Jahren das Mammengebiet (s. P 1.6), ein Neubauviertel zwischen Süd- und Ostvorstadt. Im Vordergrund bestimmen die Neubauten des im zweiten Weltkrieg total zerstörten Bahnhofsviertels das Siedlungsbild. In östlicher Richtung fällt der neue Stadtteil zwischen Chrieschwitz und Reusa auf (s. P 2). Deutlich läßt sich auch der mittelalterliche Stadtkern mit seinen Türmen ausmachen (s. P 1.2). Nach SO zu, hinter dem turmgekrönten Kemmler (507 m, s. P 4), ist die hochgelegene Straße Oelsnitz—Theuma mit den Silos der Milchviehanlage von Juchhöh (s. U 1) sichtbar, über der sich die ausgedehnten Wälder der Schönecker Stufe aufbauen. Diese leitet in den ostvogtländisch-westerzgebirgischen Raum über. Als bedeutende Berge tauchen der Kuhberg bei Schönheide (795 m) und links davon der Steinberg (659 m) auf. In nordöstlicher Richtung erhebt sich der Kuhberg bei Netzschkau (511 m) mit seinem Aussichtsturm.

Haselbrunn, seit 1899 Stadtteil von Plauen (s. P 1.1) L 2

Das alte Platzdorf Haselbrunn, heute Alt-Haselbrunn, liegt in der Quellmulde eines Zuflusses zum Pietzschebach. Von dieser topographischen Lage her und vom Haselgesträuch läßt sich sein Name (1428 czum *Haselbrun*) ableiten. Alt-Haselbrunn enthält noch einige alte Häuser, zu denen Nr. 13, 14 und 17 sowie der frühere Gasthof gehören, in dem 1969 ein Leuchtenbaubetrieb eingerichtet wurde, der seit 1976 dem VEB Leuchtenbau Meerane angeschlossen ist. Durch eine 1516 erfolgte Fluraufteilung bildeten sich 2 Vorwerke heraus, auf die die Bezeichnung Vorder- und Hinterhaselbrunn zurückzuführen ist. Hinterhaselbrunn ist der näher zu Plauen gelegene Teil.
Das Gelände zwischen Alt-Haselbrunn und dem Rähnisberg im S weist relativ geringe Höhenunterschiede auf. Diese natürlichen Bedingungen sowie die Nähe-

L 2 der wichtigen Ausfallstraße von Plauen in Richtung Mühltroff und Pausa sowie zum Oberen Bahnhof führten dazu, daß Plauener Grundstücks- und Bauspekulanten Land zur punktförmigen Bebauung aufkauften. Der Abbau von Steinen und zahlreichen Lehmvorkommen als Ausgangsmaterial für Ziegel, die bereits zur Errichtung der Elstertalbrücke 1846—51 dienten (s. H 6), hinterließ stellenweise erhebliche Hohlformen, die im Lauf der Zeit verfüllt wurden.

Die eigentliche Besiedlung von Neu-Haselbrunn begann jedoch nach 1870 nördlich der Plauener Flurgrenze. Zumeist bestanden bereits Einzelanwesen von Ziegeleiarbeitern (1871: 37 Häuser), denen bald isolierte Siedlungskolonien folgten (1899: 198 Häuser mit 3691 Einwohnern). An diese Neuerschließung erinnern noch heute die kleinen Häuser an der Augustusstraße. Neben Ziegeleiarbeitern ließen sich in Neu-Haselbrunn zunehmend Handweber und Sticker nieder. Die Hauptbebauung erfolgte zwischen der Jahrhundertwende und dem ersten Weltkrieg. Seit 1910 weitete sich Alt-Haselbrunn durch Gartenkolonien aus.

Hauptgeschäfts- und Durchgangsstraße wurde für Haselbrunn die Pausaer Straße. Seit 1902 besteht die Straßenbahnverbindung bis zur einstigen Ausflugsgaststätte Schillergarten (Pausaer Straße 95, 95a), wodurch auch Haselbrunn besseren Verkehrsanschluß erhielt. 1909 erfolgten Verlängerungen bis zur einstigen Gaststätte Waldschlößchen, Paul-Gerhardt-Straße, und 1957 bis zum VEB Plamag.

Der Schillergarten entwickelte sich seit 1903 durch den Ausbau als Gewerkschaftshaus zu einem Treffpunkt der Plauener Arbeiter. Hier sprachen schon im selben Jahr Rosa Luxemburg und Clara Zetkin und 1918 bot das Gebäude zeitweilig dem Plauener Arbeiter- und Soldatenrat Unterkunft. 1933 nahmen die Faschisten den Schillergarten in Beschlag, ebenso den benachbarten Sitz der „Volks-Zeitung für das Vogtland" (1919—33), für die Eugen Fritsch (1884—1933) und Erich Knauf (1895—1944) arbeiteten. Beide wurden als aufrechte Antifaschisten ermordet.

Der in der Nähe 1874 errichtete Trinkwasser-Hochbehälter mit einem Fassungsvermögen von 2650 m^3 sammelt Wasser aus dem Quellgebiet der Syra und des Kaltenbaches. Vom Schillergarten in landwärtiger Richtung entstanden noch vor dem ersten Weltkrieg westlich der Pausaer Straße zwischen dem früheren Kuntzepark — jetzt Gärten — und dem Waldgebiet Fuchsloch die ersten Bauten eines Villenviertels, das sich später auf die östliche Seite der Kauschwitzer Straße und weiter bis zur Hermann-Vogel-Straße ausdehnte. Von 1926 stammt das Forsthaus Am Fuchsloch, in dem sich der Sitz der Revierförsterei Plauen des Staatlichen Forstwirtschaftsbetriebes Oelsnitz/V. befindet. Die Am Fuchsloch abzweigende Alte Pausaer Straße war die ursprüngliche Ausfallstraße in Richtung N. Seit 1972 steht hier der neue Plauener Milchhof; die Vorgängereinrichtung an der Reichenbacher Straße hatte den modernen Anforderungen nicht mehr entsprochen.

Die Silhouette von Haselbrunn wird vom 62 m hohen Turm der Markuskirche mitbestimmt. Die neuromanische Kirche entstand 1910—13 unter der künstlerischen Leitung Heinrich Adams aus Charlottenburg. Bei der Wiederherstellung nach dem zweiten Weltkrieg wurde der hohe Kuppelsaal in 2 Etagen geteilt und modernisiert.

In der Nähe der Markuskirche beginnt die Hans-Sachs-Straße, die günstig zum Kohlebahnhof liegt und an der sich zwischen 1905 und 1916 Industriewerke niederließen. Der VEB Plauener Baumwollspinnerei geht auf ein 1910 gegründetes Unternehmen zurück. Seit 1947 arbeitet die Gießerei des VEB Druckmaschinenwerk Plamag Plauen, die im Zuge der Betriebserweiterung Ende der sechziger Jahre zusätzliche Bauten im Gelände des früheren Sauerstoffwerkes erhielt. Mit Gleisanschluß günstig verbunden, befindet sich der Hauptbetrieb nahe dem Stadtrand an der Pausaer Straße, deren neuer Streckenabschnitt zwischen Fuchsloch und Tannenhof 1950 fertiggestellt wurde. Das Werk hatte 1948 im Gebäude einer 1941 nach Plauen verlagerten Rüstungsfirma hier einen neuen Standort erhalten, nach einem ersten, den der 1946 gegründete Betrieb an der Leuchtsmühle innehatte. Anläßlich einer von 1967 bis 1971 erfolgten bedeutenden Erweiterung entstand 1969 der weithin sichtbare Hydroglobus mit einem Fassungsvermögen von 50 m³. Der Betrieb stellt Rollen-Rotationsmaschinen für Offset- und Tiefdruck und Druckereihilfsmaschinen her und setzt damit eine wesentliche Tradition des Plauener Maschinenbaus fort. L 2

Von den weiteren Betrieben sind zwei besonders erwähnenswert: Der VEB Hydrauflex stellt als einziger in der DDR flexible Schlauchleitungen für den Landmaschinen-, Automobil-, Schiff-, Maschinen- und Bergbau her. Der 1948 in der unteren Fritz-Heckert-Straße gegründete VEB Werkzeugmaschinenfabrik Vogtland (Wema) wurde von 1957 bis 1961 an die Schenkendorfstraße verlagert und gleichzeitig erweitert. Er stellt Sondermaschinen, insbesondere Taktstraßen her. Der 55 m hohe Turm des Wema-Sozialgebäudes hebt sich, weithin sichtbar, von der Umgebung ab. Seit 1975 reichen die Hallen des Betriebes Plauen des VEB Kombinat Textilreinigung bis an den Dorfkern von Alt-Haselbrunn heran.

Die Schenkendorfstraße stößt auf die Ernst-Thälmann-Straße, in deren oberem Bereich sowie zwischen der Morgenberg- und der Seumestraße neue Wohnblocks entstanden sind. Diese nehmen den Platz von 1945 zerstörten Gebäuden ein.

Plauener Stadtwald L 3

Nördlich von Plauen erstreckt sich zwischen Haselbrunn und Jößnitz ein großes Waldgebiet, das im O von der Weißen Elster begrenzt wird und im W das LSG Syratal (s. L 1) einschließt. Der Wald gehörte früher im wesentlichen zum Besitz der Vorwerke Zadera, Dobenau, Tennera, Haselbrunn, Reißig und Heidenreich. Im Lauf der Zeit erwarb ihn die Stadt Plauen. Vor dem zweiten Weltkrieg war Plauen mit 2425 ha nach Zittau zweitgrößter Waldeigentümer in Sachsen. Bei der demokratischen Bodenreform von 1945 wurde der Kommunalwald in den staatlichen Forst einbezogen.

Das Erbbuch des Amtes Plauen von 1506 verzeichnet ein „gehültz zcum Haselbrun". Sein sehr schlechter Bestand wird wie folgt charakterisiert: „... dinth nicht zcw bawen ist rawe (= rauh) holtz, zcum feuerwerg alleyne dinstlich." Um die Wende vom 18. zum 19. Jh. setzte im Zuge einer geregelten Forstwirtschaft die Umwandlung der bisherigen Waldbestände in Monokulturen ein. Die Fichte erbrachte in der ersten Generation hohe Holzerträge, aber bereits die

L 3 zweite ließ im Zuwachs stark nach, weil die Bodennährstoffe nur einseitig ausgenutzt und schädliche Insekten sich ausbreiten konnten. Dem trugen die Verantwortlichen an mehreren Stellen durch den Anbau von naturgemäßen Mischbeständen Rechnung. Auf harten Diabaskuppen, wie am 428 m hohen Eichberg zwischen Haselbrunn und Heidenreich, wurde ein Laubmischwald aus Eichen, Winterlinden, Rotbuchen und anderen Gehölzen begründet. Dieser zieht sich am linken Gehänge des Pietzschebaches bis fast nach Reißig hin. Am Wanderweg vom Freibad Haselbrunn zur Pfaffenmühle gibt es kleine Parzellen mit Rotbuchen, stellenweise sind Stieleichen und andere Laubgehölze eingestreut, auch die Waldkiefer kommt vor. In Abteilung 31 (nordöstlich des Vogtland-Stadions, das wie das Freibad für internationale Wettkämpfe genutzt wird) fällt ein kleiner Mischwald auf, in dem neben Esche und Rotbuche die im nordamerikanischen Waldgürtel beheimateten Arten Roteiche und Douglasie wesentlichen Anteil erlangen. Ebenfalls von dort stammen Robinie, Weymouthskiefer und Stechfichte, die an anderen Stellen angepflanzt wurden.
Der stadtnahe Wald unterliegt einer besonders pfleglichen Bewirtschaftungsweise. Dadurch blieb der hohe Erholungswert dieses Forstreviers erhalten.

L 4 **Reißig,** seit 1939 Stadtteil von Plauen

Nördlich der Straße Haselbrunn—Reißig weist ein Ringwall auf einen mittelalterlichen Wehrbau hin. Vermutlich lag hier die 1488 von der Stadt Plauen erworbene Wüstung Reißig, die 1474 erstmals als *Reyßig* (= am niedrigen, struppigen Gehölz befindlicher Ort) genannt wird. Der eigentliche Siedlungskern geht jedoch auf das ehemalige Vorwerk an der Kreuzung von Reußenländer Straße und Pfaffengutstraße zurück. Dieser Raum hieß Vorderreißig, während sich der Forst Hinterreißig in Richtung Röttis erstreckte. Das Vorwerk erlangte vor allem Bedeutung für die seit 1510 bezeugte Schafzucht. Daran erinnern die Flurnamen Schafacker und Schafwiese. Neben Gut und Schäferei entwickelte sich nach 1700 das Dorf Reißig durch die Ansiedlung von Häuslern. Für den abseitigen Wohnplatz An den Thößehäusern belegt ein 1731 abgeschlossener Kaufvertrag mit ANDREAS THOSS die Namenbildung. Der Ort Reißig, der 1928 insgesamt 46 Häuser zählte, wuchs durch die Siedlung nördlich des Pietzschebaches. Auf früherem Gartenland entwickelten sich hier in den zwanziger und dreißiger Jahren neue Wohnstätten.
Schon 1922 wurde der der Stadt Plauen (s. P 1.1) gehörende selbständige Gutsbezirk Reißiger Stadtwald (152 ha), der sich östlich von Reißig bis zum Pfaffenhaus erstreckt, mit dem Stadtgebiet vereinigt. Das Waldgebiet mit den 3 Rosengräbern stellt einen beliebten Durchgangsraum zur Pfaffenmühle (s. G 7) und zum Elstertal mit dem Lochhaus (s. H 2) dar. Südlich des oberen Rosengrabens befinden sich Hügelgräber wohl aus der jüngeren Bronzezeit. 1939 erfolgte die Einbeziehung der Fluren Reißig (110 ha) und Pfaffenhaus (47 ha).
Zwischen Reißig und Haselbrunn breitete sich das Heidenreich, ein Plauener Amtsgehölz, aus. 1566 tritt der Flurname Heidenreich in Verbindung mit dem Heidenreichteich auf. Das gleichnamige Vorwerk nördlich des Pietzschebaches ließ in der zweiten Hälfte des 16. Jh. JOHANN PÖLMANN errichten. Die späteren Besitzer legten in seiner Nähe und in Richtung Haselbrunn zahlreiche Ziegeleien an.

Wirtschaftliche Bedeutung erlangen gegenwärtig in Reißig 3 Betriebe. Im Zuge faschistischer autarkischer Versorgungsbestrebungen der textilen Rüstungsindustrie entstand 1938 am Plauener Stadtwald die Mitteldeutsche Spinnhütte, heute Werk IV/3 des VEB Greika — Weberei und Veredlung Greiz —, die Fallschirmseide aus Seidenraupenkokons herstellte. Die notwendigen Maulbeersträucher wurden in und um Plauen angepflanzt. Am 4. April 1946 fand in dem Betrieb die Plauener Vereinigungskonferenz von KPD und SPD zur SED statt. Nahebei siedelte sich seit der Mitte der siebziger Jahre ein Betrieb des VEB Berliner Reifenwerk an. Er geht auf eine 1901 gegründete Plauener Firma zurück, die 1908 die erste vogtländische Reifenreparatur- und Vulkanisieranstalt einrichtete. Bereits vor dem ersten Weltkrieg hatte in Reißig ein Automobilwerk für Personenkraftwagen mit Reparaturdienst bestanden. Seit 1953 befindet sich auf dem Gelände eine Schweinemästerei. Das VEG Mostkombinat Plauen-Reißig hält rund 26000 Schweine, davon allein in Plauen etwa 11000. L 4

Chrieschwitz, seit 1900 Stadtteil von Plauen, L 5

wird 1122 als *Cribsiz* erwähnt. Der Name gehört wohl zum altsorbischen Personennamen Krivoš. 1843 verzeichnete das Dorf 66 Wohngebäude, 1900 insgesamt 124 bewohnte Grundstücke. Mit Chrieschwitz und seiner 723 ha großen Flur erhielt Plauen (s. P 1.1) den größten Gebietszuwachs aller Eingemeindungen. Das Interesse der Stadt zielte vor allem auf die nahe an die städtische Bebauung heranreichenden Gemarkungsteile, die sich bis zum Heidenreich, Preißelpöhl, Taubenberg und Hauptfriedhof hinziehen und Baugrund boten.

Der alte Dorfkern von Chrieschwitz befindet sich im Mündungsgebiet des Friesenbaches. Die Ortsausbauten erstrecken sich in der Talweitung der Weißen Elster und am unteren Talhang zwischen dem Wartberg (385 m) und dem Ziegenberg (370 m) und ziehen sich über die Langenberggasse und den Friesenweg in das Friesental hinein. Städtische Mehrfamilienhäuser konzentrieren sich an der Schrödelstraße und Möschwitzer Straße. An letzterer steht die Schule aus dem Jahre 1886, die seit 1955 die Betriebsschule des Reichsbahnamtes Zwickau beherbergt.

Auf dem höheren Talboden im Mündungsraum überschritt bis 1817, dem Baujahr der neuen (= Alten) Reichenbacher Straße, die alte Verbindung Plauen—Reichenbach, die bereits 1140 urkundlich erwähnt wird, den Friesenbach. Der Verkehrsweg mied das Überschwemmungsgebiet der Elsteraue und verlief über den Talrand beim heutigen Wohngebiet am Chrieschwitzer Hang und am Wartberg vorbei hinab nach Chrieschwitz und weiter über Möschwitz in Richtung Reichenbach.

Seit 1923 besitzt Chrieschwitz einen Bahnhof an der Bahnlinie Weischlitz—Plauen—Gera und war Ausgangspunkt der 1970 stillgelegten Strecke Plauen—Falkenstein bzw. Plauen—Lottengrün. Dieser Trasse folgt seit 1977 zum Teil die neue Führung der F 173 zwischen Plauen und der Gaststätte Waldfrieden, nachdem sich der Durchgangsverkehr in Chrieschwitz seit der Fertigstellung der Talsperre Pöhl 1964 erhöht hatte. Im Jahre 1921 hatte der Stadtteil mit der Hammerbrücke eine neue Verkehrsverbindung nach Plauen erhalten, nachdem

L 5 vorher der Elsterübergang beim früheren Hammer bestanden hatte. Seit 1927 führt die Friesenbrücke in Richtung Preißelpöhl über den regulierten Elsterlauf.

Das ehemalige Rittergut am Burgweg dient der LPG Herlasgrün zur Viehhaltung (s. D 9), die Chrieschwitzer Flur wird vom VEG (P) Christgrün bewirtschaftet. Bereits in der ersten Hälfte des 19. Jh. hatte im Ort eine Wollspinnerei bestanden; heute befinden sich hier 2 Produktionsstätten des VEB Vowetex (s. P 1.3). Am Friesenweg siedelte sich 1943 ein aus Wuppertal-Elberfeld verlagerter Rüstungsbetrieb an, dessen Nachfolger, der spätere VEB Gerätebau, sich nach dem zweiten Weltkrieg mit Blechverarbeitung und Rohrleitungsbau beschäftigte und sich 1970 im Rahmen der Produktionsprofilierung im VEB Metalleichtbaukombinat auf den Vorrichtungsbau umstellte.

Die nähere Umgebung von Chrieschwitz wurde in früherer Zeit bergbaulich genutzt. Die Eisenerzgewinnung, die bereits für 1438 belegt ist, erfolgte für das Hammerwerk zwischen Chrieschwitz und Plauen. In einem 1798 nachgewiesenen Steinbruch wurde Kalk abgebaut, und noch Mitte des 19. Jh. stand ein Kalkofen. Jenseits der Weißen Elster blieb in der Nähe des Pietzschebaches bis Anfang der zwanziger Jahre dieses Jahrhunderts eine Ziegelei in Betrieb.

M 1 **Möschwitz,** Kreis Plauen,

breitet sich mit seinem alten Dorfkern auf einer fast waagerechten pleistozänen Terrasse 45—50 m über dem heutigen Flußbett der Weißen Elster aus. Etwa 1 km südsüdwestlich von Möschwitz führt ein Geländestück an der Flurgrenze gegen Chrieschwitz die Bezeichnung Altmöschwitz (Abb. 5), jedoch liegen keine Bodenfunde vor, die auf eine frühe Besiedlung hinweisen könnten. Dagegen sind vom Wald auf dem 402 m hohen Königshübel und von der Flurgrenze gegen Voigtsgrün Hügelgräber bekannt, und auf dem Gunzenberg (400 m) wurden 1884 jungbronzezeitliche Flachgräber aus Unkenntnis zerstört.

Der Ort besaß ehemals eine Blockflur von 542 ha Größe und besteht aus 3 Teilen: dem alten Rundplatzdorf, einer Straßensiedlung (Gasthof, Rat der Gemeinde, einige Wohnhäuser) und Obermöschwitz, einem Ausbau nördlich und östlich des Eichberges (457 m) an der Straße nach Voigtsgrün. 1266 wird erstmals ein Cunradus de *Meschwize* genannt. Der Name gehört wahrscheinlich zu einem altsorbischen Personennamen Měš. Durch den Ort führte die alte Reichsstraße Nürnberg—Plauen—Reichenbach—Zwickau—Leipzig/Dresden. Sie brachte den Einwohnern im Lauf der Jahrhunderte manche Belastung und Drangsal, so brannte im Dreißigjährigen Krieg mehr als die Hälfte der Höfe nieder.

Aus dem örtlichen Herrensitz entwickelte sich ein kleines Rittergut (1943: 69 ha), das als bäuerliches Anwesen bis 1957 bestand und dann dem damaligen Volksgut Reusa angegliedert wurde. 1960 schlossen sich die Möschwitzer Bauern zur LPG Typ I Elsterperle zusammen, die 1974 zur LPG (T) Herlasgrün kam, die hier 5 kleine Ställe nutzt. Das bäuerliche Element tritt in Möschwitz aber zurück, denn die werktätigen Einwohner gehen vorwiegend in Plauen einer Beschäftigung nach.

1926 bauten sportinteressierte Einwohner an der Straße nach Jocketa eine Turnhalle, die von der örtlichen Turn- und Sportgemeinschaft und im Sommer als Betriebsferienlager genutzt wird. In Möschwitz befindet sich der Sitz des VEB (K) Erholungsgebiet Talsperre Pöhl. Er sorgt für die materiell-technische, organisatorische und kulturell-sportliche Betreuung der Urlauber sowie der in- und ausländischen Touristen. M 1

Am Hang unterhalb der Turnhalle ist rechts der Straße nach Jocketa in einem unter Naturschutz stehenden ehemaligen Steinbruch die Ockerkalkgruppe des Silurs (Ludlow) aufgeschlossen. Es handelt sich dabei um einen grauen, bankig abgesonderten Kalkstein, der mit grüngrauen bis schwarzen Alaunschiefern wechsellagert. Die gesamte Folge ist stark gefaltet und wird zu beiden Seiten von Diabas oder Störungszonen begrenzt. Die Kalksteine enthalten häufig Pyritkristalle (FeS_2) und sind teilweise zu einem bräunlichen Ocker verwittert. Die Kalke führen nur wenige Fossilien, so Muscheln und Mikrofossilien, die Schiefer dagegen recht häufig verdrückte Graptolithen, bei denen es sich nach neuesten Erkenntnissen um kolonienbildende *Hemichordata*, eine hochentwickelte Gruppe der Wirbellosen, handelt. Die langgestreckten, meist sägeblattartigen Fossilien lassen sich auf den Schieferflächen leicht erkennen.

Krähenleite M 2

In den Wäldern um den Langen Berg liegen zwischen Chrieschwitz, Voigtsgrün und Möschwitz mehrere Gruppen von Hügelgräbern, von denen verschiedene in früherer Zeit unsachgemäß geöffnet wurden. Vor allem die an der Krähenleite, rechts vom Weg zur ehemaligen Gansmühle befindlichen wurden 1937/38 nachuntersucht. Aufzeichnungen gibt es jedoch nur von einem Hügel, der aus Steinen und Erde bis zu einer Höhe von 1,50 m aufgewölbt war. Die Grabsohle bildete eine Steindecke, auf der die Urne mit den Beigaben in einem inneren Steinkranz stand. Dazu kam ein äußerer Kranz mit einem Durchmesser von 9 m (Coblenz 1954). Außerdem enthielt das Grab 31 zerscherbte Gefäße, einen Schleuderstein und mehrere Bronzegegenstände. Aus den anderen Hügeln sind nur wenige Funde bekannt geworden. Keramik und Bronzen verweisen die Gräber in die Stufe Hallstatt A der jüngeren Bronzezeit (Funde im Vogtlandmuseum Plauen).

Das obere Vogtland ist geobotanisch durch Schneeheide (*Erica herbacea*) und Zwergbuchs (*Polygala chamaebuxus*) charakterisiert, 2 immergrüne, dealpine Zwergstraucharten (s. Bd. 26, S. 8—10). Der Zwergbuchs kam an der Krähenleite und an der Holzmühle bei Plauen an der absoluten Nordgrenze seines Gesamtareals vor. Noch 1934 waren hier 10 Fundpunkte zwischen 390 und 435 m Höhe bekannt. Die bäuerliche Waldwirtschaft, die kaum Kahlschläge ausführte, und die felsige Hanglage ließen keinen dichten Bewuchs aufkommen, so daß sich für den Zwergbuchs günstige Standortverhältnisse boten. Jetzt scheinen hier sämtliche Vorkommen erloschen zu sein, möglicherweise durch das zunehmende Einwehen von Düngemitteln von den benachbarten landwirtschaftlichen Nutzflächen.

M 3 Langer Berg

Ein etwa 2 km breiter geschlossener Höhenzug aus vorherrschend Diabasbrekzien streicht vom unteren Friesenbach über Voigtsgrün und Helmsgrün bis Herlasgrün nach NW. In seinem Bereich zeigen sich besonders viele Kleinkuppen, die höchsten im SW des Pöhler Kuppenlandes um Voigtsgrün. Südwestwärts des Dorfes endet ein großer Ackerschlag am 467 m hohen Langen Berg, der von der Straße nach Kleinfriesen zu erreichen ist und über den die Wasserscheide zwischen Weißer Elster und Trieb verläuft. Von dem mit felsigen Kleinstkuppen durchsetzten Waldrand aus bieten sich weitreichende Sichtmöglichkeiten gegen N (Höhen um Greiz, Netzschkauer Kuhberg), O (Kirchberger Granitkontakthof, Kuhberg bei Schönheide, Brückenberg und Auersberg bei Wildenthal) und S (Bergener Granitkontakthof, Schönecker Hochfläche, Kiel bei Mühlleithen).

M 4 Voigtsgrün, seit 1972 Ortsteil von Neuensalz

In der 300 m östlich des Ortes gelegenen 466 m hohen Warte erkennen wir einen typischen Vertreter der mittelvogtländischen Pöhle. Sein Baumbestand setzt sich vorwiegend aus Rotbuchen zusammen. Als zweithöchste Erhebung der 290 ha großen ehemaligen Gelängeflur beherrscht sie das kleine Dorf Voigtsgrün, das sich in der flachen Quellmulde eines linksseitigen Zuflusses zur Trieb — jetzt Talsperre Pöhl — ausbreitet. Nahezu die gesamte Gemarkung liegt im Bereich verschiedener Diabasgesteine. Der Waldanteil beschränkt sich im wesentlichen auf die Warte und den Schieferhübel aus oberdevonischem Tuffschiefer, wechsellagernd mit Diabastuffen. Das Mühlholz und die Kohlleite bilden einen Waldbestand an der Talsperre Pöhl und an deren Voigtsgrüner Seitenarm.

Im Wald an der Flurgrenze nach Möschwitz liegen auf dem Flurteil Liebschwitz (Abb. 5) Hügelgräber der jüngeren Bronzezeit, und auf dem Feld zwischen der Kohlleite und der ehemaligen Straße zur Gansmühle konnte Keramik der früheisenzeitlichen Billendorfer Kultur geborgen werden (Coblenz 1954). Auf dem Grundstück Voigtsgrün Nr. 6 kam 1891 in 0,5 m Tiefe ein tönerner Topf mit etwa 250—300 Brakteaten zum Vorschein. Der Fund wurde zerstreut, da man „die Münzen für Weinflaschen-Kapseln hielt" (Leipner 1969). Fachleute identifizierten Prägungen beispielsweise aus den Reichsmünzstätten Altenburg und Saalfeld, von Meißen, von den Vögten von Weida und Herren von Lobdeburg (Münzstätten Jena und Schleiz). Sie stammen aus der Zeit um 1230.

Im Jahre 1301 verzeichnet eine Urkunde *Voytisgrune* (= Rodung eines Vogtes) im Zusammenhang mit der Übereignung von Zinsgütern an die Brüder des Deutschen Ordens in Plauen durch die Vögte von Plauen. Diese Bauerngüter waren 1506 zu Frondiensten im Vorwerk Haselbrunn verpflichtet.

Das Platzdorf konnte seinen bäuerlichen Charakter bis heute bewahren. Die Voigtsgrüner Bauern schlossen sich 1960 zur LPG Vorwärts zusammen und gehören seit 1968 zur LPG Glückauf Neuensalz (s. M 5).

Neuensalz, Kreis Plauen

Das erweiterte Straßendorf liegt an der F 173. Der größte Teil seiner 546 ha großen ehemaligen Blockflur breitet sich im Bereich des Mittelvogtländischen Kuppenlandes aus. Dessen bewegte Oberflächenformen spiegeln sich in mehreren waldbedeckten Diabasbergen wider. Dazu gehört als bedeutendster mit 459 m ü. NN der Hohe Berg, 1 km westsüdwestlich des Ortes. In südöstlicher Richtung geht die Flur in den ostvogtländischen Schieferbezirk über, der ausgeglichene Züge trägt und bis 478 m ü. NN an der Straße Neuensalz—Schönau ansteigt. Die niedrigste Stelle mit etwa 365 m ü. NN befand sich an der Mündung des Rabenbaches in die Trieb. Heute erhebt sich darüber bei Normalstau der Talsperre Pöhl — dicht unterhalb der Vorsperre — eine etwa 8 m hohe Wasserschicht. Im Bereich der Vorsperrenmauer stand bis 1750 die Dornmühle, an die noch die Flurnamen Dornwiesen und Dornfelder erinnern. Lokalforscher vermuten hier eine Wüstung Dora (Tura; Abb. 5). Die südlich anschließenden Burghäuser sind keine Überreste dieser Wüstung, sondern Abbauten von Neuensalz seit 1750. Eine Burg läßt sich hier wie auch im Thoßfeller Ortsteil Burg (s. M 9) nicht nachweisen. Zu Neuensalz gehören auch die Siegleithen- bzw. Ziegelhüttenhäuser am linken Ufer der Vorsperre Thoßfell und das Gebäude der ehemaligen Rittergutsschäferei an der Straße nach Zobes.

Im Jahre 1418 erfolgte die erste direkte urkundliche Nennung des Ortes, und 1438 heißt er *Nuwen Salcze* (Erklärung s. M 7). Damals befand er sich im Besitz der aus dem Waldsassener Gebiet stammenden Familie Rabe. Das zu dieser Zeit schon geteilte Rittergut lag abseits vom Dorf, einer seiner Teile kam 1428 durch Erbfall an die Familie Tettau. Beim Übergang der Herrschaft Plauen an die Wettiner 1466 wurde Apel von Tettau der erste wettinische Amtmann in Plauen. In seiner Funktion erwarb er die hohe Gerichtsbarkeit und stieg zum mächtigsten Grundherrn im Vogtland auf. Zu Beginn des 16. Jh. besaßen die Tettaus außer ihren Rittersitzen und zugehörigen Lehensgütern, so in Neuensalz, Mechelgrün, Ober- und Unterlosa (s. T 5), Syrau und Schilbach, noch „in 23 über das ganze Amt verstreuten Ortschaften 229 nachweisbare Lehensleute" (Raab 1902).

Zum Rittergut Neuensalz gehörte die neben dem bereits 1418 genannten und mit der Braugerechtigkeit ausgestatteten Gasthof liegende Kapelle, der ein Hospital angeschlossen war. Die Kapelle wurde 1854 unter Verwendung der romanischen Bausubstanz in neugotischem Stil mit rundbogigen Maßwerkfenstern und 2 Portalen umgebaut. An das Rechteckschiff mit Satteldach und spitzem Dachreiter über dem Westgiebel sowie Steinkreuz über dem Ostgiebel schließt nördlich ein Anbau mit kleinerem Dachreiter an.

Bis zum Ende des zweiten Weltkrieges gab es in Neuensalz neben dem Rittergut rund 30 bäuerliche Betriebe. Das Rittergut wurde am 10. Oktober 1945 aufgeteilt. 39 neue Landbesitzer erhielten durch die demokratische Bodenreform die Besitzurkunden ausgehändigt, darunter 7 Neubauern und 6 landarme Bauern. Bereits 1953 gründeten einige von ihnen eine LPG Typ I, die 1958 den Übergang zum Typ III beschloß. Großen Anteil an der sozialistischen Umgestaltung des Ortes hatten die Bergleute der SDAG Wismut. Auf ihre Mitwirkung weist der LPG-Name Glückauf hin. Die übrigen Bauern des Dorfes bildeten

M 5 1960 die LPG Einigkeit, der sich 1963 die LPG Triebtal Altensalz anschloß. Am 1. Januar 1968 führten die Bauern von Neuensalz, Voigtsgrün, Thoßfell und Zobes ihre Genossenschaften zur LPG (T) Glückauf Neuensalz zusammen. Die Voraussetzungen dafür waren durch große Ställe und andere Bauten geschaffen worden. Zur rationelleren Feldbestellung erfolgte 1972 der Beitritt zur neugeschaffenen KAP VIII. Parteitag Plauen-Ost (s. Q 7). Außer den landwirtschaftlichen Gebäuden prägen auch 2 Betriebsteile, und zwar des VEB Landmaschinenbau Döbeln und des VEB Elbenaturstein Dresden, das Dorfbild mit.

M 6 Rabenbach

Der bei Neuensalz in die südliche Vorsperre der Talsperre Pöhl einmündende und reichlich 7 km lange Rabenbach ist der längste Zufluß der Trieb. Seine Quellarme finden wir östlich der Theumaer Schieferbrüche in 500—560 m ü. NN in dem Bereich des Kontakthofes des Bergener Granits. Am unteren Ende der vernäßten und kleinflächig vermoorten Quellmulden staut der Lange Teich (s. U 3) das Wasser. Das anschließende muldenförmige und agrarisch genutzte Tal im Bereich der Fruchtschiefer erreicht bei Neuensalz das Pöhler Kuppenland und wird zum Sohlental. Der Name des Baches dürfte sich auf die Familie Rabe zurückführen lassen, die vom 13. bis zum 15. Jh. die Rittergüter Mechelgrün (s. Q 7) und Neuensalz (s. M 5) besaß. Für die Wälder im Quellgebiet des Rabenbaches ist der Name Rabenholz überliefert.

M 7 **Altensalz,** seit 1972 Ortsteil von Neuensalz,

ein Straßendorf, liegt nördlich von seinem Hauptort auf einer Halbinsel am linken Ufer der Talsperre Pöhl. Dort bieten Ferienheime, Zeltplätze und eine Bungalowsiedlung vielen Bürgern Erholung. Die 135 ha große frühere Gelängeflur, von der ein beachtlicher Teil von der Talsperre überflutet ist, reicht am linken Hang der Trieb bis an den Ostrand der 466 m hohen Warte heran; ihr Untergrund wird im wesentlichen von Diabasen und Tentakulitenschiefer gebildet. Südöstlich von Altensalz ist beiderseits der Straße nach Neuensalz — etwa 40 m über dem ehemaligen Triebbett — auf einem kleinen Terrassenrest der pliopleistozäne Talboden (s. Seite 5) der Trieb durch Schotter nachweisbar. Im Ort kamen ein Kernstück und weitere, keiner bestimmten Kultur zuzuordnenden Geräte aus Feuerstein zum Vorschein, deren Alter aber mindestens 5000 Jahre beträgt.

Am 18. Juni 1321 übereigneten die Vögte von Plauen den Brüdern des Deutschen Ordens in Plauen, die wohl auch die Altensalzer Kirche gegründet haben, einen Hof in *antiquo sale*. Diese Besitzrechte *zû Aldensalze* ließ sich der Orden 1328 neu bestätigen. Die Kirche, ein im O dreiseitig geschlossener Saalbau, zeigt noch einige gotische Fenster und Strebepfeiler. Der kräftige quadratische Südturm wies ursprünglich nur einen hochgelegenen, vom Kircheninnern her erreichbaren Zugang auf. Sein heutiges Obergeschoß mit spitzem Helm erhielt er 1883. 1957 legten Restauratoren die barocken Ornamentmalereien der in Rechteckfelder gegliederten Balkendecke frei.

Zum Kirchspiel Altensalz gehören seit dem Mittelalter Neuensalz, Zobes, Thoßfell, Gansgrün, Gospersgrün und seit der Reformationszeit Voigtsgrün.

Die Siebenhitzhäuser 2 km südöstlich von Zobes fielen dagegen an die Kirche M 7
zu Bergen, Kreis Auerbach.

Ihre Namen verdanken Altensalz und Neuensalz den Salzquellen am rechten Triebufer, links vom ehemaligen Kirchsteig nach Gansgrün, die heute etwa 10 m unter dem Wasserspiegel der Talsperre Pöhl liegen. Die Quellen dürften schon zur Zeit der Ortsgründung bekannt gewesen sein, doch erst aus der Zeit um 1470 gibt es diesbezügliche Urkunden. Damals sott man nicht nur Salz, sondern baute außerdem Eisen-, Blei- und Kupfererz — wohl nur in geringen Mengen — ab. Der unter zwei Besitzern aufgeteilte Eisenhammer bei Altensalz, an den der Name Hammermühle (s. M 9) erinnerte, wurde auch aus den Bergwerken bei Altensalz und Gansgrün versorgt. An Versuchen, die Salzgewinnung wieder aufleben zu lassen, hat es im 16., 17. und 18. Jh. (Abb. 18) nicht gefehlt, doch blieben die Bemühungen auf die Dauer erfolglos. Größeren Gewinn versprach dagegen die Nutzung des Altensalzer Natrium-Kalzium-Chlorid-Wassers als Trinkquelle. 1911 entstand ein Brunnenhaus, 1929 wurde die Gemeindequelle am linken Triebufer gefaßt, und bereits 2 Jahre später kamen 30000 Flaschen „Altensalzer Heilquelle" zum Versand. Das Wasser verwendete man gegen Gicht und innere Leiden, und der Ort entwickelte sich zu einem beliebten Ausflugsziel. So blieb es bis zum Einstau der Talsperre Pöhl. Die hydrogeologischen Untersuchungen ergaben, daß die Quelle nicht unter artesischem Druck steht, die Diffusion des Salzes an die Oberfläche nur sehr langsam vor sich geht und deshalb für die Qualität des Talsperrenwassers belanglos bleibt. Der Rat des Bezirkes Karl-Marx-Stadt ließ die Quelle verschließen und ein Beobachtungsrohr einbauen.

Abb. 18. Saline bei Altensalz um 1725 (Staatsarchiv Dresden)

a Schneidemühle
b Kunst, die die Sole aus dem Schacht auf den Turm c hebt und auf den Berg gießt,
d Kunst, die die Sole auf den Turm e und das Gradierhaus f hebt,
g Salzhaus
h Koth (= Siedehaus)
i Bornmeister
k Kothmeister
l Gradiermeister
m Werksiegel

M 8 **Gansgrün,** seit 1976 Ortsteil von Thoßfell

Die 463 ha große Flur von Gansgrün repräsentiert einen typischen Ausschnitt des Mittelvogtländischen Kuppenlandes. Besonders nördlich des Ortes fallen in der Gemarkung viele kleine, mit Laubgehölzen bestandene Pöhle auf. Sie erheben sich nur unbedeutend über ihre Umgebung, können aber wegen des oberflächennahen Diabaskonglomerats landwirtschaftlich nicht genutzt werden. Sie tragen eine reiche, für den Untergrund typische Pflanzenwelt (s. Seite 9).
Das Waldhufendorf breitet sich beiderseits eines zur Trieb — jetzt zur Talsperre Pöhl — entwässernden Baches aus. Zum Ort gehörte die Gansmühle, die heute von dem Stausee überflutet ist. Im Jahre 1327 tritt Gansgrün in das Licht der Geschichte, als die munitio (= Burg) *Johansgrune* (= Rodung eines Johann) zusammen mit anderen vogtländischen Burgen (s. D 6, W 4, W 8, W 10) von den Vögten von Plauen an die Könige von Böhmen als Oberlehensherren der Herrschaft Plauen übertragen wurde. Diese einstige Burg könnte an der Stelle des Wohnhauses des damaligen Rittergutes gestanden haben. Ursprünglich Stützpunkt der Territorialpolitik des Königtums, war Gansgrün um 1400 nur noch gutsherrlicher Sitz.
Im Jahre 1952 kam das ehemalige Rittergut an das Volksgut Pöhl, 2 Jahre später an das in Christgrün, das eine Fasanenaufzucht unterhält. 1960 gründeten die Bauern die LPG Talsperrengrund, welche sich später der LPG in Helmsgrün (s. H 8) anschloß. Im Zusammenhang mit der Entwicklung des Naherholungsgebietes entstanden Zeltplätze am Ufer der Talsperre Pöhl.

M 9 **Thoßfell,** Kreis Plauen

Durch den Ort und seine 574 ha große Gemarkung zieht sich von N nach S die Limbach—Thoßfeller Verwerfung (s. Q 8) als bedeutende geologische Grenze. Der westliche Bereich ist durch devonische Schiefer und Diabase charakterisiert, der östliche durch verschiedene ältere Schiefergesteine. Am Ostrand der Flur durchschneidet die Trieb — sie bildet im weiteren Verlauf die Südgrenze der Gemarkung — am Hohen Stein den Hornblendefels. Im Ort und seiner unmittelbaren Umgebung fallen zahlreiche stattliche Einzelbäume und Baumreihen auf. Die meisten stehen als dendrologische Naturdenkmale unter Schutz, darunter die etwa 300 Jahre alte, 25 m hohe Winterlinde am Weg zur früheren Hasenmühle und eine schirmartig ausladende Roßkastanie auf dem Galgenberg dicht nördlich der Autobahn.
Wie die seit 1969 stillgelegte Hasenmühle gehörte die von der Talsperre Pöhl überstaute Hammermühle politisch zur Gemeinde Thoßfell. Dem Stausee mußten auch Häuser des Ortsteiles Burg weichen, darunter eine Zwirnerei. Nahe der Autobahnbrücke wurde ein früheisenzeitliches Gefäß entdeckt (Coblenz 1954).
Der Name des Straßenangerdorfes mit ehemals gelängeähnlicher Block- und Streifenflur mit Gutsblöcken läßt sich als Ort am Feld eines Thoß deuten. 1294 ist ein Henricus de *Thossenvelle* bezeugt. Die genaue Stelle des ältesten Herrensitzes ist im ehemaligen Rittergutsgelände nicht mehr festzustellen.

1945 erhielten Neubauern durch die demokratische Bodenreform Land zugeteilt. 1960 bildeten die Thoßfeller Landwirte die LPG X. Jahrestag und schlossen sich 1968 der LPG Glückauf Neuensalz (s. M 5) an. Zum wirtschaftlichen Mittelpunkt des Dorfes entwickelte sich die 1949 gegründete Maschinenausleihstation (seit 1952 Maschinen-Traktoren-Station), die aus Maschinenhöfen und Reparaturwerkstätten in Neuensalz, Zobes und Thoßfell hervorging. Später wurde die MTS in eine Reparatur-Technische Station umgewandelt. Die Nachfolgeeinrichtung, der auf die Reparatur von Traktoren spezialisierte Kreisbetrieb für Landtechnik Vogtland, nutzt den Komplex des ehemaligen Rittergutes aus dem späten 18. Jh. Er besteht aus einem zweistöckigen Gutshaus und zwei flankierenden gestreckten Wirtschaftsgebäuden um einen Innenhof mit anschließendem Wirtschaftshof. Die Gebäude tragen Mansarddächer und sind durch spätere An- und Umbauten teilweise entstellt. Ein schöner Landschaftspark schließt sich an. Im ehemaligen Herrenhaus befindet sich ein Betriebsferienheim des Metalleichtbaukombinats Plauen mit öffentlicher Gaststätte, zu dem das neue Bettenhaus daneben gehört. M 9
Im Zusammenhang mit der Erschließung des LSG Talsperre Pöhl entstanden neue Wohnhäuser, eine Freilichtbühne und eine Bungalowsiedlung. 1980/81 kam eine Oberschule am nordöstlichen Ortsausgang hinzu.

Goldbachtal N 1

Der linksseitige Hang des Goldbachtales ist von der Wolframsmühle bis oberhalb von Kloschwitz bewaldet. Etwa 250 m nordwestlich der Abzweigung zum Rößnitzer Ortsteil Eichigt unterbricht eine schmale Hangwiese den Wald. Sie fällt mit einer wichtigen geologischen Grenze zusammen. Der Bereich bachaufwärts besteht aus unterkarbonischen Kulmschiefern und -sandsteinen, der talwärts aus devonischen Diabasen. Dieser Gesteinswechsel trennt in geobotanischer Sicht die Nordwestvogtländische Hochfläche von der Plauener Binnenzone (Abb. 3).
Im Bereich der Kulmgesteine sind große Gebiete — auch auf der Hochfläche — von Kiefernforst bedeckt, in dem vereinzelt Fichten, Birken und Ebereschen wachsen. Alle Arten verjüngen sich auf natürliche Weise, besonders in den Kiefernaltbeständen. Diese werden an manchen Stellen geharzt (s. F 1). Auf den saueren, nährstoffarmen Rohhumusböden gedeihen nur relativ wenige Arten. Typisch sind Drahtschmiele (*Deschampsia flexuosa*), Blutwurz (*Potentilla erecta*), verschiedene Habichtskräuter (*Hieracium*) und vor allem die große Flächen bedeckenden Zwergsträucher aus der Familie der Heidekrautgewächse: Heidekraut (*Calluna vulgaris*), Heidelbeere (*Vaccinium myrtillus*) und Preiselbeere (*V. vitis-idaea*).
Unterhalb der genannten Hangwiese machen sich die nährstoffreichen Diabasböden durch eine Fülle von Arten bemerkbar. Hier stockt der Wald nur auf Standorten, die landwirtschaftlich nicht genutzt werden können. Der schmale Streifen am linken Gehänge enthält stellenweise Stiel- und Steineiche, Winterlinde, Bergahorn, Vogelkirsche und Esche. Unter den Sträuchern sind im mittleren Vogtland Roter Hartriegel (*Cornus sanguinea*; Abb. 17) und Rote Hecken-

N 1 kirsche (*Lonicera xylosteum*) Zeigerpflanzen für Diabasuntergrund. Gleiches gilt für einige Stauden, wie Färberhundskamille (*Anthemis tinctoria*), Pfirsichblättrige Glockenblume (*Campanula persicifolia*) und Fiederzwenke (*Brachypodium pinnatum*). Dagegen kommt der Rote Holunder (*Sambucus racemosa*), der einen schwach montanen Einfluß in den Hangwäldern anzeigt, in fast allen Forst- und Waldgesellschaften des Vogtlandes vor.
In den Spalten der Diabasfelsen haben sich Gemeiner Tüpfelfarn (*Polypodium vulgare*), Zerbrechlicher Blasenfarn (*Cystopteris fragilis*), Braunstieliger und Nördlicher Streifenfarn (*Asplenium trichomanes* und *A. septentrionale*) angesiedelt. Die sonnigen, trockenen Hänge, besonders im Bereich aufgelassener Steinbrüche, stellen günstige Biotope für Reptilien wie Zauneidechse und Schlingnatter dar.
Den mäandrierenden Goldbach säumen vorwiegend Schwarzerlen. Durch die Weidewirtschaft sind die Auwiesen an Arten verarmt, doch kommt stellenweise die selten gewordene Herbstzeitlose (*Colchicum autumnale*) vor. Auf staunassen Standorten erhielten sich Wiesenflachmoore und Hochstaudenfluren.

N 2 Rosenbach

Der Rosenbach besitzt mit 67,2 km² das größte Einzugsgebiet unter den vogtländischen Bachläufen. An der Landstufe (s. Seite 7), die von den unteren zu den mittleren Gebirgslagen überleitet, entspringt zwischen Mehltheuer, Drochaus, Schönberg, Kornbach, Reuth, Schönlind und Thossen eine Vielzahl von Quellarmen, die dem Rosenbach tributär sind. Unter ihnen befindet sich der mit 550 m ü. NN an höchster Stelle austretende und zugleich längste Quellarm des eigentlichen Rosenbaches. Er wendet sich nordwärts zum Moosanger, und an der Mühlleite bei Rodau wird er, mit mehreren anderen Wasseradern vereinigt, als Holzwiesenbach bezeichnet. Erst unterhalb von Rodau ist der Name Rosenbach für den 13 km langen Wasserlauf üblich.
Ihm fließen 2 größere Nebenbäche zu: von N der bei Drochaus entspringende Elmbach, der auch Lelebach heißt, und bei Kloschwitz, von W her, der fast gleich lange Luftbach. Dessen Quellarme kommen von etwa 580 m ü. NN: der Goldbach von der Gallingleithe und der von Reuth abfließende Burgbach, dessen Unterlauf auch als Leimbach bezeichnet wird. Die relativ kräftige Wasserführung des Rosenbaches konnte die jeweils etwa 1 km breiten Diabasriegel bei Rößnitz und Straßberg aufschneiden. Dadurch ist das Längsgefälle auf die Weiße Elster eingepegelt und ein tief in die weichen Tonschiefer westwärts eingreifendes Riedelgebiet um Tobertitz—Leubnitz (Anhang B) mit auffallender Talasymmetrie entstanden. Der Bach mündet bei Straßberg in 343 m ü. NN in die Weiße Elster.
Westlich und nordwestlich von Kloschwitz finden wir altpleistozäne Schotterreste in 390—405 m ü. NN, das heißt 30—45 m über der heutigen Aue. Solche Ablagerungen besitzen für Bachtäler Seltenheitswert.

Rößnitz, Kreis Plauen **N 3**

Die Straße von Kobitzschwalde nach Rößnitz zieht sich durch die Schlucht des Sperbergrabens in das weite Tal des Rosenbaches (s. N 2). Hinter der Brücke befinden sich rechts die ehemalige Schule und links die Schäfereihäuser. 500 m weiter nordwestlich breitet sich das Dorf am rechten Unterhang des Rosenbaches und beiderseits einer dorthin entwässernden Kerbe in 380—405 m ü. NN aus. Während Rößnitz noch im Mittelvogtländischen Kuppenland liegt, gehört der westlich des Ortes bis 514 m hoch ansteigende Eichigtberg zum Bereich der armen Kulmschiefer und -sandsteine mit ausgedehnten Kiefern- und Fichtenbeständen.

1297 tritt das Dorf als *Rosnicz* auf, und ein Jahr später verzeichnet eine Urkunde den Rößnitz(Rosen)bach als rivulus *Crosenicz* und als aqua *Grosene*. Orts- und Bachname gehen vielleicht auf einen altsorbischen Personennamen Grozen zurück. Die 447 ha große Flur des Zeilendorfes war in Blöcke des Rittergutes und gelängeähnliche Streifen der Bauern eingeteilt. Der Ortsteil Eichigt, ein Ausbau mit 3 Häusern von 1875, liegt 700 m südwestlich von Rößnitz.

Vom alten Schloß blieb allein der Renaissance-Treppenturm übrig, ein geschütztes Baudenkmal. Sein quadratischer Unterbau geht in einen langen Achteckkörper über. Durch rechteckige Fenster fällt Licht auf eine hölzerne Wendeltreppe von beachtenswerter Konstruktion. Unterhalb des Daches sind 2 ovale Fenster und ein Zifferblatt zu sehen. Eine achtseitige geschweifte Haube mit Laterne und eine Zwiebelkuppel darüber bilden den Abschluß. Mitte der fünfziger Jahre des 20. Jh. wurden der Turm restauriert und die Uhr aus den letzten Jahrzehnten des 19. Jh. erneuert.

Am nördlichen Dorfausgang, wo sich der Fußweg im landschaftlich reizvollen Tal des Rosenbaches am Mühlgraben entlang nach Leubnitz zieht, liegt eine schon 1419 erwähnte Mühle. 1506 diente sie auch zum Schneiden von Stämmen. Bis in die zwanziger Jahre des 20. Jh. blieb ein Sägegatter in Betrieb, die Mahlgänge arbeiteten sogar bis etwa 1950. Heute steht dieser Bauernhof mit Taubenschlag, hölzernem Mahlwerk und Mühlgrabenanlage unter Denkmalschutz. Die 200 m lange Baumreihe aus über 200 Jahre alten Rotbuchen und Stieleichen längs des Mühlgrabens ist als Naturdenkmal eingetragen.

Die LPG (P) Geilsdorf (s. V 3) nutzt im Ort ein Mehrzweckgebäude, eine Werkstatt und ein Gerätehaus. Die Tierproduktion obliegt der LPG 1. Mai Neundorf (s. O 2). Zwischen Rößnitz und Kobitzschwalde wurde ein Stall für etwa 200 Schafe gebaut.

Der linke Hang des Rosenbaches unterhalb der Einmündung des Sperbergrabens führt den Namen Weinleite, der auf das Einzelgehöft 800 m westlich von Kobitzschwalde übergegangen ist. Die Bezeichnung erinnert an den früheren Weinbau, für den jedoch archivalische Belege bisher fehlen. Einen Beweis für die Anbauwürdigkeit der Reben in der durch Klima und Bodenverhältnisse begünstigten Plauener Binnenzone liefert die Aufrechte Osterluzei (*Aristolochia clematitis*), ein typischer Begleiter von Weinkulturen, der im Mittelmeergebiet und in Kleinasien beheimatet ist und möglicherweise mit den Reben auch ins Vogtland eingeschleppt wurde. Die Pflanze kommt vereinzelt in Rößnitz, Kloschwitz, Kröstau, Straßberg und bei Neundorf vor.

N 4 **Kloschwitz,** Kreis Plauen,

1264 als *Closwicz* in einer Urkunde Reinbots von Strassberg genannt, nimmt den Winkel zwischen den Tälern von Luft- und Rosenbach ein, die sich östlich des Dorfes vereinigen. Der Ortsname läßt sich entweder mit altsorbisch *klos* = Ähre oder mit einem Personennamen Kłos in Verbindung bringen. Während sich das bäuerliche Gassendorf am nördlichen Talhang des Luftbaches um die Kirche schart, befindet sich das ehemalige Rittergut am Bach jenseits der dem Talverlauf folgenden Straße Plauen—Gefell. Häusleranwesen ziehen sich längs der Kröstauer Straße südwärts. Der Ort ist 1317 als Herrensitz nachgewiesen. Unmittelbar östlich vom früheren Rittergut liegen die Reste einer mittelalterlichen Wasserburg mit viereckigem, an den Seiten gemauertem Kernwerk (Wol, Wohlteich). Das Gelände außerhalb von ihr ist durch die Erweiterung des nach der Gutsseite zu verfüllten Grabens verändert.

Die Kirche erhielt 1405 mit Genehmigung des Landkomturs des Deutschen Ordens einen eigenen Pfarrer. Nach dem Brand von 1612, bei dem bis auf das Rittergut das ganze Dorf in Schutt und Asche fiel, wurde sie neu errichtet. Sie ist ein Rechteckbau mit eingezogenem gerade geschlossenem Chor und westlichem Treppenvorbau mit barockem Dach. Ein achtseitiger Dachreiter mit welscher Haube und offener Laterne ziert seit 1688 das Satteldach des Schiffs. Chor und Schiff besitzen gut stuckierte Spiegeldecken. Auch die Brüstungen der eingeschossigen Emporen im N, S und O wurden, wohl im zweiten Viertel des 18. Jh., mit Stuck versehen. Die 2 Logen gehörten den Rittergütern Kloschwitz und Kröstau. Der barocke Kanzelaltar mit Säulen und Akanthusschnitzerei wurde vermutlich später reduziert. Augenmerk verdienen das große Kruzifix von 1698 und die klassizistische Taufe von 1817. Von 1818 bis 1851 gab es im Ort das Knabenerziehungsinstitut des Pfarrers Carl Friedrich Grundmann. Am Bauerngehöft Nr. 24 überstand ein korbbogiges, FAG 1842 bezeichnetes Portal den Dorfbrand von 1877. Die 1466 erwähnte Mühle schrotete bis zur Mitte der siebziger Jahre des 20. Jh.

1960 gründeten die Bauern in Kloschwitz eine LPG. 1980 betreute die LPG Einheit Kodersdorf die Tierbestände, und die LPG (P) Geilsdorf bearbeitete die Nutzfläche der 523 ha großen ehemaligen Blockflur. Die werktätige Bevölkerung geht jedoch größtenteils einer Beschäftigung in Plauen nach. An der Straße nach Tobertitz beutete ein Betrieb ein kleines Vorkommen oberdevonischen Knotenkalkes aus.

N 5 **Thossen,** seit 1974 Ortsteil von Reuth

An der alten Straße Cheb (Eger)—Oelsnitz—Schleiz entwickelte sich Thossen als kleines Straßenangerdorf mit Gelängeflur (309 ha) am Fuß des 558 m hohen Wartberges (s. R 1). Der den Ort durchfließende Burgbach führt an der ummauerten Kirche St. Martin vorbei, berührt die Burgleithe und mündet nordwestlich von Rodersdorf in den Leimbach. Der Ortsname taucht erstmals 1328 als *Tossen* auf und läßt sich wahrscheinlich als die genitivische Form in der Bedeutung Dorf eines Thoß (s. M 9), ohne Grundwort, erklären. 1506 besaß Ott Röder die Mühle samt 2 Gütern in Thossen.

Nach der Sage soll die Kirche an einem slawischen Opferplatz erbaut worden sein. Eine Quelle entspringt unter dem Chor und fließt, seit der ersten Hälfte des 19. Jh. abgedeckt, in den Burgbach ab. Die Kirche besteht aus dem Rechteckschiff mit flacher Decke, Emporen und Gestühl von 1693, dem durch einen romanischen Triumphbogen geöffneten eingezogenen Rechteckchor, dem Westturm sowie einem nördlichen Vorbau von 1693. 1954 wurden im Inneren Wandmalereien freigelegt, die dem 14. Jh. angehören; die Tiere und Fabelwesen im Triumphbogen (Abb. 19) könnten sogar auf das 13. Jh. zurückgehen. Die ältesten nachweisbaren Glocken lieferte 1488 der KANDELGIESSER in Hof. Die Werkstatt des Flügelaltars von etwa 1510—20 mit Schnitzfiguren, Gesprenge und gemalten Szenen aus dem Leben St. Martins ließ sich bislang nicht eindeutig lokalisieren (HARTENSTEIN 1962). Der Tischler MICHAEL REINEL aus Dehles schuf 1669 die hölzerne Taufe. Wie die Kirche, steht auch die alte Schmiede am Anger unter Denkmalschutz.

Abb. 19. Wandmalerei im Triumphbogen der Kirche zu Thossen

Die LPG Burgbachtal gab es seit 1959. Seit 1973 bearbeitet die LPG (P) Staatsgrenze West Kemnitz die landwirtschaftliche Nutzfläche, und die LPG Vereinte Kraft Reuth betreut die Viehbestände in Thossen.

Rodersdorf, Kreis Plauen, N 6

liegt an einem Plateauhang über den Tälern von Leim-, Luft- und Kröstaubach. Neben stattlichen Gehöften, besonders in der Umgebung des baumumstandenen Dorfteiches, findet man ehemalige Häusleranwesen und Neubauten. Etwas außerhalb stehen die Luftmühle am Luftbach und die Neumühle am Kröstaubach.

Südwestlich des Dorfkerns erhebt sich mit 476 m die höchste Stelle der 635 ha großen ehemaligen Block- und Gutsblockflur mit einem aus dem Leimbach gespeisten Hochbehälter, der seit 1969 den Ort mit Trinkwasser versorgt. Von hier genießt man einen Rundblick über weite Teile des mittleren Vogtlandes mit Plauen und dem Kemmler. Im S und W treten Deichselberg (535 m), Wartberg (558 m) und Reuther Höhe (584 m) ins Blickfeld.

1266 ist *Rodesdorfh* (= wahrscheinlich Dorf eines Roder oder Röder), das sich an einer mittelalterlichen Straße von Plauen nach Hof befand, erstmals urkundlich belegt. In diesem Jahr verkauften Vogt ERKENBERT VON STRASSBERG und seine Söhne Besitz in Rodersdorf, darunter die Mühle unterhalb des Dorfes, die spätere Luftmühle, an HEINRICH HÖLLENFEUER. Dieser schenkte sie dem St.-Georgs-Altar der Plauener Kirche, zu dessen Gunsten die Herren von Straß-

N 6 berg auf ihr Lehnsrecht an dieser Mühle verzichteten. 1419 erhielten 4 Gebrüder Röder zu Rodersdorf von Burggraf JOHANN VON NÜRNBERG 2 Vorwerke mit ihrem Zubehör, 4 Güter, einen Gasthof und ein wüstes Gut in Rodersdorf zu Lehen. Das 1485 erwähnte Rittergut unteren Teils dürfte der ältere Besitz sein. Unmittelbar davor, zur Straße hin, erhob sich eine mittelalterliche Wasserburg mit ursprünglich viereckigem Turmhügel, für den die Bezeichnungen Wal, Wol und Wartturm überliefert sind. Nur der Graben blieb teilweise erhalten. Ein vor 1891 geborgener Brakteatenfund aus dem 13. Jh. wurde zerstreut und blieb so der wissenschaftlichen Auswertung vorenthalten.

Aus dem früheren Rittergut unteren Teils (189 ha) ging 1945 das Volksgut hervor; im ehemaligen Gut oberen Teils (166 ha) befindet sich der Sitz der LPG Typ III Einheit, die aus der 1960 gegründeten LPG Wunderfichte entstand. Beide spezialisierten sich auf Tierproduktion. Dem Rodersdorfer Bereich der LPG (P) Geilsdorf gehören die 6 Futtersilos am unteren Ortsrand. Im oberen Dorf fallen die Gewächshäuser eines Betriebsteils der GPG Plauen auf.

Die Kirche unterstand im Mittelalter dem Deutschen Orden und wurde nach einem Brand seit 1662 wiedererrichtet. An das Rechteckschiff schließt im O die eingezogene fünfseitige Sakristei an, an die Südwand ein großer Vorbau. Der das hohe Walmdach bekrönende Dachreiter mit welscher Haube erhielt seine Form 1675 durch den Plauener Zimmermeister MICHAEL DESCHNER. Das Innere mit hölzerner Decke trägt rein barocken Charakter. Von der 1702 durch FRANZ PURUCKER aus Marktleuthen erbauten Orgel hinter dem 1700 von HANS MÜLLER begonnenen Kanzelaltar erhielt sich das 1939 erweiterte Gehäuse. Erwähnt seien ferner das vor 1632 gestickte, ursprünglich für den Feldgottesdienst König GUSTAV ADOLFS von Schweden bestimmte Tuch mit dessen Initialen sowie das knorpelwerkgerahmte Bildnis des Pfarrers JOHANN MANGLER († 1677). Der Pfarrer KARL HEINRICH TROMLER veröffentlichte 1767 seine „Sammlungen zur Geschichte des alten heydnischen und nun christlichen Vogtlandes“.

N 7 **Kröstau,** seit 1974 Ortsteil von Weischlitz

Zwischen Kürbitz und Straßberg mündet der Kröstaubach, der im Unterlauf Gößnitz heißt, von links in die Weiße Elster. Am mittleren Abschnitt liegt Kröstau, ein Gassengruppendorf mit einer 388 ha großen ehemaligen Blockflur. Von der Bachaue (380 m), wo sich die Straße von Kloschwitz in die Richtungen Kürbitz und Weischlitz teilt, zieht es sich hauptsächlich am südlichen Hang bis 395 m ü. NN hinauf.

Das Dorf hieß urkundlich 1328 *Crosteyn*, zu altsorbisch *chrost* = Gesträuch. Nach dem gescheiterten vogtländischen Bauernaufstand 1525 belegte der Kurfürst alle 10 Bauern mit insgesamt 20 Gulden Strafgeld.

Die Berufstätigen arbeiten gegenwärtig vorwiegend in der Landwirtschaft. Den Feldbau führt die LPG (P) Geilsdorf (s. V 3) durch, die im Ort das Kulturhaus, eine Werkstatt, einen Geräteschuppen und eine Traktorenhalle sowie eine Waschanlage für landwirtschaftliche Fahrzeuge unterhält. Die LPG Gößnitzbach Kröstau schloß sich der LPG (T) Einheit Rodersdorf an (s. N 6). Diese nutzt im Dorf einen Stall für 200 Milchkühe.

Kobitzschwalde, Kreis Plauen, **O 1**

gruppiert sich mit seinen Häusern am Südwesthang des 460 m hohen Wartberges, auf dessen Gipfel Kiefern und Laubbäume wachsen. Hat man von Neundorf her die Höhe kurz vor dem Ortseingang erreicht, so bieten sich eindrucksvolle Fernsichten: von der Reuther Linde im W über Schöneck im SO bis zu den Höhen bei Falkenstein im O. Nur wenige Meter weiter befindet sich ein Betriebsteil des VEB Fischwarenfabrikation Plauen. An der Durchgangsstraße nach Rößnitz stehen ein Betriebsferienheim, zahlreiche mehrgeschossige Wohnhäuser und das Kinderheim Sonnenland, das nach dem ersten Weltkrieg einen damaligen Gasthof bezog. Jetzt betreut die staatliche Einrichtung 30 Kinder und Jugendliche vom 1. bis 10. Schuljahr. Während die Gebäude beiderseits dieser Straße liegen, dehnt sich das alte Dorf südlich davon in der Quellmulde eines kurzen, linksseitigen Zuflusses zum Rosenbach aus. Die Höfe und kleinen Häuser reihen sich vorwiegend an den Außenseiten von 2 Straßen auf, die den Dorfteich umschließen.
Kobitzschwalde — ein Reihendorf mit einer 267 ha großen ehemaligen Waldhufenflur mit Gelängefluranteil — wurde 1328 als *Kowoldeswalde* zuerst urkundlich genannt. Der Name bezeichnet einen Ort am Wald eines Koboldes oder bezieht sich auf einen charakterisierenden Beinamen Kobold.
Die überwiegende Zahl der Werktätigen von Kobitzschwalde arbeitet gegenwärtig entweder in Plauen oder im Ort selbst. Vor allem bieten die zuständigen LPGs Neundorf und Geilsdorf Verdienstmöglichkeiten.

Neundorf, Kreis Plauen, **O 2**

schließt sich unmittelbar an den westlichen Stadtrand von Plauen an (s. P 1.4) und erstreckt sich zu Füßen von Warthübel (466 m, Wasserturm), Taubenhübel (454 m) und Burgstättel (461 m), die den Ort als markante Diabaskuppen überragen. Neundorf läßt sich hinsichtlich seiner Gründung und Anlage in den Gutsweiler Unterneundorf mit dem früheren Rittergut als Kernstück und das bäuerliche Straßenangerdorf Oberneundorf gliedern. Beide Ortsteile liegen in den Quellmulden des Unterneundorfer Baches mit dem großen Dorfteich bzw. des Loh- oder Seebaches und an deren Rändern. Die Gewässer vereinigen sich unterhalb des Seehauses, rund 300 m vor der Mündung in die Weiße Elster. Die beiden Ortsteile verbindet die Schulstraße, an der vor und nach dem zweiten Weltkrieg Häuser entstanden. In dem Maße, wie sich Plauen — besonders im Zuge der Industrialisierung im 19. Jh. — ausdehnte, verringerte sich der Flurbesitz des Rittergutes Unterneundorf ständig, so im Jahre 1919, als eine 73 ha große Fläche zur Anlage der Westendsiedlung an die Stadt verkauft wurde. Trotzdem beträgt die Gemarkungsgröße noch 455 ha.
Oberneundorf mit seiner Gelängeflur ist bereits 1298 als *a nova villa* (= neu angelegtes Dorf) bekannt. Die Schreibung von 1328 lautet zu dem *Newendorf* (Erklärung s. H 7). Das Vorwerk und spätere Rittergut gehörte zunächst dem Amt Plauen, im 15. und 16. Jh. zum Besitz der Landesherrschaft. 1564 schenkte Burggraf Heinrich IV. seinem Landrentmeister Hans von Reibold Dorf und

O 2 Vorwerk Neundorf, der es mit seinem Gut Unterneundorf zum Rittergut vereinigte. Er ließ ein großes Schloß bauen, das 1865 nach Blitzschlag völlig ausbrannte.

Im September 1945 forderten Landarbeiter von Neundorf als erste im Kreis Plauen die demokratische Bodenreform. Das 310 ha große Rittergut wurde aufgeteilt, und in der Folgezeit entstanden viele Neubauernhöfe. Bereits 1954 gründeten Bauern in Unterneundorf die LPG Typ III 1. Mai, zu der heute die gesamte Viehwirtschaft von Neundorf, Kobitzschwalde, Schneckengrün und Rößnitz gehört. 1960 vereinigten sich die Oberneundorfer Landwirte zur LPG Goldene Ähre. Ihre Felder und Wiesen und die der LPG 1. Mai werden von der LPG (P) Geilsdorf bewirtschaftet. Zu Neundorf gehört die ehemalige, auf halbem Wege nach Kobitzschwalde gelegene Schäferei, in deren Nähe sich Neubauernhöfe und neue Ställe befinden.

Bis in die Mitte des 19. Jh. waren außer den Drescherhäusern in Unterneundorf und den Gehöften im oberen Ortsteil kaum andere Gebäude vorhanden. Das Siedlungsbild in der gegenwärtigen Form entwickelte sich hauptsächlich nach 1880, besonders seit der Jahrhundertwende. Zahlreiche Einwohner der Arbeiterwohngemeinde sind in den Industriebetrieben Plauens beschäftigt. Ihr Klassenbewußtsein zeigte sich bereits bei den Reichstagswahlen von 1920, als die Arbeiterparteien 64% aller Stimmen erhielten.

Seit 1900 besitzt das obere Dorf am Hang des Warthübels einen Friedhof mit einer Kapelle. Bis zum Bau eines eigenen Unterrichtsgebäudes 1882 besuchten die Neundorfer Kinder die 1647 gegründete Straßberger Schule. Zur heutigen Oberschule mit einer modernen Turnhalle gehört auch das Gebäude der ehedem selbständigen Schule Straßberg. Neundorf, Straßberg, Kobitzschwalde, Rößnitz und Schneckengrün schlossen sich 1976 zum Gemeindeverband Neundorf zusammen. 1977 wurde ein ehemaliges Bauernhaus zu einem Kindergarten umgebaut.

O 3 **Straßberg,** Kreis Plauen,

geht auf eine slawische Siedlung zurück, deren Kern im Bereich der Moorengasse liegen dürfte. Das Dorf erstreckt sich in der Talaue zwischen der Elster und dem von einem Eisenbahnviadukt der Linie Plauen—Bad Brambach überquerten Rosenbachtal an der Straße Plauen—Gefell entlang. Beim Bahnbau wurde 1873 ein wohl slawisches Reihengräberfeld angeschnitten. Von den Funden blieb nur ein kleiner Schläfenring aus Bronze mit Spuren einer Versilberung erhalten, der in das 10./11. Jh. datiert wird.

Auf einem das Dorf überragenden Felssporn erhebt sich die Kirche von 1576 mit kreuzgratgewölbtem Saal und eingezogenem Rechteckchor sowie einem im W vorgelagerten mächtigen Querbau von 4 Geschossen mit mittlerer Turmbekrönung. Die spitzbogigen Maßwerkfenster sind zweigeschossig angeordnet. Der Westbau enthält neben einer Vorhalle Wendeltreppen, eine Betstube mit Wandmalereien Friedrich Wilhelm Francks von 1626 und Stuck sowie in den 2 oberen Geschossen ursprünglich zu Wohnzwecken angelegte Räume. Über dem Kanzelaltar befindet sich die Orgel Johann Gottlob Trampelis aus Adorf

Abb. 20. Ehemaliges Haus in Straßberg, Hauptstraße 23

von 1804. Ein unvollständiger Schnitzalter mit gemalten Flügeln entstammt einer Hofer Werkstatt um 1500.

Der Felssporn mit der Kirche trägt den Flurnamen Die Burg und bezeichnet das Gebiet der zur Zeit der deutschen Ostexpansion bedeutenden, 1280 bereits zerstörten Burg der Vögte von Straßberg. Dieses anscheinend egerländische Ministerialengeschlecht taucht 1194 zuerst auf, muß aber bereits vorher mit Straßberg (1194 *Strazberc* = Ort am Berg bzw. an der Burg, wo eine Straße vorbeiführt) belehnt worden sein. Dort befand sich vermutlich auch seine Münzstätte (Otto 1937). Der Vogtstitel wird mit dem Zisterzienserkloster Waldsassen in der Oberpfalz in Verbindung gebracht, in dem die Straßberger ein Erbbegräbnis besaßen. Ihr Besitz lag im Gemenge mit dem der Vögte von Weida-Plauen. Seit 1267 nannten sie sich nicht mehr nach Straßberg, sondern nach ihren anderen Burgen (s. R 8, Y 2). Als Besitzer von Straßberg trat 1276 Heinrich I. von Plauen auf, der älteste Sohn Juttas von Strassberg, der Stifterin und ersten Priorin des Dominikanerinnenklosters Cronschwitz (s. E 3). 1295 kam das Dorf an dieses Kloster, welches 1506 hier 28 Güter und die schon 1276 erwähnte Mühle besaß.

Das ehemalige Rittergut liegt direkt an der Elster am Fuße des Burgberges. Neben teilweise recht stattlichen Gehöften mit Fachwerk- und Umgebindeelementen, so Hauptstraße 15, 29, 35, Moorengasse 1 und 7 sowie dem früheren Haus Hauptstraße 23 (Abb. 20), befinden sich seit der Jahrhundertwende besonders am nördlichen und östlichen Ortsrand zahlreiche Wohnbauten.

O 3 1276 existierten in Straßberg 2 Schmiedewerkstätten, die wahrscheinlich in Verbindung mit dem Bergbau standen. 1419 verlieh Burggraf JOHANN VON NÜRNBERG ein Hammerwerk an CONRAD THOSSFELLER. Am bewaldeten 425 m hohen Zottner südlich der Elster bauten Bergleute von 1859 bis 1901 und von 1919 bis 1924 ein Brauneisenerzlager ab. Von dieser ‚St.-Anna-Fundgrube' blieben nur bescheidene Pingen und Haldenreste übrig. Auch Kupfererze wurden früher in der Nähe gewonnen (s. O 4). An den einstigen Bergbau erinnern die Namen Hutteich und Kupferwiese in der Elsteraue unterhalb von Straßberg.
Die landwirtschaftliche Produktion, in der nur ein kleiner Teil der Bevölkerung tätig ist, wird von den LPGs in Geilsdorf (s. V 3) und Weischlitz (s. S 5) bestritten. Außer einem Betriebsteil der GPG Plauen ist der VEB Vogtlandmühlen zu nennen, der vor allem Weizenmehl erzeugt.

O 4 **Thiergarten,** seit 1950 Stadtteil von Plauen,

nimmt als Platzdorf in 400—420 m ü. NN die untersten flachen Hänge eines Bachtales ein. Das Rinnsal wird vom Burgteich (s. S 1) gespeist und entwässert über den Milmesbach zur Weißen Elster. Am östlichen Ortsausgang mündet die langgezogene Dorfstraße in die F 173 ein; die heutige Fernstraße ist hier mit dem Verlauf einer mittelalterlichen Handelsverbindung von Dresden über Zwickau und Plauen nach Hof und weiter nach Nürnberg identisch.
Die erste Nennung des Ortes erfolgte 1301, als Vogt HEINRICH dem Plauener Dominikanerkloster einen Zins in *Tirgarten* (= Ort am Tier- oder Wildgehege) verlieh. 1309 verkauften die Mönche ihre Güter in Thiergarten an das Deutsche Haus zu Plauen, weil sie Geld zum Bau ihrer Kirche benötigten.
Auf der 254 ha großen ehemaligen Block- und Gelängeflur ging zeitweise Bergbau um. Chroniken des 18. Jh. nennen hier die Kupfergrube ‚St. Johannes', und im 19. Jh. ist von einem Kupferbergwerk ‚St. Georg' die Rede. 1806 brannten napoleonische Truppen auf ihrem Marsch nach Jena das Dorf völlig nieder. Eine Wegebezeichnung erinnert noch daran, daß 1850—74 nördlich von Thiergarten auf einer 432 m hohen Erhebung am Rand des Elsterhanges eine Windmühle stand.
1932 wurde am Gutheinrichsteich (s. T 1) der mit Genossen von einem Agitationseinsatz heimkehrende Plauener Kommunist WILLY THOSS von einem faschistischen Schlägertrupp überfallen und ermordet. Ein schlichter Gedenkstein erinnert seit 1967 an dieses Verbrechen.
Ein großer Teil der Werktätigen Thiergartens arbeitete schon seit der zweiten Hälfte des 19. Jh. im benachbarten Plauen, so daß der Ort viele Züge einer Arbeiterwohngemeinde trägt. Die Genossenschaftsbauern der 1960 gegründeten LPG Burgteich haben sich der LPG Philipp Müller Weischlitz (s. S 5) angeschlossen. Die LPG (P) Geilsdorf (s. V 3) bewirtschaftet die Ackerflächen von Thiergarten.

Die Stadt Plauen liegt am Oberlauf der Weißen Elster im Zentrum des ehemaligen slawischen Kleingaus Dobna (s. X 1), dessen ungefähre Umgrenzung aus der Weiheurkunde Bischof DIETRICHS I. VON NAUMBURG aus dem Jahre 1122 für die Plauener St.-Johannis-Kirche hervorgeht. In ihr tritt auch erstmals ein vicus (= Siedlung, Siedelstelle) *Plawe* auf. Der Name steht mit dem altsorbischen *plav* = Schwemme in Verbindung und soll einen Ort bezeichnen, an dem geflößt wird oder die Pferde geschwemmt werden. Die slawische Ausgangssiedlung läßt sich jedoch trotz der Funde slawischer Keramik am Komturhof nicht mit Sicherheit lokalisieren. Eine deutsche Kolonisation dürfte dann im wesentlichen von der ersten Hälfte des 12. bis in die erste Hälfte des 13. Jh. aus Ostfranken erfolgt sein. Darauf verweist unter anderem die heimische kernvogtländische Mundart (s. Seite 14).
Neuere Darstellungen unterscheiden zwischen den Siedlungsräumen (Abb. 21) Plauen I (Raum zwischen Ebersteinschem Schloß/Malzhaus und St.-Johannis-Kirche als Ausgangsbereich der Altstadt), Plauen II (jüngerer Altstadtsektor) und Plauen III (Neustadt als Stadterweiterungsraum). Demnach ist der Siedlungsursprung Plauens zwischen Malzhaus und St.-Johannis-Kirche zu suchen,

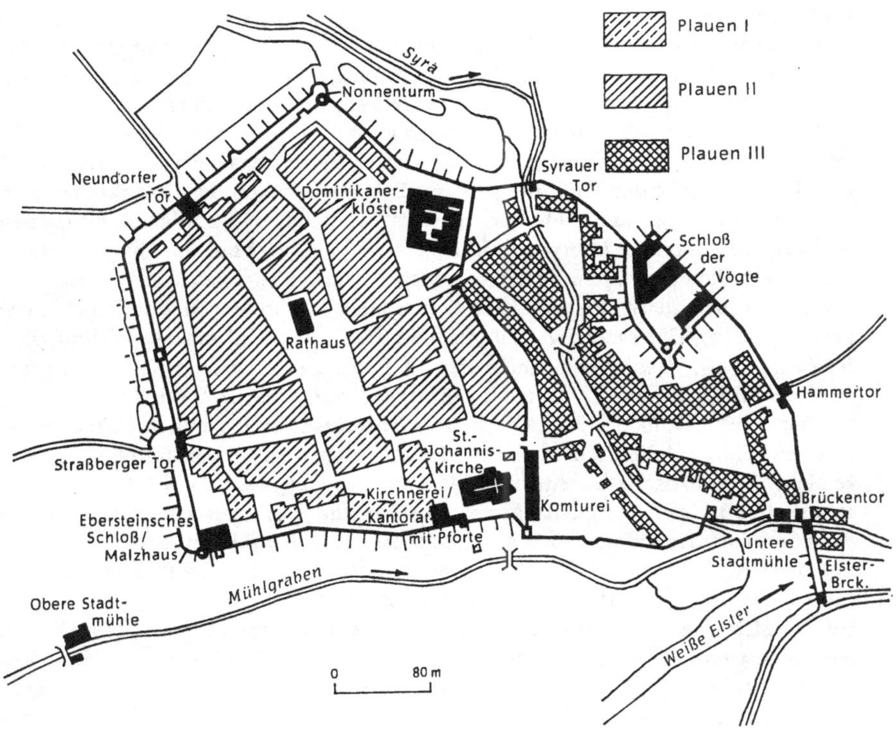

Abb. 21. Plauen im Mittelalter (nach RICHTER 1963)

P 1 die Stadtgründung schon vor 1224 anzusetzen und eine Bebauung des Schloßbergs über der Neustadt bereits für diese Zeit anzunehmen. Die zwischen Altstadt I und II einerseits und Neustadt andererseits verlaufende Stadtmauer weist auf ihre spätere Anlage und nachträgliche Einbeziehung in die Stadtbefestigung hin. Deren nunmehrige Eckpunkte waren: Ebersteinsches Schloß, Ecke Oberer/Unterer Graben, Nonnenturm, Schloß der Vögte und Elsterbrücke. Bis 1388 entstanden vor allen Stadttoren Vorstadtsiedlungen. Die Burg über der Neustadt wurde zum Herrschaftssitz der Vögte von Plauen ausgebaut. Plauen galt nunmehr als zentrale Stadt des Vogtlandes. Bedeutung erlangte im Mittelalter auch der in einer Komturei neben der Johanniskirche angesiedelte Deutsche Orden (s. P 1.2). Durch Plauen führten wichtige alte Straßen, die Verbindungen mit dem Egerland, der Oberpfalz, mit Franken, Thüringen und Sachsen herstellten. Als früher Elsterübergang taucht in einer Urkunde schon 1244 eine steinerne Brücke auf, die heutige Wilhelm-Külz-Brücke (s. P 1.3).

P 1.1 Zur Entwicklung und Struktur

Der heutige Stadtkreis Plauen läßt sich in das funktionelle Stadtgebiet, das heißt den annähernd geschlossenen Siedlungsraum, und in die durch relativ weite Freiräume getrennten dörflichen Siedlungen gliedern (Abb. 22). Der Stadtkreis erstreckt sich zwischen dem Kaltenbach bei Jößnitz im N der Stadt und dem Kulmbach (Dobenecker Bach) bei Untermarxgrün im S in einer maximalen Längsausdehnung von rund 13 km. Zwischen Unterneundorf im W und der Autobahnabfahrt Plauen-Ost im O beträgt die größte Breite etwa 8 km. Der tiefste Punkt liegt im Mündungsbereich des Kaltenbaches bei 314 m, als höchste Erhebung erreicht der Kulmberg 525 m. Das Territorium des Stadtkreises setzt sich zu etwa 68% aus land- und forstwirtschaftlicher Nutzfläche zusammen; daß erstere eindeutig überwiegt, läßt sich nicht zuletzt auf die Eingemeindung von 12 ländlich geprägten Orten zwischen 1899 und 1950 zurückführen.
Die Eingemeindungen vollzogen sich um die Jahrhundertwende, im N Haselbrunn (s. L 2), Chrieschwitz (s. L 5), aber Reißig (s. L 4) erst 1939, und im O Reusa (s. P 2), Kleinfriesen und Sorga (s. Q 2), Tauschwitz (s. Q 3), nach dem zweiten Weltkrieg im S bis zur Stadtgrenze von Oelsnitz Reinsdorf (s. P 3), Stöckigt mit Brand (s. Q 4), Ober- und Unterlosa (s. T 5 und 6), Thiergarten (s. O 4). Während die Plauener Flur 1898 insgesamt 1319 ha umfaßte, vergrößerte sich das städtische Territorium bis 1903 auf 3135 ha und wies vor 1949/50 schon 3626 ha auf. Durch Eingemeindungen und Einflurungen erweiterte sich das administrative Stadtgebiet seit Ende des vorigen Jahrhunderts auf 5828 ha. Die bebaute Fläche des eigentlichen Siedlungsraumes der Stadt hatte sich von rund 10 ha um 1240 auf 50 ha um 1800 vergrößert.
Bis zur Mitte des 19. Jh. blieb das topographische Grundgerüst im wesentlichen bestehen, wenn auch durch Stadtbrände, so 1430, 1548, 1635, 1732, 1844, Veränderungen erfolgten, die 1859 und 1861 insbesondere die Neustadt betrafen. Für die weitere Siedlungsentwicklung erlangten der Anschluß von Plauen an das Eisenbahnnetz (1848 Hof—Plauen, 1851 Reichenbach—Plauen), der die Bebauungsrichtung zum Oberen Bahnhof bewirkte (Abb. 23), und der industrielle

Aufschwung der Textilindustrie in der zweiten Hälfte des 19. Jh. entscheidende Bedeutung.
Mithin wird verständlich, daß ein großer Bevölkerungszuwachs erfolgte, der vor allem auf den Zuzug nach Plauen zurückzuführen ist, während die Eingemeindungen nur relativ geringe Auswirkungen brachten. In Plauen lebten 1854 nur 13640, 1874 schon 26441 und 1894 bereits 51826 Einwohner. Von 1894 bis 1904 verdoppelte sich ihre Zahl. Die größte Bevölkerungszahl verzeichnete die Stadt im Jahre 1912 mit 128014 Personen. Sie sank bis 1919 auf 104071 und erreichte 1932 mit 114854 den höchsten Stand vor dem zweiten Weltkrieg.
Baulich erweiterte sich die Stadt um die Wende vom 19. zum 20. Jh. außerordentlich stark. Von den zahlreichen Wohnhäusern mit den Stilmerkmalen von Historismus und Jugendstil erhielten sich trotz Zerstörungen und Umbauten viele mit großem Schmuckreichtum, so in der Straßberger Straße — hier teils mit Villencharakter —, Dittesstraße, Alfred-Seifert-Straße, Freiheitsstraße, Diesterwegstraße, Wilhelm-Pieck-Straße, Liebknechtstraße, Dimitroffstraße, Untere Endestraße, Pausaer Straße und am Streitsberg.

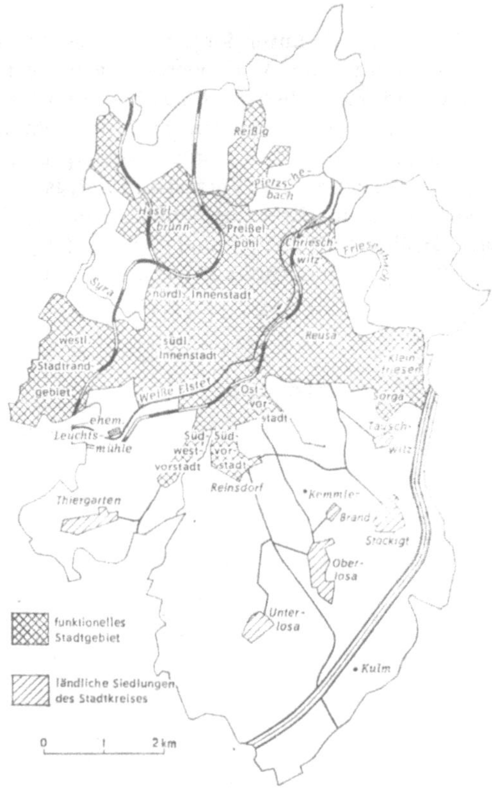

Abb. 22. Stadtkreis Plauen (Entwurf G. KRAMER; nach rechts geneigte Ortsnamenschrift betrifft ehemals selbständige Dörfer)

Durch zahlreiche Kleingärten und Siedlungen in aufgelockerter Bauweise fand in den zwanziger und dreißiger Jahren an der Peripherie des bebauten Stadtgebietes eine Erweiterung statt, besonders im Westendviertel (s. P1.4) und in Reusa (s. P2). Dadurch verschmolzen in vielen Bereichen die Randsiedlungen mit der Stadt.
Am 10. April 1945 wurde Plauen durch einen Großangriff britisch-amerikanischer Bomberverbände, dem seit September 1944 insgesamt 13 Luftangriffe vorausgegangen waren, zu drei Viertel zerstört. Nach den Bombardierungen ging die Einwohnerzahl auf 84778 im Jahr 1946 zurück. In der Folgezeit zeigt sich bis in die Gegenwart eine zahlenmäßige Stagnation, die der allgemeinen Bevölkerungsentwicklung im Bezirk Karl-Marx-Stadt etwa entspricht.

P1.1 Die Terrorangriffe unter der Strategie der Flächenbombardierung, insbesondere der innerstädtischen Wohnviertel, hatten ein so beträchtliches Ausmaß, daß trotz verstärkten Wiederaufbaus heute noch verschiedene Stellen im Stadtbild an dieses Geschehen erinnern. 92% der Schulen, 80% der Kulturstätten, 75% des Wohnraums, 70% der Industrieanlagen, 55% der Verwaltungsgebäude und 48% des Verkehrs- und Versorgungsnetzes wurden vernichtet. 1945/46 mußten 12600 Bombentrichter zugeschüttet und 2 Mill. m³ Schutt beräumt werden. Nach Halberstadt (82%) und Dessau (80%) verzeichnete Plauen den dritthöchsten Zerstörungsgrad an Wohnraum im Gebiet der DDR.

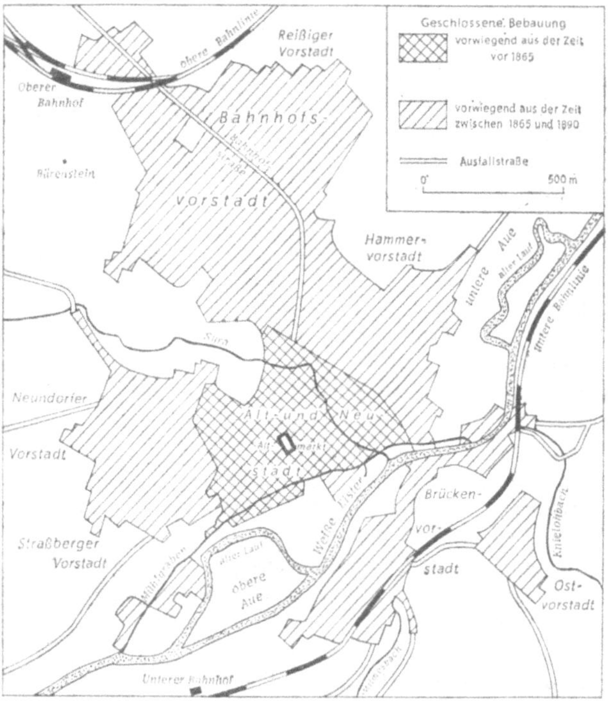

Abb. 23. Bebauungsentwicklung von Plauen bis 1890 (nach Bericht über den Stand und die Verwaltung der Gemeindeangelegenheiten der Kreisstadt Plauen i. V. auf die Jahre 1865/66—1889/90, 1. Teil. Plauen o. J.)

1952 begann der konzentrierte Wiederaufbau in der besonders stark in Mitleidenschaft gezogenen Bahnhofsvorstadt, der sich bis in die Gegenwart fortsetzt und zu einer fast vollständigen Schließung der Baulücken führte. Der Neubau erfolgte von innen nach außen, denn eine deutliche Verlagerung an den Stadtrand setzte mit den größeren Wohnbaustandorten Mammenstraße und Chrieschwitz (s. P 2) erst Ende der siebziger Jahre ein. Diese brachte eine bauliche Aufwertung des rechts der Weißen Elster gelegenen Stadtgebietes

mit sich, das bislang gegenüber dem Raum um den Stadtkern zurückstand. P 1.1
Stadterweiterungen, Bebauungsverdichtung und Eingemeindungen haben dazu geführt, daß ehemals getrennte Wohnviertel verschmolzen, so die Ost- mit der Südvorstadt (Abb. 22), und sich andere ohne historisch gewachsene Siedlungskerne, wie das Westendviertel, als Teilgebiete herausbildeten. Modifizierend wirkt sich für Plauen die geomorphologische Gliederung durch das Tal der Weißen Elster aus. Auf Grund ihrer abseitigen Lage konnten sich die eingemeindeten Orte Oberlosa (s. T 6), Unterlosa (s. T 5), Thiergarten (s. O 4), Tauschwitz (s. Q 3) und Stöckigt mit Brand (s. Q 4) noch immer ihre siedlungsmäßige Eigenständigkeit bewahren.

Die Anfänge der heutigen **Produktionsstruktur** Plauens reichen bis zum Beginn des 15. Jh., als sich das Tuchmacherhandwerk ausbreitete, das vor allem Wolle aus der Schafhaltung im Umland der Stadt verarbeitete. Am Anfang des 17. Jh. gewann die Baumwollverarbeitung an Bedeutung, die in Plauen die Baumwollwirkerei (Schleiermacherei) und -weberei hervorbrachte, wobei Ende des 18. Jh. eine gewisse Blütezeit zu verzeichnen war. Neben der Baumwollspinnerei entwickelte sich die Stickerei, die 1858 und 1883 mit dem Einsatz leistungsfähiger Stickmaschinen einen großen Aufschwung erlebte. Mit der Einführung der mechanischen Weberei im Jahre 1863 begann sich die Konfektionsindustrie auszubreiten, und seit 1864 werden Gardinen maschinell hergestellt. 1880 setzte die spezielle Spitzenfabrikation ein, die Plauen weltbekannt machte (s. Seite 17).

Neben den zugehörigen Ausrüstungsbetrieben der Textilbranche entstanden vor allem seit der Mitte des 19. Jh. zahlreiche ergänzende Produktionsbetriebe, unter denen der Maschinenbau besonders seit 1881 hervortrat. Das Produktionsprofil erweiterte sich durch Werke der Kartonagenfabrikation, der Lederwarenherstellung, der Draht-, Kabel- und Glühlampenproduktion, der Baustoffindustrie, des Druckereigewerbes, der Lebensmittelindustrie und verschiedener Spezialzweige, wie Geldschrank-, Klavier-, Radio- und Farbenherstellung. Noch vor dem ersten Weltkrieg erfolgte ein Niedergang der Stickerei- und Spitzenindustrie, da sich neben den weltwirtschaftlichen Krisen auch die starke Modeabhängigkeit der Textilindustrie auswirkte. Bis 1933 wurde über die Hälfte der Gesamtbeschäftigten arbeitslos, und Plauen verzeichnete unter den Großstädten Deutschlands prozentual die größte Arbeitslosenzahl. Im Zuge der Rüstungsproduktion und der Versorgungsautarkie vor und während des zweiten Weltkriegs siedelte man einige Betriebe in Plauen an (s. P 1.3).

Nach der Zerschlagung des Faschismus entstanden die traditionellen Industriezweige neu, und als ein zusätzlicher ökonomischer Impuls für die Stadt und ihr östliches Umland wirkte von 1949 bis 1965 der Uranerzbergbau (s. Q 8), der über die SDAG Wismut den Wiederaufbau in den fünfziger Jahren wesentlich förderte. Auf die industrielle Profilierung nach 1945 übte die Entwicklung des Stahlhoch- und des Metalleichtbaus Einfluß aus. Das Werk Plauen bildete sich zum größten Werkstattbetrieb des VEB Metalleichtbaukombinat heraus. Weiterhin wird die heutige Produktionsstruktur durch den Sachsendruck Plauen sowie größere volkseigene Betriebe gekennzeichnet, darunter Sächsische Zellwolle, Plauener Baumwollspinnerei, Vowetex, Plauener Damenkonfektion, Konfektion, Plamag (s. L 2), Wema (s. L 2), Kabelwerk und Glühlampenwerk.

P 1.1 Den größten Betrieb, zu dem auch der VEB Plauener Spitze und der VEB Plauener Gardine gehören, stellt der 1979 gebildete VEB Kombinat Deko dar, der zum Gründungszeitpunkt über 30000 Beschäftigte in 56 Betrieben mit mehr als 700 Produktionsstätten vereinigte und der 1981 insgesamt 39000 Beschäftigte in 76 Betrieben zählte. Das Kombinat umfaßt mit seinen Werken in Plauen, Dresden, Leipzig und Auerbach sowie zahlreichen Betriebsstandorten vor allem in den Südbezirken die Betriebe in der DDR, die Stickerei- und Spitzenerzeugnisse (Abb. 24), Gardinen, Dekorationsstoffe, Möbelstoffe, Teppiche und andere textile Fußbodenbeläge, Tapisseriewaren, Posamenten, Litzen und Bänder sowie bestimmte Garne herstellen.

Die heimische Textilindustrie verteilte sich früher auf viele kleine Produktionsstätten in den Wohngebieten (s. P 1.2). Zugleich lag der Anteil der Heimarbeit ziemlich hoch. Diese Standortzersplitterung drückt sich einerseits in einem geringen Anteil (13%) der Industrie- sowie andererseits in einem hohen Prozentsatz der Wohn- und Mischgebietsfläche (81%) an der bebauten Fläche aus.

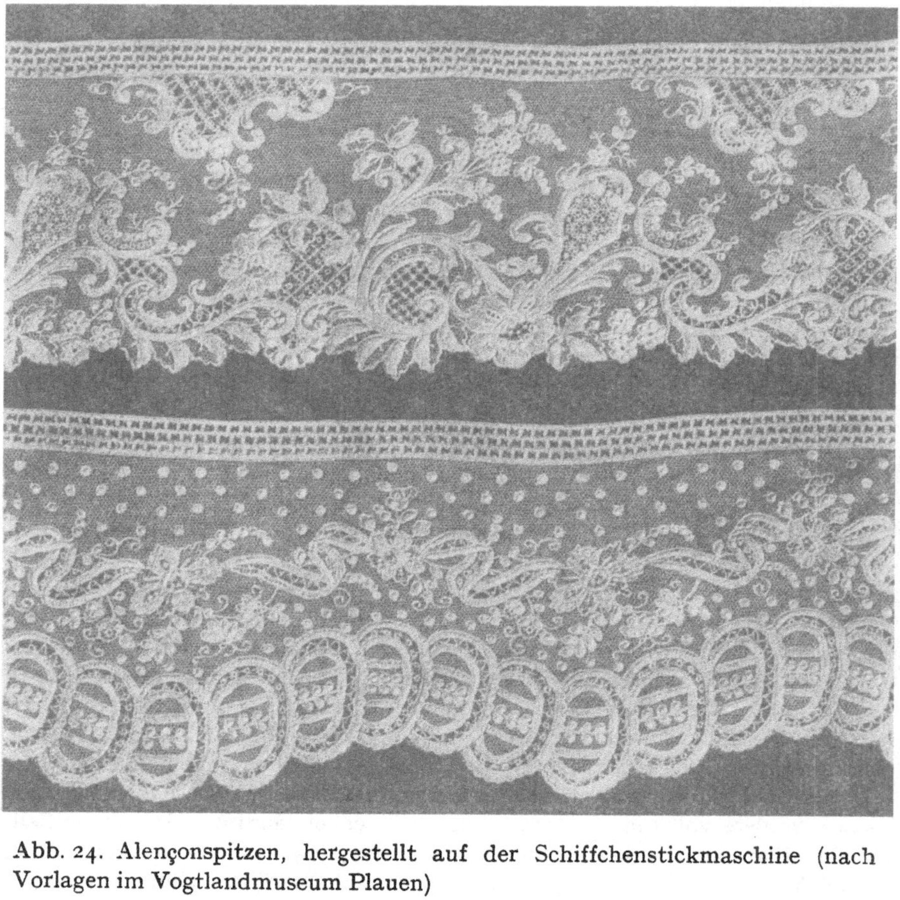

Abb. 24. Alençonspitzen, hergestellt auf der Schiffchenstickmaschine (nach Vorlagen im Vogtlandmuseum Plauen)

Nur in der Elsteraue hat sich infolge historischer Standortvorteile eine große Industriegasse (s. P 1.3) herausgebildet. Auch im Hinterland der Stadt spiegelt sich die räumliche Zersplitterung wider. So wies 1979 der VEB Modespitze 54 Betriebsteile in 7 Kreisen auf, und zum VEB Spitzen und Stickereien gehörten 44 Produktionsstätten in 22 Gemeinden von 6 Kreisen. Da das Umland jedoch insgesamt sehr gering industrialisiert ist, verfügt die Stadt über die relativ hohe Zahl von etwa 8000 Arbeitseinpendlern. P 1.1

Innenstadt P 1.2

Die Innenstadt läßt sich unter besonderer Berücksichtigung der historisch-geographischen Stadtentwicklung, des Konzentrationsgrades von Versorgungs- und zentralen Einrichtungen sowie der Führung des Durchgangsverkehrs wie folgt umgrenzen: Eisenbahnkörper zwischen Oberem Bahnhof und Ernst-Thälmann-Straße, Ernst-Thälmann-Straße bis Reißiger Straße, innere Reißiger und Hammerstraße, südliche Altstadtkontur zwischen St.-Johannis-Kirche, Malzhaus und ehemaligem Straßberger Tor, Straßberger Straße bis Trockentalstraße und Friedensstraße bis zum Oberen Bahnhof. In seiner Oberflächengestalt wird der innerstädtische Raum geprägt durch den Geländeabfall zur Weißen Elster und zur Syra (Oberer Bahnhof 411 m, Platz der Roten Armee 385 m, Otto-Grotewohl-Platz 345 m, Elsteraue um 330 m), wobei der Taleinschnitt des Syralaufes die Innenstadt in zwei Teile trennt, die im Bereich des Stadtzentrums durch anthropogene Auffüllung jedoch bereits zusammengewachsen sind.

An der Nahtstelle zwischen nördlicher (jüngerer) und südlicher (älterer) Innenstadt (Abb. 22) hat sich das Stadtzentrum entwickelt, nachdem unterhalb des Nonnenturmes 1845/46 eine Brücke über die Syra errichtet worden war, die die Verbindung zwischen dem Stadtkern und dem Oberen Bahnhof (1848) herstellte. Im Zusammenhang mit dem Wiederaufbau nach dem Stadtbrand von 1844 bewirkte der Eisenbahnanschluß die bedeutsamste Siedlungsentwicklung im innerstädtischen Raum, die die ältere Stadterweiterung (Neustadt) wesentlich übertraf und mit einer einschneidenden Richtungsänderung der historischen Ausdehnung Plauens nach N verbunden war. Während der Neustadtplatz und seine Umgebung durch die Zerstörung im zweiten Weltkrieg und durch die Verkehrsneugestaltung Mitte der siebziger Jahre seine Siedlungsfunktion verloren hat, entwickelte sich die nördliche Innenstadt zwischen Oberem Bahnhof und Otto-Grotewohl-Platz bis in die Gegenwart als ein dynamischer Siedlungsraum.

Die bauliche Gestaltung der nördlichen Innenstadt vollzog sich in zwei Phasen. Die erste erstreckte sich vom Eisenbahnanschluß Plauens bis zur Jahrhundertwende. Die Bahnhofsvorstadt (Abb. 23) verzeichnete in diesem Zeitraum den größten Zuwachs an Einwohnern und Wohnhäusern. Die 1837 angelegte Bahnhofstraße bildete sich als zentrale Geschäftsader und als Hauptverkehrsweg der nördlichen Innenstadt und zugleich der gesamten Stadt heraus, in deren beiderseitigen Randzonen eine Mischstruktur aus Wohn- und Produktionsfunktionen entstand, mit allerdings zumeist nur kleinen Textilbetrieben.

P 1.2 Die Zone westlich der Bahnhofstraße war um 1874 teilweise bis zur Reichsstraße bebaut und schob sich an der Windmühlenstraße, die an den Standort einer Windmühle von 1805 bis 1816 erinnert, in Richtung Syratal vor. Bis 1890 hatten die Häuserzeilen die Bärenstraße und die Breite Straße, die heutige Friedensstraße, erreicht. An der Weststraße befindet sich der Hauptsitz des die Produktionsstruktur Plauens mitbestimmenden VEB Plauener Spitze. Der Großbetrieb geht auf eine 1900 gegründete Textilfirma zurück.

Der bebaute Raum östlich der Bahnhofstraße erstreckte sich bis 1874 über die Forststraße und zeigte zwischen Forst- und Schloßstraße eine besondere Dichte. Auf dem Wurm- bzw. Wolfsberg entstand 1895—97 die neugotische Pauluskirche nach dem Entwurf von GEORG WEIDENBACH, ein roter Backsteinbau mit hohem Westturm. In der Nähe war 1894 eine Spitzenfabrik gegründet worden; ihre standörtliche Nachfolge trat der VEB Konfektion an, der zweitgrößte Damenkonfektionsbetrieb Plauens mit 16 Produktionsstätten. An der Forststraße befindet sich der Hauptsitz des Graphischen Großbetriebes Sachsendruck, des bedeutendsten Herstellers für Kinderbücher in der DDR. Er hat seine Wurzeln in der ältesten Buchdruckerei Plauens vom Jahre 1643. Eine seit 1789 herausgegebene Zeitung entwickelte sich als „Vogtländischer Anzeiger und Tageblatt" zum wichtigsten bürgerlichen Publikationsorgan von Plauen und seiner weiteren Umgebung.

Der früheste Siedlungsansatz östlich der Bahnhofstraße befindet sich auf dem Schloßberg, der auf Grund seiner exponierten Lage im Mündungsbereich der Syra wohl schon vor 1224 eine Burg trug (Abb. 25). Sie war der Sitz der aus dem Stammhaus Weida hervorgegangenen Plauener Vögtelinie, die mit HEINRICH I. erstmals 1244 genannt wird. Die Anlage auf dreiseitigem Grundriß gliedert sich in Vor- und Hauptburg und wurde mehrmals, so um 1500, nach 1670, 1710 und nach 1870, umgebaut. Seit 1725 vorwiegend durch Justizeinrichtungen genutzt, fiel das Schloß 1945 fast völlig den Bomben zum Opfer. Der sechzehneckige Rote Turm aus dem 13. Jh. mit Barockdach hat etwa 3 m starke Grundmauern.

Während der Sommermonate blüht am Syrasteilhang unterhalb des Hradschins, der zum Schloßberg führenden Straße, in Mauerspalten und auf Felsen in großen Beständen ein Korbblütengewächs mit weißen Strahlenblüten, die Staubige Wucherblume (*Tanacetum partheniifolium*). Diese Art gelangte um 1850 mit spanischer Korkeichenrinde nach Dresden, wo sie sich an der Brühlschen Terrasse eingebürgert hat. Von hier aus wurde sie nach Schwarzenberg gebracht und um 1920 in Plauen und in einem Steinbruch bei Pirk angepflanzt.

In dem 1906 am Berghang errichteten Gebäude befindet sich das Kreisgericht Plauen. OTTO LEONHARD HEUBNER, der 1848/49 in der bürgerlich-demokratischen Revolution in Sachsen besonders hervortrat, legte 1834 am Schloßberg einen Turngarten an und übte durch sein Wirken entscheidenden Einfluß auf die weitere Herausbildung des Turnwesens im sächsischen Raum aus. Das Haus Schloßstraße 10 fällt durch seine klar gegliederte spätklassizistische Fassade auf.

Die jüngste Phase der Siedlungsentwicklung der nördlichen Innenstadt machte sich infolge der Kriegszerstörung der Bahnhofsvorstadt notwendig. Während

sich der erste Aufbau seit 1952 in traditioneller Weise an vorhandene Fluchtlinien anlehnte, vollzog sich mit Beginn der industriellen Bauweise eine teilweise Abkehr von dem ehemaligen Straßennetz. Der erste Abschnitt mit den Wohnhäusern der SDAG Wismut erstreckte sich zwischen August-Bebel-Straße und Fritz-Heckert-Straße und schloß die südliche Randbebauung um den Platz der Roten Armee ein, wo 1951—54 die Erlöserkirche mit quadratischem Turm als Ersatz für die 1945 zerstörte neugotische Zionskirche von 1891 entstand. P1.2
Der zweite Bauabschnitt setzte 1959/60 ein und führte bis 1964 zur fast völligen Neugestaltung des Raumes zwischen August-Bebel-Straße und oberer Bahnlinie in aufgelockerter Bauweise. 1965/66 erfolgte abschließend die Montage von 4 zehngeschossigen Punkthäusern (Bild 7) östlich der oberen Bahnhofstraße. Der dritte Abschnitt begann 1972 westlich der oberen Bahnhofstraße und setzte 1978/79 mit elfgeschossigen Wohnhäusern im Einmündungsbereich der Friedensstraße neue städtebauliche Akzente.

Abb. 25. Stadtansicht von Plauen mit Darstellung der Bürgertrachten, um 1722 (Original im Vogtlandmuseum Plauen)

a	Stadtwappen	f	Neue Kirche St. Bartholomäus vor dem Neundorfer Tor	l	Obere oder Elster-Mühle
b	Schloß			m	Neundorfer oder Dobenauer Tor
c	Stadtkirche St. Johannis	g	Rathaus	n	Straßberger Tor
d	und e Geistliches und Schulgebäude	h	Amtshaus	o	Brückner Tor
		i	Hospital St. Elisabeth	p	Pforte
		k	Untere oder Kreuz-Mühle	q	Elster

Bemerkung: das Syrauer und Hammertor können wegen Höhe der Stadt nicht gesehen werden

r	und s 2 ledige Personen im Trauerhabit	nach Art der gemeinen Bürger
t	und u 2 verehelichte Personen im Trauerhabit	
w	und x Braut und Bräutigam im Hochzeithabit	
y	eine ledige Person im Hochzeithabit	
z	und tz 2 verehelichte Personen im Hochzeit- und Freudenhabit	

P 1.2 Von 1970 bis 1973 entstand in unmittelbarer Nähe das repräsentative Empfangsgebäude des Oberen Bahnhofs (Bild 7), dem sich seit 1975 ein Busbahnhof anfügt. Das 68 m lange und 50 m breite Empfangsgebäude des Bahnhofs mit seiner türkisfarbenen Fassade wurde in Seitenlage zu den Bahnsteigen errichtet und stellt einen architektonisch-kompositorisch gelungenen Zweckbau Plauens sowie eine wirkungsvolle städtebauliche Dominante an der oberen Bahnhofstraße dar. Am Aufgang zum Bahnhof erinnert eine Gedenktafel an PAUL DITTMANN (1878—1942), einen Funktionär der Eisenbahnergewerkschaft und Mitglied der KPD. Nachdem er beim Einführen von antifaschistischem Material aus der ČSR festgenommen worden war, erhielt er eine vierjährige Zuchthausstrafe, an deren Folgen er verstarb.

In der Mischstruktur aus Neu- und Altbausubstanz weisen neben der Bahnhofstraße die Jößnitzer Straße, Fritz-Heckert-Straße und Forststraße zentrale Funktionen im Handelsnetz auf, wobei das heutige Konsument-Warenhaus — 1912 von dem Plauener Architekten EMIL RÖSLER entworfen — am Otto-Grotewohl-Platz die größte Bedeutung besitzt. Die Post, 1852 von der Neustadt in die Bahnhofstraße verlegt, fand 1877 ihren Sitz an der Einmündung der Reichsstraße. Von den 3 Plauener Hotels stehen die 2 größten ebenfalls an der Bahnhofstraße (Deils Hotel seit 1852, Central-Hotel seit 1904). Aus einem ehemaligen Kino ging 1966 das Kulturzentrum des VEB Plauener Gardine hervor. Weitere bedeutende Einrichtungen an der Bahnhofstraße sind der zentrale Projektierungsbetrieb Plauen des VEB Metalleichtbaukombinat (Sitz Leipzig) und ein Projektierungsbetrieb des volkseigenen Wohnungsbaukombinats Karl-Marx-Stadt.

Die Nahtstelle zwischen nördlicher und südlicher Innenstadt bildet der Otto-Grotewohl-Platz. In seiner Mitte liegt seit 1975 ein Gleisdreieck als zentraler Umsteigepunkt des in Plauen seit 1894 aufgebauten Straßenbahnnetzes. Dieser Teil des Stadtzentrums trug bis Anfang 1966 die offizielle Bezeichnung Tunnel, mit der man die frühere Überbrückung mit einstiger Wegeunterführung der Syra umschrieb. Heute erinnert nur noch der niedrig gelegene Personaleingang des Stadttheaters an die tiefere Talaue der Syra, die besonders 1912/13 und auch zwischen 1964 und 1974 verfüllt wurde, wodurch sich ein bereits seit Mitte des 19. Jh. vorhandener Ausgleich der beiden Talhänge noch verstärkt. Das Stadttheater, dessen Ensemble auch das Kurtheater Bad Elster bespielt, wurde 1897/98 von dem Semperschüler ARWED ROSSBACH — 1844 in Plauen geboren — errichtet und nach dem zweiten Weltkrieg erneuert.

Während die nördliche Innenstadt stärker von Neu- und Altneubausubstanz durchsetzt ist, weist die südliche einen größeren Anteil älterer Bauten auf, da hier die Altstadt einbezogen ist. Diese erstreckt sich zwischen dem Otto-Grotewohl-Platz und dem Oberen Graben, ihre Eckpunkte bilden der Nonnenturm, die St.-Johannis-Kirche, das Malzhaus und die Feuerwache (erbaut 1913 bis 1915). Oberer und Unterer Graben erinnern an die früheren Wallgräben des ummauerten Stadtkerns, während der natürliche Steilabfall im O zur Syra, der sich heute nicht mehr erkennen läßt, und der zur Weißen Elster im S keine künstlichen Einschnitte erforderlich machte.

Von der mittelalterlichen Stadtbefestigung mit im W und NW der Altstadt doppelter Mauer blieben Reste besonders an der Rähme und am Oberen Graben sowie am Unteren Graben der runde Nonnenturm mit Kegeldach erhalten, der 1390 urkundlich genannt wurde und in dessen Umgebung ein um 1280 errichtetes Dominikanerkloster bis 1525 bestanden hat. Mauerreste findet man auch nahe dem Malzhaus (Bild 3), das auf den Ruinen der um 1100 angelegten Burg der Grafen von Eberstein 1727—30 für die brauberechtigten Bürger durch Maurermeister JOHANN CHRISTOPH WALTHER und Zimmermeister CHRISTIAN LORENZ mit 2 übereinandergelegenen gewölbten Tennen, Darren und hohem, voll abgewalmtem Mansarddach erbaut wurde. Einbezogen sind ein durch Stichkappen gegliedertes Tonnengewölbe, ein Turmstumpf und Wehrgangreste der alten Burg. Das Nachbargebäude mit hohem Fachwerkgiebel von 1906 gehört ebenfalls zum Burgbezirk. P1.2

Unterhalb der Stadtmauer zieht sich die Rähme hin, die an die früheren Trokkengestelle der Tuchmacher erinnert. Hier und in ihrer unmittelbaren Nachbarschaft finden verschiedene basenholde, wärmeliebende Schuttpflanzen günstige Standortbedingungen. Der Mauerdoppelsame (*Diplotaxis muralis*) kommt im Vogtland nur an dieser einzigen Stelle vor. Weitere typische Ruderalpflanzen, die ebenfalls Charakterarten der Rauken- und Meldenfluren darstellen und auch an anderen wärmebegünstigten Stellen des Vogtlandes gedeihen, sind Einjähriges Bingelkraut (*Mercurialis annua*), Mäusegerste (*Hordeum murinum*), Schuttkresse (*Lepidium ruderale*) und Langblättrige Melde (*Atriplex oblongifolia*). Weite Verbreitung findet die Wegerauke (*Sisymbrium officinale*). Zu den charakteristischen Vertretern der Klettengesellschaften zählen unter anderen Kleine und Filzklette (*Arctium minus* und *A. tomentosum*) sowie die nitrophile Schwarznessel (*Ballota nigra*). Die großblütige Wilde Malve (*Malva sylvestris*) kommt nur an wenigen Stellen vor. In kalkhaltigen Mauerfugen bürgerte sich eine alte Zierpflanze ein, das Mauerzimbelkraut (*Cymbalaria muralis*).

Im klaren Wasser des nahen Mühlgrabens fluten meterlange Exemplare des Pinselartigen Wasserhahnenfußes (*Ranunculus penicillatus*) sowie des Krausen und Schwimmenden Laichkrautes (*Potamogeton crispus* und *P. natans*). Weniger lang sind die Sprosse des dunkelgrünen Gemeinen Brunnenmooses (*Fontinalis antipyretica*) und des hellgrünen Gemeinen Wassersterns (*Callitriche palustris*).

Unweit der Rähme und des Mühlgrabens befindet sich in der Walkgasse die ehemalige Gaststätte Lerchenfeld, neben dem Restaurant Gambrinus ein weiteres Parteilokal der Anfang 1919 gegründeten Ortsgruppe der KPD und heute Traditionsstätte und Unterkunftsort des FDJ-Jugendklubs Wenzel Verner. Durch die Pforte in der Stadtmauer erreicht man die 1122 geweihte St.-Johannis-Kirche (Bild 4). Sie wurde vermutlich um 1230 als dreischiffige Pfeilerbasilika mit Querhaus und 2 quadratischen Westtürmen mit gekuppelten Fenstern neu errichtet. Bis 1322 erbaute man im N zwischen dem Rechteckchor mit sechsteiligem Rippengewölbe und dem Querhaus die siebeneckige Kapelle der Vögte mit einem Rippengewölbe auf Konsolen, das in einem Schlußstein endet. Nach dem Brand von 1548 erfolgte bis 1556 der Umbau der Kirche zur dreischiffigen spätgotischen Halle mit Sterngewölben und eingeschossigen Emporen zwischen eingezogenen Strebepfeilern. 1644 erhielten die Türme oktogonale welsche Hauben mit offenen Laternen. Die reiche alte Ausstattung wurde 1815 entfernt. Nach den schweren Zerstörungen im zweiten Weltkrieg fand

P1.2 1951–63 eine umfassende Restaurierung statt, wobei bauliche Veränderungen von 1885/86 korrigiert werden konnten. Außerdem bekam die Kirche neue Ausstattungsstücke, so den Flügelaltar um 1500 in neuem Schrein aus Neustädtel bei Schneeberg, die Taufe um 1520 aus Miltitz bei Meißen und die Kanzel vom Anfang des 18. Jh. aus Görlitz.

Unterhalb der Johanniskirche erhielten sich Reste einer Komturei des seit 1224 hier nachweisbaren Deutschen Ordens, die im 13. Jh. entstanden war. Der Untere Steinweg stellte die wichtigste und zuerst gepflasterte Verbindung zwischen der Neu- und der Altstadt her. Der heutige Klostermarkt stammt aus der Zeit nach dem Stadtbrand von 1844.

Den älteren Platz stellt der Altmarkt dar, der vom Alten Rathaus (Bild 1) beherrscht wird. Dieses entstand 1508 unter Benutzung von Teilen eines Baues des 14. Jh. neu als Rechteck mit Satteldach, Staffelgiebeln im S und N, Vorhangbogenfenstern, Stabwerkpforten, Balkendecken und Gewölben. Danach ist der Baumeister in der Schule Arnolds von Westfalen, des Schöpfers der Meißner Albrechtsburg, zu suchen. Der obere Teil des Nordgiebels läßt spätgotischen Stil erkennen, während der Südgiebel (Bild 2) unter dem Dachreiter nach dem Stadtbrand von 1548 geschweifte Renaissanceformen mit Pilasteranordnungen erhielt. Das ursprüngliche Werk der Kunstuhr von 1548 mit beweglichen Figuren und Löwen sowie Mondphasenanzeige schuf Georg Puhkaw aus Hof. Der Laubenvorbau mit Freitreppe wurde 1922 erneuert. An der Treppe hält eine Gedenktafel die Erinnerung an Ernst Thälmann wach, der am 15. Juni 1930 zu den Plauener Arbeitern sprach; eine weitere Tafel erinnert an die Anwesenheit Wilhelm Piecks 1946.

Den Bau des sich nördlich anschließenden Neuen Rathauses in kräftigen, nicht schmucklosen Formen leitete 1913–22 Stadtbaurat Wilhelm Goette. Der Turm (Bild 1), ein Wahrzeichen der Innenstadt, erreicht 64 m Höhe; dem bombenzerstörten Nordbau wurde 1969–76 eine moderne Stahl-Glas-Konstruktion eingefügt. Die zwischen Neuem Rathaus und Sparkasse vorhandene Überwölbung erinnert an den ehemaligen Standort des Neundorfer Tores.

Parallel zur das Rathaus flankierenden Marktstraße verläuft die Nobelstraße. Das hier 1798 erbaute Haus Nr. 18 mit Mansarddach verkörpert die solide bürgerliche Architektur dieser Zeit in Plauen. Größer und schmuckreicher gestaltet sind die Gebäude Nobelstraße 9–13 aus den Jahren 1787–89 (Doppelhaus 9/11) und 1797–99 (Haus Nr. 13), die, ursprünglich Wohn- und Geschäftshäuser reicher Baumwollwarenhändler, heute das 1923 eröffnete Vogtlandmuseum beherbergen. Sie gruppieren sich um 2 große Innenhöfe und besitzen Mansarddächer, Durchfahrten und gewölbte wie stuckierte Räume. Der große Festsaal in Haus Nr. 11 (Bild 5) stellt ein besonders wertvolles Beispiel bürgerlicher Wohnarchitektur im Louis-seize-Stil dar: hohe Fenster und Türen, Spiegel, ein Ofen und 12 Wandfelder mit stuckierten Monatsdarstellungen, die Decke mit Friesen, Zwickelmuster und Blattstern.

Das Museum, eines der größten im Bezirk Karl-Marx-Stadt, informiert in rund 30 Räumen sowie durch regelmäßige Sonderausstellungen umfassend über die Ur- und Frühgeschichte des Vogtlandes, die Stadtentwicklung von Plauen, die Geschichte des Textilhandwerks und der Spitzenindustrie, die örtliche Arbeiterbewegung sowie über Kunst und bäuerliche Volkskultur im Vogtland.

Es enthält außerdem bedeutsame Sammlungen zur regionalen Naturkunde, Kulturgeschichte und zur Kunstentwicklung. P1.2

Im Altstadtbereich erhielten sich, wenngleich oft verändert, etliche Wohn- und Geschäftshäuser mit mittelalterlichem bis barockem Kern, beispielsweise das Ensemble um Altmarkt und Straßberger Straße, in denen sich tonnen- und kreuzgewölbte Räume oder auch Stuckdecken wie im Haus Teichgasse 13 aus der zweiten Hälfte des 18. Jh. finden lassen. Mehrfach vertreten sind geohrte Granitportale mit Quastenzier und ornamentierten Sockeln, so das in der Wilhelm-Pieck-Straße 24 von 1795.

Die Besiedlung des Raumes vor dem früheren Neundorfer Tor gliedert sich in zwei Hauptrichtungen auf. Mit der Verlegung des Friedhofs im Jahre 1509 vor die nordwestliche Stadtmauer erfolgte eine Stadterweiterung am höher gelegenen Hang des Syratales über die heutige Dobenaustraße hinaus. Auf dem mehrmals vergrößerten Gottesacker vor dem Neundorfer Tor entstand 1693 bis 1722 die Gottesackerkirche, die heutige Lutherkirche (Abb. 26), bis 1883 auch Bartholomäuskirche genannt. Sie diente 1813/14 als Lazarett, woran seit 1953 der Gedenkstein für 250 gestorbene russische Soldaten erinnert. Der barocke Zentralbau auf dreipaßartigem Grundriß zeichnet sich durch barockes Mansarddach, nachgotische Fenster mit schlichtem Maßwerk und Strebepfeiler aus. Den leicht divergierenden Fünfachtel-Chor flankieren ein polygonaler Treppenturm und die Sakristei; zuseiten des Westturms mit Achteckaufsatz und welscher Haube stehen 2 polygonale Treppentürme mit Zwiebelhauben. Als Baumeister wird 1693 MICHAEL FRÖBER genannt. Der geschnitzte Flügelaltar mit Passionsszenen gehört zu den bedeutendsten Altären der Spätgotik in Mitteldeutschland, um 1490—95 schuf ihn ein Erfurter Meister, vermutlich LINHART KOENBERGK. Bis 1722 stand er in der Leipziger Thomaskirche. Der Mittelschrein zeigt die Beweinung Christi. 1587 wurde das Gehäuse erneuert, und 1612 fertigten der Bildhauer VAL(EN)TIN SILBERMANN und der Maler MICHAEL

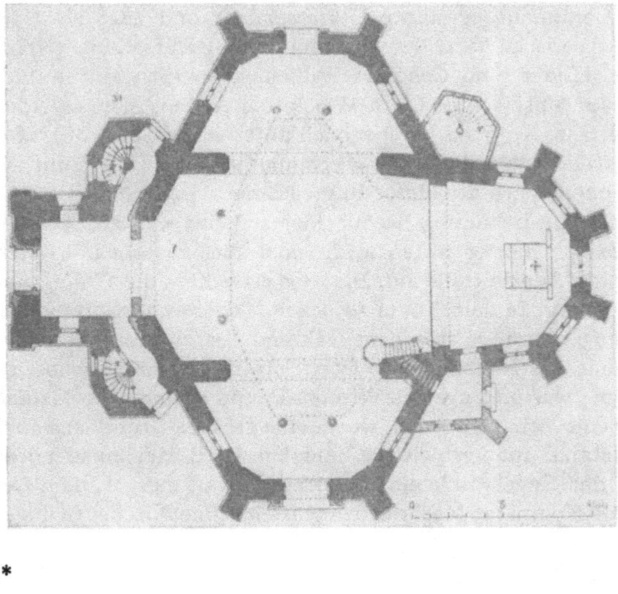

Abb. 26. Grundriß der Lutherkirche Plauen (aus BACHMANN 1954)

P 1.2 TREYDING die Renaissanceumrahmung. Daran beteiligte sich auch JOHANN DE PERRE, der außerdem 1614 die Einzelbilder von Markus, Matthäus, Lukas und Paulus malte. Im Chor hängen 2 barocke Epitaphien.
1899—1901 entstand auf dem ehemaligen Friedhofsgelände eine Grünanlage, der heutige Lutherplatz. An seinem Nordwestrand erheben sich das wuchtige Lutherhaus von 1907/08 nach den Entwürfen von ALFRED MÜLLER aus Leipzig und unweit der Lutherkirche das Gebäude der Stadt- und Kreissparkasse (1911/12) mit bildplastischem Schmuck von FRITZ KRETZSCHMAR aus Dresden, der 1863 in Plauen geboren wurde.
An der Dobenaustraße, die zum Dobenaufelsen und zum Stadtpark (s. L 1) führt, befinden sich die Gebäudereste des Praters von 1857, einer großen Gaststätte, in der Arbeiter zahlreiche Versammlungen abhielten. Der VEB Sternquell-Brauerei im VEB Getränkekombinat Karl-Marx-Stadt geht auf einen 1857 gegründeten Aktien-Brauverein zurück, der 1858/59 eine Brauerei unter günstigen Standortbedingungen (Quellwasser, Anlage von Felsenkellern) errichtete. Seit 1968 erfolgte eine bedeutende Erweiterung des Betriebes. Die Bebauung mit Wohnhäusern hatte in der Hainstraße 1897, in der hinteren Dobenaustraße 1900 begonnen.
Im Viertel um die Dobenaustraße steht das Gebäude der 1913—15 durch WILLIAM LOSSOW und HANS MAX KÜHNE aus Dresden errichteten Industrie- und Handelskammer, heute Sitz der SED-Kreisleitung, Friedensstraße 32. Die Synagoge in der Engelstraße, 1929/30, von FRITZ LANDAUER aus München entworfen, fiel 1938 dem faschistischen Terror zum Opfer.
Die zweite Hauptrichtung der Bebauung vor dem Neundorfer Tor im Gebiet zwischen Wilhelm-Pieck- und Straßberger Straße vollzog sich seit 1795 auf einem bereits 1409 als Neue Mark erwähnten Flurstück, dessen Bezeichnung in dem Namen der ehemaligen Gaststätte Neumarkt bis heute überliefert ist. Die im Mittelpunkt des Raumes gelegene Seminarstraße entwickelte sich zu einem Hauptstandort des Plauener Schulwesens im 19. Jh., so entstanden 1845 ein Neubau für das 1797 erstmalig erwähnte Lehrerseminar und 1848 ein Gymnasium. Der neuklassizistische Bau der Kommunalen Berufsschule (Nr. 13) stammt von 1912/13. Hinter dem Gebäude Wilhelm-Pieck-Straße 8 mit der Stadtbibliothek und der Musikschule Clara Wieck, die Außenstellen in Adorf, Bad Brambach, Oelsnitz (s. X 7) und Reichenbach unterhält, weist der Straßenname Klösterlein auf ein mittelalterliches Terminierhaus — Unterkunft für umherziehende Bettelmönche — des Hofer Franziskanerklosters hin.
Bis 1874 erstreckte sich die Bebauung bis zur Auguststraße und zur Trockentalstraße. Zweigeschossige Häuser treten auch im Gebiet zwischen Wilhelm-Pieck-Straße und Gustav-Adolf-Straße auf. Bis 1890 erreichten die Wohngrundstücke den Maccaronenberg. In dem Raum zwischen Marien- und Gartenstraße entstand zwischen 1973 und 1976 in einem während des zweiten Weltkriegs stark zerstörten Gelände das Neubaugebiet Dörffelstraße mit fünfgeschossigen Wohnhäusern. Seit 1954 war im Zuge des Wismut-Bauprogramms das Gelände um den Leninplatz wieder bebaut worden, wobei eine größere Grünfläche Richtung Engelstraße entstand. 1969 erhielt die damalige VVB Musikinstrumente und Kulturwaren an der Engelstraße ein zentrales Verwaltungsgebäude. Dem 1981 gegründeten VEB Kombinat Musikinstrumente Markneukirchen/Klingen-

Abb. 27. Friedensbrücke in Plauen

thal gehören neben der Musikinstrumentenindustrie, die besonders im oberen Vogtland vertreten ist, Betriebe der Schmuck- und Kulturwarenindustrie an. Ein Wahrzeichen der Neundorfer Vorstadt unweit des Viadukts stellt die römisch-katholische Herz-Jesu-Kirche, Gustav-Adolf-Straße 35, mit ihrem 48 m hohen Turm dar. Der neuromanische Ziegelbau entstand 1901/02 unter Leitung von JULIUS ZEISSIG aus Leipzig. Eine wichtige Verbindung über das Syratal wurde 1903—05 mit der heutigen Friedensbrücke (Abb. 27) geschaffen, die den Verkehr zwischen Bahnhofsvorstadt, Neundorfer Vorstadt und Westendviertel aufnahm. Diese Steinbogenbrücke (Modell bei WUTTKE 1904) stellt mit 18 m Höhe und 90 m Spannweite ein technisches Denkmal von nationalem Rang dar. Über die Trockentalstraße erfolgte zugleich die Anbindung an die Elsteraue. In neuerer Zeit hat sich die Friedensstraße zu einem wichtigen Abschnitt des Stadtrings entwickelt.

Elsteraue zwischen Leuchtsmühle und Chrieschwitz P1.3

Für die Stadtanlage von Plauen besitzt die Talaue der Weißen Elster eine wichtige Funktion infolge ihrer verkehrsleitenden und -verbindenden Stellung im gesamtstädtischen Gefüge sowie als bevorzugter Standort für die Textilindustrie. Neben der 1875 eröffneten Eisenbahnstrecke Greiz—Plauen—Weischlitz (untere Bahnlinie) wirkte sich die Elsterregulierung in entscheidendem Maß auf eine Erhöhung der Standortgunst des Talbereichs für weitere Industriezweige und für eine geschlossenere Wohnbebauung aus. 1897 begannen die

P 1.3 Arbeiten an der Elster, um der ständigen Überschwemmungsgefahr zu begegnen. In der oberen Aue wurden die Arbeiten 1921, in der unteren 1920 abgeschlossen. 1926—28 erfolgte eine Berichtigung im Stadtteil Chrieschwitz. Mit der Teilkanalisierung des Flußbettes waren deutliche Laufveränderungen verbunden, so daß sich die topographische Situation in der Aue in verschiedenen Bereichen erheblich änderte. Unter Einbeziehung der vorhandenen älteren Ansiedlungen an den Ausfallwegen und an Mühlgraben und Weißer Elster entwickelte sich eine Industrie- und Siedlungsgasse, die sich in 4 Teilräume gliedern läßt: die Industriezone zwischen Leuchtsmühle und Trockental-/Swerdlowstraße, das anschließende Mischgebiet bis Fritz-Heckert-Straße, die Industrieachse bis zur Hammerbrücke und schließlich den Siedlungsraum zwischen Hammerbrücke und Friesenbach/Ziegenberg, verkörpert durch den Stadtteil Chrieschwitz (s. L 5).
An der südwestlichen Stadtgrenze zum Ort Straßberg befindet sich ein großer industrieller Standort. Schon 1910—14 hatte im heutigen Bereich des VEB Sächsische Zellwolle eine Kunstseidenfabrik ihren Sitz, in der 1917—19 eine Munitionsfabrik untergebracht war. Danach übernahm die Vomag die Anlagen als Werk II, bis 1936 auf dem Gelände die Sächsische Zellwolle AG einen Betrieb errichtete, der im Zuge der Kriegsvorbereitungen die autarke Versorgung in der Textilindustrie unterstützen sollte. Hinsichtlich des Wasserbedarfs (s. W 11) wies der Standort am Stadtrand Plauens die besten, lufthygienisch jedoch die ungünstigsten Bedingungen auf. Neben ihm befindet sich ein Betriebsteil des VEB Kraftfahrzeug-Instandsetzungswerk Plauen. Die für den gesamten Standortbereich gebräuchliche Bezeichnung an der Leuchtsmühle erinnert an die frühere Leuchtsmühle, vormalige Reichmannsmühle, die 1819 einen umfangreichen Um- und Neubau erhielt und an deren Stelle später eine Brauerei und eine Gaststätte entstanden. 1898 sprach im Brauereihof August Bebel zur Plauener Arbeiterschaft. Der benachbarte, 1920 erneuerte Elsterübergang stellt die Verbindung zwischen der Straßberger Vorstadt, dem Industriestandort und der Possig her (s. P 1.8).
Am linken Gehänge der Elster wurde zwischen Weißem Stein und Abzweigung des Mühlgrabens seit dem 19. Jh. in mehreren Brüchen Kalk gewonnen und an Ort und Stelle in Öfen gebrannt. Im Gelände der Produktionsstätte Uferstraße des VEB Vowetex ist am Steilhang über Diabasmandelstein und -brekzie eine Folge von Korallenkalken und Diabastuffen des tiefsten Oberdevons (*Manticoceras*-Stufe) aufgeschlossen, die im südwestlichen Teil des Hanges in Kalke der oberdevonischen *Cheiloceras*-Stufe — beide Stufen sind nach primitiven Kopffüßlern benannt — übergeht. Gut läßt sich beobachten, wie über dem Diabasmandelstein graugrüner Diabas-Aschentuff überwiegt, der nach oben hin rasch von Korallenkalk verdrängt wird, und wie sich die einzelnen hellen Kalkknollen allmählich zu dünnen Lagen zusammenschließen und in gebankten blaugrauen Knollenkalk übergehen. In der Tuff-Kalk-Folge treten Fossilien auf. Dem Knollenkalk lagert eine bis 1,5 m mächtige Schicht von Verwitterungslehm auf, die allmählich von bis 1,5 m mächtigem Frosthangschutt abgelöst wird. Unregelmäßig darin verteilt fand man zahlreiche Knochenreste pleistozäner Tiere. Ausgrabungen, 1936 unter der Leitung von Amandus Haase und Walter Rühl durchgeführt, erbrachten reichhaltiges Material. Rühl (1937, 1939) konnte

beispielsweise Ren, Nashorn und Mammut bestimmen. Als abschließende Schicht liegt über dem Frosthangschutt ein etwa 1 m mächtiger kalkreicher Löß mit zahlreichen Schnecken der Gattungen *Helix*, *Pupilla*, *Succinea* und *Fruticiola*. Der Frosthangschutt und der Löß lassen sich dem ersten Vorstoß des Weichselglazials im Pleistozän zuordnen. Der für die Erforschung der Geologie des Vogtlandes wertvolle Aufschluß steht seit 1975 unter Schutz. P1.3

Die aufgelassenen Kalkbrüche sind von zahlreichen Pflanzen besiedelt worden, von denen beispielsweise Dürrwurz (*Inula conyza*), Färberhundskamille (*Anthemis tinctoria*), Sprossendes Nelkenköpfchen (*Petrorhagia prolifera*, Abb. 3) und Siegmarswurz (*Malva alcea*) im Mittelvogtländischen Kuppenland nahezu unfehlbar auf Diabas- oder Kalkböden hinweisen. Ihr einziges Vorkommen im Vogtland besitzt hier die basenholde Edelschafgarbe (*Achillea nobilis*). Im Kalkgebiet wächst an Straßen- und Wegrändern vereinzelt der Klatschmohn (*Papaver rhoeas*), ein früher weit verbreitetes Ackerunkraut.

Am linken Elsterufer entstand zwischen dem ehemaligen Leuchtsmühlenweg — Teil der Straße des Chemiearbeiters — und der Wegeverbindung Am Elsterbad, die auf das ehemalige Flußbad verweist, 1942 ein großes Panzerwerk der Vomag, das nach 1945 demontiert wurde. Das Hauptwerk des 1881 gegründeten und seit 1903 erweiterten Betriebes befand sich zwischen Holbeinstraße und Unterem Bahnhof. Die Produktion dieses größten Maschinenbaubetriebes Plauens umfaßte zuerst Stickmaschinen. Seit 1915 stellte das Werk Kraftwagen und Omnibusse her, 1922 kam der Bau von Webstühlen, 1931 der von Werkzeugmaschinen, insbesondere von Feinstbohrwerken, hinzu. Wie bereits im ersten Weltkrieg zählte die Vomag auch seit 1936 zu den größten Rüstungsbetrieben der Stadt. Mit ihr eng verbunden war eine 1937 an der unteren Trokkentalstraße errichtete Rüstungsfabrik, die vor allem Flugzeugteile herstellte.

Heute befinden sich beim Unteren Bahnhof mit seinem Empfangsgebäude von 1969 Betriebsteile des VEB Plauener Gardine und des VEB Elektromotorenwerke Thurm. Die Dürerbrücke von 1904 entstand im Zusammenhang mit der Elsterverlegung. Standorte älterer Textilfirmen weist der Raum zwischen Brüderstraße und Mühlgraben auf. So baute der VEB Plauener Spitze in den siebziger Jahren zwischen Dürerstraße und Mühlgraben in einem 1945 stark zerstörten Industriegelände einen neuen Produktionsbetrieb auf (Bild 8). Eine wichtige Verkehrsverbindung zwischen der Elsteraue und der Neundorfer und Straßberger Vorstadt stellt seit 1904 die Überbrückung der Trockentalstraße bei der Produktionsstätte des VEB Waffel- und Oblatenfabrik Ohrdruf dar.

Im Mischgebiet von Wohn- und Industriebauten östlich der unteren Trockentalstraße und der Swerdlowstraße wurde der Raum zwischen Mühlgraben und unterer Bahnlinie geprägt durch Ansiedlungen bei und an der inneren Hofer Straße, an Ausfallwegen von der inneren Stadt in die Elsteraue und an Verbindungsadern von der Elsteraue in das rechtsseitige Stadtgebiet sowie durch verschiedene Industriestandorte. Dazu zählte auch das im Krieg beschädigte Weisbachsche Haus am Mühlgraben, das 1777/78 der Kattundrucker JOHANN AUGUST NEUMEISTER aus Nürnberg errichten ließ. Der dem fränkischen Barock verwandte Bau besitzt 3 Geschosse, viergeschossige breite Risalite mit Portalen, Pilaster- und Feldergliederung, Rokokodekor, gewölbte Erdgeschoß-

P1.3 räume und ein Mansarddach. Die Hofwiese diente als Bleichplatz, während sich am Anger Einrichtungen mit zentralen Funktionen und Funktionen für die ehemalige Brückenvorstadt herausgebildet hatten, so Floßplatz, Viehmarkt, Turnplatz und Schule. Seit 1912 steht am früheren Anger das Stadtbad. In der Nähe besitzt der VEB Vowetex ein großes Werk.
Für die Verbindung der Alt- und Neustadt mit dem Stadtgebiet rechts der Weißen Elster kam dem Elsterübergang besondere Bedeutung zu. Die heutige Wilhelm-Külz-Brücke trug ehemals wie die jüngere Karlsbrücke in Prag 2 Tortürme und bewältigte bis Anfang der siebziger Jahre die Hauptlast des Verkehrs. Seit 1973 erfüllt eine neue Brücke diese Funktion. Durch erhebliche Zerstörungen im zweiten Weltkrieg büßte der Talbereich zwischen Reichenbacher Straße und unterer Bahnlinie viel an urbaner Gestaltung ein.
Da der östliche Steilhang in Richtung Chrieschwitz nahe an die Elster heranrückt, konzentrieren sich die Ansiedlungen auf das westliche Elsterufer. Der Raum zwischen der unteren Fritz-Heckert-Straße und der Hammerbrücke hat sich zum bedeutendsten Industriestandort in der Flußaue entwickelt. Schon für die erste Hälfte des 15. Jh. läßt sich zwischen Chrieschwitz und Plauen ein Hammerwerk nachweisen, von dem sich auch die Bezeichnung Hammerstraße ableitet. In der zweiten Hälfte des 16. Jh. entstand aus dem nur noch landwirtschaftlich genutzten Hammergut mit seinem „wüsten Hammer" eine Papiermühle, Ende des 18. Jh. kam eine Getreidemühle hinzu. 1863 wurde eine Papierfabrik gebaut. Eine 1938 gegründete textile Produktionsstätte gehört zum VEB Textile Verpackungsmittel Weida.
Zum flächenmäßig größten Industriebetrieb hat sich nach 1945 das heutige Werk Plauen des VEB Metalleichtbaukombinat Leipzig herausgebildet. Es geht auf ein Unternehmen von 1885 zurück, das 1938 den verkehrsgünstigeren Standort an der Hammerstraße bezog.
Das Werk Plauen hat sich zu einem Großbetrieb für Stahlhochbau und Metalleichtbau mit verschiedenen Betriebsteilen in Plauen und im übrigen Bezirk Karl-Marx-Stadt entwickelt.
In der Hammerstraße befindet sich außerdem der Hauptsitz des 1953 aus 10 Produktionsstätten zusammengefaßten VEB Plauener Gardine (s. P 1.1). Der dortige Betrieb geht auf eine Gardinenfabrik von 1890 zurück, deren Ursprung wiederum in zwei 1880 und 1884 gegründeten Gardinenfirmen liegt. Das Werk II des VEB Vowetex (= Vogtländische Webtextilien) ist aus einer 1837 entstandenen Textilfirma hervorgegangen. Seine insgesamt 8 Werke liefern vor allem technische und Industrietextilien. Der 1951 gegründete VEB Elgawa stellt Elektronenblitzgeräte, elektrotechnische Steueranlagen sowie semielektronische Baugruppen her. Im Gelände des Betriebes war 1856 das erste Gaswerk Plauens entstanden. Das Gaswerk aus den Jahren 1902 und 1914 liegt seit 1976 still, auf seinem Gelände befindet sich ein neues Heizwerk, das vorwiegend der Wärmeversorgung des Neubaugebietes Plauen-Chrieschwitz dient (s. P 2).

Das westliche Stadtrandgebiet läßt sich in einen Siedlungsraum jenseits der Achse Friedens-, Freiheits- und Comeniusstraße und in eine stadtnahe Erholungszone mit dem LSG Syratal—Stadtpark (s. L 1) untergliedern. Die Entwicklung der Wohnbebauung vollzog sich in Richtung Neundorf, während der geomorphologisch stärker gegliederte Raum vor dem Straßberger Tor (Abb. 23) eine gärtnerische, bergbauliche und siedlungsmäßig aufgelockerte Nutzung erfuhr. 1702 war vor dem Straßberger Tor am Mühlberg die erste Textilmanufaktur Plauens errichtet worden.
Der die Talaue meidende Straßberger Weg bildete den Ansatzpunkt für ein Siedlungsband, das bis 1874 das Gelände jenseits der Trockentalstraße erreichte. An der äußeren Straßberger Straße ließen sich zunehmend Fabrikanten Villen errichten. Ziegeleien entstanden in der Senke zwischen dem Glockenberg, der urkundlich schon 1263 erwähnt wird, und dem Seehaus. Seit den zwanziger Jahren brachten Asche- und Müllverfüllungen einen gewissen Geländeausgleich.
Eine Siedlungsverdichtung zwischen Comeniusberg, Leninplatz und Hermannplatz wurde durch mehrere Faktoren gefördert: Neben der Anbindung an den älteren Wohnstandort am Neumarkt sind der Bau von staatlichen und städtischen Einrichtungen (1899 Lehrerseminar — heute Volkspolizeikreisamt, 1903 Amtshauptmannschaft — heute Rat des Kreises, 1905 Ditteschule, 1911 Diesterwegschule, 1911 Gymnasium — 1945 zerstört), die Anlage der Eisenbahnlinie Plauen (Oberer Bahnhof) — Oelsnitz im Jahre 1874 mit der Eröffnung der Haltestelle Neundorf (seit 1908 Westbahnhof) und die Erweiterung der Straßenbahnlinie bis zur Gaststätte Grüner Kranz im Jahre 1899 zu nennen. Die nahe Siedlung Am Grünen Kranz stammt aus den dreißiger Jahren. Das Wohngebiet Seehaus mit 1100 Wohnungen, das die Randbebauung am Sternplatz einschließt, entstand zwischen 1968 und 1972 und füllt die Lücke zum Westend. Der Name des 1786 erbauten Seehauses hängt mit einer alten Flurbezeichnung — 1382 „*ym See*" — für die benachbarte Quellmulde zusammen.
Die Entstehung des Westendviertels jenseits der Eisenbahnlinie nach Bad Brambach ist mit der Anlage einer 1903 fertiggestellten Kaserne verbunden. Vorher gab es in diesem Gebiet das ehemalige Vorwerk Zadera an der heutigen Kopernikusstraße, in dessen Nähe sich noch Anfang des 18. Jh. ein Silber- und Kupferbergwerk befand, und das in den dreißiger Jahren des 20. Jh. abgebrochene Eichhäuschen. Ende des 19. Jh. wurde der Neundorfer Berg, die heutige Kuntzehöhe, auf der sich seit 1970 die Juri-Gagarin-Oberschule erhebt, für Erholungszwecke erschlossen. Die jetzige Liebknechtstraße entwickelte sich zum Hauptverbindungsweg nach Neundorf. 1905 wurde auf dieser Trasse die Straßenbahnlinie bis zum Westend verlängert. In den dreißiger Jahren setzte die Besiedlung am Froschteich ein, und in neuerer Zeit dehnen sich die in aufgelockerter Form angeordneten Gebäude bis zum früheren Vorwerk Zadera und zum Birkenhübel aus. Das Westendviertel erhielt seit 1920 durch die Westendsiedlung Anschluß an die Ortslage von Unterneundorf. Eichhübel und Steinpöhl — beide 424 m ü. NN — stellen die geomorphologischen Dominanten dieses 73 ha großen Siedlungsgeländes mit dem Heineplatz als Zentrum dar.

P1.4 Mit der Erschließung des Westendviertels ließen sich 1906 und 1910 große industrielle Unternehmen nieder. In einem 1943 aus Berlin verlagerten Betriebsteil des Osram-Konzerns an der Dimitroffstraße wurden 1944/45 Häftlinge aus dem KZ Flossenbürg (Oberpfalz) ausgebeutet. Der VEB Glühlampenwerk, der an der Stelle einer 1906 gegründeten Tüllfabrik steht und seit 1968 zum Kombinat VEB Narva Berlin gehört, befindet sich seit 1950 am jetzigen Standort. Das Plauener Werk mit Betriebsteilen an der Haselbrunner Straße und in Eibenstock stellt Spezialglühlampen her. An der Dimitroffstraße steht auch die Produktionsstätte 1 des VEB Plauener Gardine, die sich auf eine 1910 gegründete Gardinenfabrik zurückführen läßt. Sie wurde 1953 dem volkseigenen Betrieb angegliedert, in dem sie sich seit 1970 zum größten Produzenten für Raschelgardinen entwickelte.

Seit 1954 befindet sich im Westend der Hauptsitz des 1953 aus 5 Bekleidungswerken gebildeten VEB Plauener Damenkonfektion. Plauens größter Konfektionsbetrieb produziert in einem Gebäude, das zunächst seit 1910 eine Glühlampenfabrik beherbergt hatte. 1918 wurde hier ein Munitionsbetrieb der Allgemeinen Elektrizitäts-Gesellschaft eingerichtet, in dem bei einem Explosionsunglück 301 Personen, fast ausschließlich Frauen, ums Leben kamen. Ein Denkmal für die Toten befindet sich auf dem Hauptfriedhof. Auf dem Rosa-Luxemburg-Platz ehrt eine Gedenktafel die Plauener Opfer des Kapp-Putsches vom 16. März 1920.

P1.5 Preißelpöhl

Dieser Stadtteil erstreckt sich jenseits der Ernst-Thälmann-Straße in nordwestlicher Richtung bis zum Pietzschebach und hat seine Bezeichnung von der randlichen Anhöhe erhalten. Seit 1879 erwarb die Stadt Grundstücke und wandelte die 415 m hohe Bergkuppe in eine Grünanlage um. 1886 wurde vom Preißelpöhl aus der Elsteruferweg bis in den Jocketaer Erholungsraum ausgebaut. Der Naturheilverein schuf 1889 einen Kinderspielplatz und eröffnete im Jahre 1900 ein Sonnenbad. 1902 entstand eine große Gartenanlage, 1925 ein Schwimmbad. Die Grünflächen des Mendelssohn-, des Richard-Wagner- und des Goetheplatzes stammen aus den Jahren zwischen 1905 und 1910. 1866 entstand der Friedhof I, 1889 der Friedhof II, auf dem ein Gedenkstein an den Mundartschriftsteller Louis Riedel (s. T 1) erinnert.

Nachdem während des ersten Weltkriegs einige Gärten zwischen Reißiger Straße und Hammerstraße geschaffen worden waren, entwickelte sich seit 1920 das Gebiet zur Kleingartenanlage Nußberg. 1963 wurde hier eine Amateursternwarte errichtet, deren Namen an den bedeutenden Plauener Astronomen Georg Samuel Dörffel (1643–88) erinnert. An der Heubnerstraße hat seit 1957 die Fachschule für Ökonomie ihren Sitz, die Außenstellen in verschiedenen Teilen der DDR unterhält.

Als Stadtteil wurde Preißelpöhl vorwiegend nach der Jahrhundertwende bebaut, wozu die Ansiedlung einiger Betriebe und die Erschließung durch die Straßenbahn in den Jahren 1905/06 beitrugen. Einige Ziegeleien bestanden besonders in der durch die heutige Chamissostraße verdeckten Talsenke bis zur

Hammerbrücke. Die aufgelockerte Siedlung zwischen Gluckstraße und Chrieschwitzer Straße sowie viele Wohnhäuser Am Preißelpöhl entstammen den dreißiger Jahren. Für den Stadtteil übernahm die 1928 errichtete heutige Ernst-Thälmann-Oberschule seit 1950 die Funktion der anderen zerstörten Unterrichtsstätten dieses Raumes. P1.5

1900/01 wurde in verkehrsgünstiger Lage zu der oberen Bahnlinie ein großer Schlacht- und Viehhof, der heutige VEB Schlacht- und Verarbeitungsbetrieb Plauen im VEB Fleischkombinat Karl-Marx-Stadt, erbaut. Er unterhält weiterverarbeitende Betriebsteile in Auerbach, Reichenbach und Netzschkau. In unmittelbarer Nachbarschaft befindet sich in einem 1902 errichteten und 1936 erweiterten Gebäude der VEB Kabelwerk Plauen, seit 1967 zum VEB Kombinat Kabelwerk Oberspree in Berlin gehörig. Das Plauener Werk mit Betriebsteilen in Falkenstein, Oelsnitz sowie Steinbach und Kühberg (beide im Kreis Annaberg) stellt Starkstrom- und Fernmeldeleitungen her.

Zwischen Klopstockstraße und Chrieschwitzer Straße siedelte sich in den sechziger Jahren der Bereich Güterverkehr des VEB Kraftverkehr Plauen an. Im abfallenden Gelände zum Pietzschebach wurden früher Ziegeleien betrieben. Kleingärten aus neuerer Zeit westlich der Reußenländer Straße stellen das Bindeglied zwischen Preißelpöhl und Reißig (s. L 4) her. Die 1923 als Gartenanlage gegründete Siedlung Chrieschwitz liegt westlich des Oelwegs. Sein Name geht auf den *Oehl*, eine sumpfige Stelle, zurück. Der 1932/33 ausgebaute Weg verbindet den Preißelpöhl mit den Thößehäusern und den Rosengräben.

Ostvorstadt P1.6

Im Gegensatz zu den weniger zertalten Flächen westlich der Weißen Elster weist das östliche Stadtgebiet zwischen Reusaer Wald und Schwarzem Holz eine stärkere geomorphologische Aufgliederung sowie eine zentrumsfernere und verkehrsungünstigere Lage auf, die sich verzögernd auf die Siedlungs- und die Industrieentwicklung auswirkten. Da sich jedoch in der zweiten Hälfte des 19. Jh. private Bodenspekulanten bereits des zentrumsnahen Baulandes bemächtigt hatten, gewannen auch abgelegene und damit preisgünstige Standorte an Bedeutung. 1871 gründeten Handwerker einen Aktienverein, der für die Errichtung von Wohngebäuden ein über 9 ha großes Gelände zwischen Rinnelberg und Knielohtal erwarb. Der Aufschluß einer Sandgrube und eines Steinbruchs sowie die Inbetriebnahme einer Ziegelei zehrten aber das Grundkapital bald auf, und der Verein löste sich 1880 auf. An seine Tätigkeit erinnern verschiedene Wohnbauten im Bereich der Schulze-Delitzsch-Straße.

1904 erstellte die Baugesellschaft Plauen an der oberen Stöckigter Straße Wohnhäuser, nachdem bereits 1902 an der Fiedlerstraße die heutige Kemmler-Oberschule eröffnet worden war. Bis kurz nach der Jahrhundertwende war die Ostvorstadt bis zur Waldstraße besiedelt, wofür sich ein 1897 aufgestellter Bebauungsplan fördernd auswirkte. Das Gebiet entwickelte sich zum Arbeiterwohnviertel mit den in einigen anderen Plauener Stadtteilen ebenfalls zu beobachtenden schlechten Wohnbedingungen. Oftmals wurden in die Hinterhöfe Kleinstproduktionsstätten gelegt. In dieser Vorstadt blieb lediglich der Raum

P1.6 zwischen Mammenstraße und ehemaligem Schulweg für die Sand- und Kiesgewinnung frei. Von 1974 bis 1979 entstand hier das Neubaugebiet Mammenstraße mit 1600 Wohnungen, das die Lücke zwischen Ost- und Südvorstadt schließt. Die Wenzel-Verner-Oberschule wurde 1976 eingeweiht. Die Namen von Mammen- wie Bickelstraße stehen in enger Beziehung zur Spitzenindustrie. In der Firma von Franz August Mammen wurde unter Leitung von Theodor Bickel 1880 die Plauener Spitze entwickelt (s. P 1.1).
Die Alte Oelsnitzer Straße diente bis 1854 als Hauptverkehrsweg in Richtung S, bevor die sanfter ansteigende Straße über Reinsdorf diese Funktion übernahm. Typisch für die Siedlungsrandlage der Ostvorstadt sind große Kleingartenanlagen beiderseits der Alten Oelsnitzer Straße, deren Entstehung bis 1920/21 zurückreicht. Auf dem 432 m hohen Galgenberg, der 1410 als „marter am ölsniczer wege" erwähnt wird, befand sich eine der mittelalterlichen Richtstätten Plauens.

P1.7 Südvorstadt

Die Südvorstadt, die sich zwischen dem südlichen Abschnitt der Mammenstraße, Oelsnitzer Straße und Milmesbach erstreckt, wies im Jahre 1874 nur einige Häuser im Talbereich zwischen Klemm- und Bickelstraße auf. Als seit 1897 einige weit in das heutige bebaute Gebiet der Südvorstadt hineinreichende Flächen der Flur Reinsdorf in das Stadtgebiet übernommen wurden, boten sich Möglichkeiten für eine Siedlungserweiterung in Richtung auf den Riedel zwischen Milmesbach und Reinsdorfer Bach. 1897 gab die Stadt einen verbindlichen Bebauungsplan für die Südvorstadt heraus, auf dessen Grundlage dieser Raum nach der Jahrhundertwende — bis auf die hängigen Flächen zum Mündungsbereich Reinsdorfer Bach/Milmesbach und zum Milmestal — mit Wohnhäusern besetzt wurde. An der Talflanke entstand 1932 die Kleinsiedlung Am Milmesgrund. Durch das Anwachsen der Einwohnerzahl der Südvorstadt nach der Jahrhundertwende auf über 7000 machte sich 1906 der Bau der heutigen Herbart-Oberschule notwendig. 1909 wurde die Südvorstadt an das Straßenbahnnetz angeschlossen.
Da die Vorstadt sehr stark von den britisch-amerikanischen Bombenangriffen betroffen war, wies das Gebiet zahlreiche Lücken auf. 1955 begann mit Hilfe der SDAG Wismut der Wiederaufbau. Weitere Zwischenräume verschwanden in der ersten Hälfte der sechziger Jahre. Die Produktionsstätte 2 des VEB Plauener Gardine in der Hegelstraße beherbergt neben der Raschelei auch zentrale Einrichtungen, wie Zeichenatelier, Kettensetzerei und Musterei. Seit 1960 hat in der Reinsdorfer Straße der VEB Plaback im VEB Backwarenkombinat Karl-Marx-Stadt seinen Sitz. Er stellt Konditoreiwaren her und beliefert hauptsächlich die Kreise Plauen und Oelsnitz. Der Betriebsteil III des VEB Zentralheizungs- und Rohrleitungsbau Plauen an der Bickelstraße geht auf eine 1899 gegründete Firma zurück.

Für den Siedlungsraum zwischen Milmesbach und Thiergartner Weg existiert auch die Bezeichnung Thiergartner Vorstadt. Ihren Ausgang nahm sie an der Südinsel, dem Kreuzungspunkt von Oelsnitzer Straße/Hofer Straße und Swerdlowstraße. Markantester Punkt war ehemals das Felsenschlößchen auf der Anhöhe in der Meßbacher Straße, dessen Saal auch der Plauener Arbeiterschaft als Versammlungsort diente. Meßbacher Straße und Thiergartner Weg dienten als alte Zugänge zu den beiden Nachbardörfern; allerdings verlor durch die Anlage der Hofer Straße über das Tal des Milmesbaches im Jahre 1896 die Meßbacher Straße an Bedeutung. Bis zur Jahrhundertwende war nur der Abschnitt bis zur Thiergartner Straße bebaut; die Haupterschließung setzte erst danach ein. Noch vor dem ersten Weltkrieg begann eine Siedlungserweiterung an der Meßbacher und Weischlitzer Straße, die 1926/27 und Ende der dreißiger Jahre bis zur Kürbitzer Straße geführt wurde. 1938 entstand an der Weischlitzer Straße eine Siedlung.
Wie bei der Ostvorstadt treten im Randgebiet der südwestlichen Vorstadt zahlreiche Gartenanlagen hervor, die teilweise mit Siedlungshäusern bebaut sind. Der Thiergartner Weg und der Weg Nach den drei Bergen bilden dabei die Hauptachsen. Seit 1925 besteht an der äußeren Meßbacher Straße beim Schnittpunkt mit der Hofer Straße die Siedlung An der Linde.
Der Thiergartner Weg führt zur Possig, wo sich 1525 ein Bauernheer sammelte. Die alte Flurbezeichnung wurde bereits 1412 als *Passeck* erwähnt. Der Name Possiggut geht auf einen Ende des 17. Jh. errichteten Wirtschaftshof zurück, in alten Karten auch als Vorwerk bezeichnet. Aus einstigen Gärten hat sich das Gebiet der Possig zu einem locker bebauten Siedlungsraum entwickelt.
Im Stadtgebiet von Plauen sind nur noch in der Meßbacher Straße wenige Sand- und Kiesaufschlüsse der oberen Elsterterrasse zugänglich. Diese Terrasse tritt im gesamten Bereich der mittleren Weißen Elster geomorphologisch gut hervor und übertrifft vor allem bei Pirk, in Plauen und bei Jocketa die übrigen Elsterterrassen in ihrer landschaftlichen Wirkung. In den teilweise verwachsenen Gruben sind die Kiese und Sande häufig durch dunkle manganhaltige und eisenschüssige Abscheidungen aus dem ehemaligen Grundwasser verfestigt. Oft wechselt die Neigungsrichtung der „Bänke", die manchmal im spitzen Winkel aufeinander stoßen. Die Ursache dieser Kreuzschichtung läßt sich auf ein Mäandrieren der Elster zurückführen, verbunden mit einer Änderung der Fließrichtung und demzufolge mit einem Wechsel der Ablagerungsrichtung des Materials. Die Lockermassen setzen sich ausschließlich aus einheimischen Gesteinen, vor allem aus Gangquarz, daneben Kieselschiefern, Tonschiefern und Diabasen zusammen. Basalte finden wir nur sehr selten vor. Der obere Terrassenzug entstand nach neuesten Untersuchungen im Eozän, dem älteren Tertiär.

P 2 **Reusa,** seit 1903 Stadtteil von Plauen,

1368 als *Rusan* (vielleicht genitivische Form zu einem Personennamen Ruß, Reuß) zuerst erwähnt, liegt im O der Stadt und fügt sich in den Raum zwischen der unteren Bahnlinie bzw. Weißen Elster, dem Knielohgrund und dem Neubaugebiet Chrieschwitz ein. Nordwestlich vom alten Ortskern weist im Bereich der Liebigstraße der Wegname Am Gericht auf eine einstige Richtstätte. Bereits 1244 nennt eine Urkunde einen Galgenhügel, und erst 1833 wurde der Galgen beseitigt. An den Rändern des früheren Dorfkerns haben der von 1883 bis 1921 belegte Friedhof und oberhalb von Parkresten das Gut Reusa ihren Platz, das zum VEG (T) Christgrün gehört. Am Hofrand stand bis zum Abbruch 1918/19 das Schloß, das um 1627 an der Stelle einer mittelalterlichen Wasserburg errichtet worden war.

Das alte Reusa läßt sich oberhalb der Kaufhalle zwischen dem 418 m hohen Weinberg und der alten Schule an der Straße nach Tauschwitz bzw. Waldesruh erkennen. Allerdings ist es durch jüngere Bebauung überformt worden, und nur noch wenige kleine Häuser Am Lindentempel, an der Kuppe des Weinberges, sowie ein Teil der Wegeführung erinnern an das frühere Ortsbild. Die alte Schule von 1879 — heute für Unterstufenklassen — wurde 1900 und 1912 erweitert. Seit 1963 stellt die weithin sichtbare Clara-Zetkin-Oberschule auf dem Lindentempel einen Blickfang dar, und aus dem Jahre 1976 stammt die Käthe-Kollwitz-Sonderschule am Reusaer Wald.

Infolge des stark hängigen Geländes und der abseitigen Lage von der Innenstadt und Haupteisenbahnstrecke erfaßte die städtische Bebauung das landwirtschaftlich geprägte Dorf Reusa (1507: 5 Häuser, 1903: 116 Häuser) erst Ende des 19. Jh. Zunächst entstanden das Schützenhaus 1884 — heute HO-Raststätte Treffer — und das Krankenhaus (1887—89), seit 1960 Bezirkskrankenhaus, an der Flurgrenze zwischen Plauen und Reusa. Im Zusammenhang mit dem Krankenhausbau wurde die alte Straßenzuführung über den Spittelberg, Teil der früheren Wegstrecke (s. L 5) nach Reichenbach, durch die neue, den heutigen August-Bebel-Hain bogenförmig umfassende Reichenbacher Straße ersetzt. Der Name Spittelberg erinnert an das 1255 erstmals erwähnte und 1868 abgebrannte St.-Johannis-Hospital, das an der Stelle des Betriebsteiles II des VEB Sternquell-Brauerei stand.

Das Interesse der Stadt Plauen an Reusa bezog sich in erster Linie auf unbebaute Flächen des ehemaligen Rittergutes, um hier 1904—06 Erweiterungen des Krankenhauses und Neulokalisierungen (Hauptfriedhof) vornehmen zu können sowie Bauland für Siedlungszwecke zu gewinnen. Der Friedhof mit dem Krematorium wurde 1912—18 angelegt und parkartig gestaltet. Auf ihm befinden sich Gedenkstätten für die Opfer des Explosionsunglücks von 1918 (s. P 1.4) und für die etwa 2000 Toten der Bombardierungen der Stadt von 1944/45, ein Gedenkstein für die Opfer des Faschismus, Grabanlagen für Widerstandskämpfer sowie ein sowjetisches Ehrenmal. Gegenüber dem 28 ha großen Friedhof steht ein Gebäude, das bis vor einigen Jahren als Kinderheim genutzt wurde.

Im Gelände des früheren, 1928 errichteten Milchhofes standen bis 1842 die Siechenhäuser für Aussätzige. Der Siechenteich unterhalb des Siechenberges verschwand teilweise 1875 beim Eisenbahnbau. In der Nähe befand sich auch die Scharfrichterei, weshalb die Wohnbebauung den unteren Teil des Knielohtales mied. Das Tal, bis zu dessen westlichem Rand die Häuser der Ostvorstadt heranreichen, wurde seit dem Ende der zwanziger Jahre verrohrt und verfüllt, so daß sich der Bach nur noch in seinem oberen Laufabschnitt verfolgen läßt. P 2

Die 1921 eröffnete Straßenbahnlinie nach Reusa führt über die Röntgenstraße in den alten Dorfkern, die steile Reusaer Straße war der frühere Zugangsweg zum Ort. Nachdem die Linie bereits ein Jahr später bis zum Hauptfriedhof verlängert worden war, führte man 1966 die Strecke bis Kleinfriesen fort, zumal Reusa, Sorga und Kleinfriesen schon vor dem zweiten Weltkrieg baulich verschmolzen waren.

Die Siedlung zwischen Friedhof und Alter Reichenbacher Straße stammt von 1933. Unterhalb des Lindentempels entstand 1929—35 die Weinbergsiedlung, zu der 1939 weitere Wohnbauten kamen. Die Bezeichnungen Weinberg und Weinstockacker weisen auf 1563 veranlaßten Rebbau (s. N 3) an dieser Stelle.

Die Röntgenstraße wurde linksseitig in den zwanziger Jahren bebaut. Gegenüber entstanden 1964 die Bezirksblutspendezentrale und 1969 die Medizinische Fachschule Dr. Friedrich Wolf. Zwischen 1962 und 1964 errichtete man an der Alten Reichenbacher Straße 400 Wohnungen, von 1964 bis 1966 kamen in Hanglage an der äußeren Reusaer Straße weitere 520 An der Suttenwiese hinzu. Die Flurbezeichnung erinnert an ein ehemals sumpfiges Gelände.

Die frühere Ausfallstraße nach Reichenbach (Dr.-Johannes-Dieckmann-Straße) dient nur noch als Stadtzubringer. Seit 1977 entstand hier auf vorwiegend Chrieschwitzer Flur, aber lagemäßig und funktionell an Reusa gebunden, das größte Neubaugebiet der Stadt Plauen für rund 16000 Einwohner, also ein Fünftel der Gesamteinwohner. An seinem Rand hebt sich auf einer markanten Geländehöhe die 1925 erbaute Festhalle ab, in der 1946 die Gründungsfeier der Plauener Freien Deutschen Jugend erfolgte. Von 1947 bis 1982 befand sich am Taubenberg die seit 1907 bestehende meteorologische Station, die wegen der neuen Wohnhäuser in die Südwestvorstadt verlegt wurde.

Mit dem Reusaer Wald besitzen die südöstlichen Stadtteile ein schnell erreichbares Naherholungsgebiet, dessen Wegenetz seit 1904 verdichtet wurde. Das 1912 errichtete Reusaer Waldhaus erhielt 1979/80 eine neue Zweckbestimmung als Ferienheim mit öffentlicher Gaststätte. Bereits seit 1902 wirkte in dem Gebiet ein Gartenbauverein, dessen Mitglieder den Raum bis zum Kemmlerblick im wesentlichen mit Kleingärten schlossen. Dort entstand 1934/35 am Rand des Reusaer Waldes ein schmales Siedlungsband. Der Name der höchsten Erhebung des Waldes, des 483 m hohen Kroatenhübels, erinnert an den Dreißigjährigen Krieg. Seit 1954 befindet sich im Reusaer Wald eine seismographische Meßstation des Zentralinstituts für Physik der Erde (Institutsteil Jena) der Akademie der Wissenschaften der DDR. Sie registriert Schwarmbeben, die im Vogtland als Nachwirkungen tektonischer Bewegungen im Tertiär auftreten (s. Bd. 26, Abb. 4).

Westlich des Hauptfriedhofs steht ein Hochbehälter mit einem Fassungsvermögen von 2700 m³, der seit 1895 das Wasser über die gußeiserne Bergener Quelleitung für Plauen sammelt. Da die insgesamt 4 Quellwasserleitungen zur Trinkwasserversorgung (s. P 3) nicht ausreichten, ließ die Stadt von 1904 bis

P 2 1909 die Talsperre Werda — auch als Talsperre Bergen oder Geigenbachtalsperre bezeichnet — mit einem Fassungsvermögen von 4,0 Mill. m^3 bauen. Auf Grund der Höhenlage kann das Wasser in freiem Gefälle in einer zweiten gußeisernen Rohrleitung in den Hochbehälter von 1912 am Reusaer Berg — er faßt 5000 m^3 — geführt werden. Obwohl sich die Einwohnerzahl Plauens nach dem zweiten Weltkrieg auf 80000 verringert hatte, stieg der Wasserverbrauch durch die erhöhten hygienischen Ansprüche so an, daß sich die Notwendigkeit ergab, 1964—71 im Feilebachtal oberhalb von Dröda eine weitere Trinkwassertalsperre mit einem Inhalt von 15,6 Mill. m^3 bei Normalstau zu errichten. In der Pumpstation unterhalb des Sperrkörpers wird das Rohwasser in die Aufbereitungsanlage von Kleinzöbern gedrückt und fließt von hier im freien Gefälle dem 10000 m^3 fassenden Trinkwasserbehälter am Hengerberg nordwestlich von Neundorf zu. Dieser Behälter befindet sich in gleicher Höhe wie der Speicher am Reusaer Berg.

P 3 **Reinsdorf,** seit 1949 Stadtteil von Plauen,

wird durch Gärten von der Randbebauung der Südvorstadt getrennt. Als eines der ältesten und bedeutendsten Vorwerke in der Umgebung Plauens — 1263 läßt sich ein Abecz de *Reynoldestorf* (= Ort eines Reinwald bzw. Rein[h]old) nachweisen — tritt die Gutsanlage auch heute noch deutlich im Siedlungsbild hervor. Die LPG Edwin Hoernle Oberlosa hält hier Kälber, die VdgB/BHG nutzt andere Gebäudeteile. In einem Teich des früheren Gutsparkes, an den noch alter Baumbestand erinnert, befand sich eine Ringwallinsel. Zum Vorwerk gehörte die Schäferei am Kemmler (s. P 4). Zu ihr führt die heutige Kemmlerstraße, an der sich außerhalb von Reinsdorf ein kleines Siedlungsband von der Oelsnitzer Straße bis zum Kemmlerweg entwickelte. Bis auf zweigeschossige Wohnhäuser in geschlossener Bauweise an der Unterlosaer Straße zeigt Reinsdorf locker aneinandergereihte Gebäude.
Nach S und SW werden Reinsdorf und die Südvorstadt durch den Reuthhübel (435 m) und den Sattlerberg sowie durch das Schwarze Holz mit dem 482 m hohen Plattenhübel begrenzt. Am Ostrand dieses Waldes liegt die Siedlung am Schwarzen Holz. Im Milmesbachtal — am Westfuß des Schwarzen Holzes — wurde 1865 ein 950 m^3 fassender Behälter errichtet, der erste für Plauen, der das Wasser aus dem Meßbacher Quellgebiet sammelt und von dem eine Rohrleitung zur Stadt führt.
An der F 92 nach Oelsnitz bietet ein heute auflässiger Steinbruch einen guten Einblick in den geologischen Aufbau des Kemmlergebietes. Im nordöstlichen Wandbereich lassen sich Diabasergüsse des unteren Oberdevons erkennen, die kissenartig als Pillowlava ausgebildet sind (Bild 10). Die einzelnen Kissen können Durchmesser von 1,0 bis 1,5 m erreichen. Sie bestehen im Kern aus feinkörnigem Diabas, nach außen hin nehmen konzentrisch angeordnete Diabasmandelstein-Partien zu. Die Mandelfüllung setzt sich größtenteils aus Kalkspat, seltener aus Quarz zusammen. Am Rand schließen Chloritmandeln den Aufbau der Kissen ab. Die Diabaslava ergoß sich sehr wahrscheinlich in ein Meeresbecken, wobei die rasche Abkühlung zur Kissenbildung führte.

Der 507 m hohe Kemmler (Bild 6) ist das landschaftliche Wahrzeichen von Plauen und ein ausgezeichneter Orientierungspunkt für das gesamte mittlere Vogtland. Ihn bauen vorwiegend Diabasmandelstein und porphyrischer Diabas des Oberdevons auf (Abb. 28), der als Pillowlava ausgebildet ist (s. P 3). Das Gestein steht in mehreren kleinen Aufschlüssen im Gipfelbereich an.
Vom Fuß des 1902 erbauten Turmes aus blickt man nach W und NW hin auf das Stadtgebiet von Plauen, das von der SW–NO streichenden Furche des Elstertales durchzogen wird. Hinter dem Diabaskonglomerat des Bärensteins (s. L 1) taucht die Landschaft zwischen Haselbrunn und Syrau auf, in der sich flachwellige Schieferflächen mit Diabaskuppen abwechseln. Im Hintergrund schließen die Tonschiefer- und Sandsteinhöhen um Mehltheuer den Ausblick ab.
Nach N reicht die Sicht über die Diabashöhen von Voigtsgrün und das Triebtal bis zum 511 m hohen Kuhberg bei Netzschkau, und in nordöstlicher bis östlicher Richtung bemerken wir im Mittelgrund die Halden des ehemaligen Wismutbergbaus bei Zobes und Mechelgrün (s. Q 8). Sie kennzeichnen annähernd den Verlauf des äußeren Kontakthofes des Bergener Granits. Auch die dahinter ansteigenden Höhen gehören noch dem Kontakthof an, während der weiche Granit schneller verwitterte und somit morphologisch eine Mulde bildet.
Die jenseitigen Höhen des Kontakthofes leiten zu den weitgeschwungenen Bergrücken des Phyllitgebietes von Adorf–Falkenstein über, und den Abschluß bilden am Horizont die Granithöhen von Eibenstock und dem oberen Vogtland, von denen wir den Kuhberg (795 m) bei Schönheide, den Auersberg (1018 m), den Großen Rammelsberg (963 m) und den Hohen Kiel (941 m) bei klarer Sicht wahrnehmen können.
Nach S reicht der Blick über die Kuppenlandschaft zwischen Plauen und Taltitz bis zu den Höhenrücken um Bösenbrunn und Dröda, die sich vorwiegend aus ordovizischen Schiefern aufbauen. Auch hier fällt der Gegensatz zwischen den Diabaskuppen und den weitgespannten Schieferrücken auf, welcher ein unruhiges Landschaftsbild hervorruft. Am westlichen Horizont schließt der

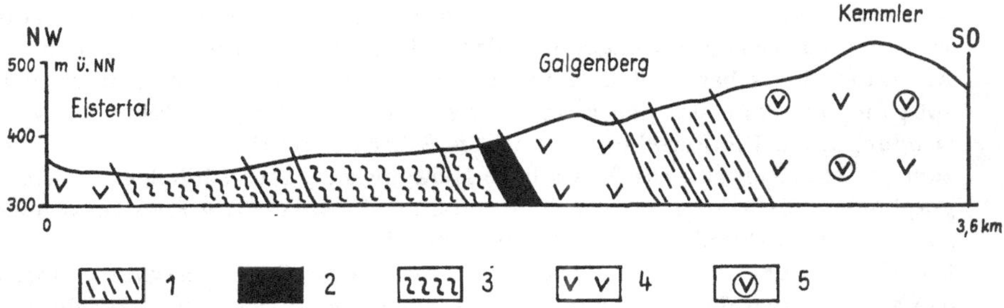

Abb. 28. Geologisches Profil vom Elstertal in Plauen zum Kemmler (nach Freyer u. Tröger 1965)

1 Tonschiefer (Unter-/Mitteldevon)
2 Kieselschiefer (Silur)
3 sandig-quarzitische Schiefer (Ordovizium)
4 körniger Diabas (Oberdevon)
5 Diabasmandelstein (Oberdevon)

P 4 flachwellige Westvogtländische Höhenrücken um Reuth—Grobau, der zu den Höhen von Kauschwitz und Mehltheuer überleitet, den Ausblick ab.
Bereits 1418 bestand am Kemmler ein Vorwerk, dem später eine Schäferei folgte, die mit dem Vorwerk bzw. Rittergut Reinsdorf (s. P 3) verbunden war. 1506 gab es in dem Gebäude auffm *Kemler* — vielleicht zu altsorbisch *kamjeń* = Stein — 865 Schafe. Die Schäferei brannte 1848 ab. Dicht unterhalb des Gipfels wurde 1949 in einer ehemaligen Gaststätte das Kinderkurheim Kemmlerhaus eingerichtet.

Q 1 Friesenbach

Von Theuma und Schloditz her schiebt sich ein 3 bis 2 km breiter Streifen aus vorherrschend Tonschiefern nordwestwärts bis Reusa vor. Er trennt das Pöhler vom Oberlosa—Meßbacher Diabaskuppenland (Abb. 2). Wie überall in der Nähe des Elstertales, so sind auch hier die Tonschiefer stärker und tiefer erosiv aufgeschnitten als die Diabase, und zwar durch den 8,5 km langen Friesenbach und seine Zuflüsse. Das Friesenbachgebiet (Anhang B) hinterläßt im Bereich des Tonschiefers den Charakter einer durch Aufgliederung bestimmten Bachtallandschaft, in der selbst Riedel nur noch in Resten erhalten blieben und mittlere Hangneigungen überwiegen. Die Quellarme des Wasserlaufs in etwa 480 m ü. NN zwischen Theuma und Obermarxgrün haben nach 1—2 km Lauflänge ein 50 m tiefes asymmetrisches Sohlental herausgearbeitet (Abb. 9). In seinem gewundenen unteren Abschnitt tritt der Friesenbach mit teilweise felsdurchsetzten Waldhängen in das Diabasgebiet ein und mündet in Chrieschwitz 322 m ü. NN in die Weiße Elster.

Q 2 **Kleinfriesen** mit **Sorga,** seit 1903 Stadtteil von Plauen

Der Weiler Kleinfriesen (1834: 12 Häuser, 1903: 34 Häuser) besaß am Friesenbach früher 2 Mühlen. Die Dorfmühle oder Obere Mühle — 1576 zuerst erwähnt — stellte Ende der achtziger Jahre des 19. Jh. ihren Betrieb ein. Die ebenfalls 1576 erstmals genannte Rangmühle oder Untere Mühle schrotete 1980 noch.
Am Ostrand des bewaldeten Höhenrückens oberhalb der Rangmühle wurden 1964 die Überreste slawischer Keramik entdeckt, die beim Pechbrennen Verwendung fand. Die Forschung datiert die Scherben an den Übergang vom 11. zum 12. Jh. (Richter 1956). Ähnliche Keramik kam 1966 südlich der seismographischen Meßstation im Knielohbachtal am Westhang des Reusaer Waldes zum Vorschein (Funde im Vogtlandmuseum Plauen).
Die Entwicklung von Sorga (1834: 7 Häuser, 1903: 8 Häuser) wurde durch das Vorwerk und die Schäferei bestimmt, an die heute noch ein Gebäude und der Name Am Schäfereianger erinnern. Vorwerk und Schäferei lagen getrennt und bildeten somit 2 Siedlungspole, die später miteinander verschmolzen.
Kleinfriesen und Sorga erfuhren zwischen den beiden Weltkriegen durch Häuser in aufgelockerter Bauweise in Richtung Reusa eine Erweiterung. Seit 1920 entstand die heutige Damaschkesiedlung, die mit

der 1927 beginnenden Bebauung An der Hohle, die zum alten Dorfkern von Kleinfriesen führt, vorerst abgerundet wurde. Seit 1975 erfolgte eine weitere Verdichtung an der Semmelweisstraße, an der sich auch das Betonwerk des volkseigenen Stadtbaubetriebes befindet. Der 1974 aus 6 Produktionsstätten gebildete zentrale Betrieb hat seinen Sitz An der Hohle. Q 2
Seit 1932 wurde die Stadrandsiedlung Sorga zwischen Hauptfriedhof und dem Gondelteich Kleinfriesen errichtet, so daß sich schon vor dem zweiten Weltkrieg der Reusaer Siedlungsraum (s. P 2) bis in die Nähe des 1938 fertiggestellten Autobahnabschnittes Treuen—Pirk ausgedehnt hatte.
Kleinfriesen erhielt mit dem Bau der Falkensteiner Straße im Jahre 1895 eine bessere Verkehrsanbindung. Die Brückenpfeiler im nördlichen Siedlungsteil sind Reste der 1970 stillgelegten Eisenbahnlinie Plauen—Falkenstein. Das Werk Rohkonserven des VEB Gemüsekonserven Oederan wurde 1946 aus Plauen nach Kleinfriesen verlagert. Seit 1967 befindet sich im früheren Gasthof ein Betriebsteil des VEB Plauener Spitze.

Tauschwitz, seit 1903 Stadtteil von Plauen Q 3

Der kleine Bauernweiler mit seiner 128 ha großen ehemaligen Blockflur liegt in der Quellmulde eines linksseitigen Zuflusses zum Friesenbach in 420—430 m Höhe. Der Ortsname — erstmals 1328 als *Tůswiz* genannt — gehört zu dem altsorbischen Personennamen Tuš(a). 1418 unterstand das (oder ein?) Gut grundherrschaftlich Mechelgrün. Ein selbständiges Rittergut ist in Tauschwitz 1549 belegt. Im 18. Jh. zählte es als Vorwerk zum Rittergut des benachbarten Reusa.
1953 gründeten einige Bauern die LPG Typ III Vorwärts. Weitere Landwirte von Tauschwitz und Stöckigt schlossen sich um 1955 zu einer LPG Typ II und 1960 zur LPG Typ I Kemmler zusammen. Heute prägen das Bild des Stadtteils Ställe für die Kälberaufzucht und eine Milchviehanlage, die seit 1972 die LPG (T) Edwin Hoernle Oberlosa betreut.
Jenseits des Friesenbaches lag südöstlich von Tauschwitz die Siedlung Fressig (Abb. 5), die wegen der schlechten Bodenverhältnisse aufgelassen wurde. 1418 ist ein Gut, 1467 nur noch ein „wüstes Gütlein zu *Fressigk*" belegt. Der Name der Wüstung blieb im Flurnamen Fressigleite für das rechte Gehänge des Friesenbaches bis heute erhalten.
Die bewaldeten Kuppen 500 m südwestlich und südlich des Weilers rechnen zu den typischen Diabaspöhlen. Besonders auf Höhe 450 m treffen wir eine charakteristische Pflanzenwelt an. Auf dem teilweise mit Blöcken übersäten Berg bestimmen Traubeneiche, Rotbuche, Vogelkirsche, Bergahorn, Fichte und Birke den Baumbestand. Als anspruchsvolle Arten auf Mullböden gedeihen beispielsweise Seidelbast (*Daphne mezereum*), Rote Heckenkirsche (*Lonicera xylosteum*), Moschuserdbeere (*Fragaria moschata*), Waldflattergras (*Milium effusum*), Nickendes Perlgras (*Melica nutans*), Gemeine Akelei (*Aquilegia vulgaris*) und Waldmeister (*Galium odoratum*). An trockenen, lichten Stellen im Wald, in den Saumgesellschaften und ihnen vorgelagerten Halbtrockenrasen fallen neben Schlehe (*Prunus spinosa*) und Graugrüner Rose (*Rosa dumalis*) Golddistel (*Carlina vulgaris*), Zypressenwolfsmilch (*Euphorbia cyparissias*), Pechnelke (*Lychnis viscaria*) und Bärenschote (*Astragalus glycyphyllos*) auf.

Q 4 **Stöckigt,** seit 1950 Stadtteil von Plauen,

befindet sich mit seiner 192 ha großen ehemaligen Block- und Gutsblockflur in der Senke zwischen Kemmlergebiet und Friesenbachtal und somit im Grenzbereich der Diabaskuppenlandschaft der Vogtländischen Hauptmulde und der sich östlich anschließenden Tonschieferzone. Die Gutssiedlung (Bild 28, 1466 *zcum Stockicht* = Ort bei den Stöcken) bildete sich um das 1418 erstmals als Vorwerk genannte spätere Rittergut heraus.
Seit 1763 in bürgerlichem Besitz, wechselte das Gut mit seinem Bodenanteil von 60 ha zwischen 1861 und 1889 sechsmal als Spekulationsobjekt seinen Eigentümer. Zum Rittergut Stöckigt zählte das Vorwerk Brand — 1717 *aufm Brand bey Stöckigt* —, heute eine kleine, ebenfalls zu Plauen gehörende Wohnsiedlung. 1945 wurden das Rittergut und ein Großbauernhof enteignet und in Neubauernstellen aufgegliedert. Gegenwärtig betreibt die LPG (T) Edwin Hoernle (s. T 6) die Viehwirtschaft der Genossenschaft (s. Q 3). Die Wirtschaftsgebäude des ehemaligen Ritterguts dienen der Geflügelzucht. Mit dem Ausbau der früheren Schule zu einem Kindergarten und Kulturhaus sowie dem Anschluß an das Wasserleitungsnetz 1977/78 leisteten die Einwohner wesentliche Beiträge zur Verbesserung ihrer Lebensbedingungen.
Die Nähe Plauens bewirkte seit dem 19. Jh. eine verstärkte Ansiedlung von Arbeiterfamilien, die 1911 insgesamt 47 von 94 Haushalten ausmachten. Zwischen 1890 und 1925 entstanden auch Handwerksbetriebe und industrielle Produktionsstätten im Ort. So boten zeitweilig ein Diabasbruch, ein Schieferbruch und eine Ziegelei Verdienstmöglichkeiten, und schon vor dem ersten Weltkrieg ließen sich eine Dampfbrauerei und auf dem Ziegeleigelände eine Stoffwäschefabrik nieder. Heute befindet sich in ihren Gebäuden ein Betriebsteil des VEB Plauener Spitze. Eine kleine Tüllfabrik bestand von 1920 bis 1974.

Q 5 **Großfriesen,** Kreis Plauen,

erstreckt sich am östlichen Gehänge des Kaltebaches, eines rechtsseitigen Nebengewässers zum Friesenbach, rund 30 m über der Talsohle. Der Bach fließt in etwa 300 m Entfernung am Ort vorbei. Mehrere tektonische Verwerfungen durchziehen die 632 ha große ehemalige Blockflur. Das erweiterte Platzdorf in 420—450 m ü. NN breitet sich im Bereich ordovizischer Schiefergesteine aus. Dagegen besteht der Untergrund beiderseits der Straße in Richtung zum Lochmeiergut aus devonischen Schiefern und Diabasen. Die große Gemarkung dehnt sich reichlich 4 km von N nach S aus, was teilweise durch die Einbeziehung der Flur der Wüstung Fressig (s. Q 3) bedingt ist. Zwischen Friesenbach und Großfriesen liegt der Kalte Frosch, eine Abbausiedlung, und abseits vom Dorf befinden sich an der Straßenkreuzung Neuensalz—Theuma und Großfriesen—Mechelgrün das Lochmeiergut und die ehemalige Gaststätte Lochschenke.
Eine Schenkungsurkunde von 1267, die die Kirche zu Theuma (s. Q 6) betrifft, erwähnt erstmalig das Dorf. Der Ortsname *magno Vrizen*, 1493 *grossen Frießen*, gehört wohl zu altsorbisch *breza* = Birke.

Die Großfriesener Bauern gründeten 1960 die LPGs Typ I Friesengrund, Friesenhöhe und Friesental und arbeiten seit 1967 bzw. 1968 in der LPG Typ III Frischer Wind Theuma (s. Q 6). Den Feldbau übernahm 1972 die damalige KAP VIII. Parteitag Plauen-Ost (s. Q 7). Ihr gehört auch der 1970 in Großfriesen errichtete Kartoffelschälbetrieb, der gegenwärtig alle Großverbraucher der Kreise Plauen (Stadt und Land), Oelsnitz und Klingenthal beliefert. Q 5

Der frühere Bahnhof Großfriesen an der Linie Plauen—Lottengrün wurde 1953 von der SDAG Wismut ausgebaut und bis etwa 1960 genutzt. Auf dem Gelände eines ehemaligen Schachtes in Großfriesen entstand um 1969 ein Trockenfutterwerk, das heute als Zweigbetrieb des Trockenwerkes Plauen die LPGs Neuensalz, Theuma, Oberlosa, Helmsgrün, Oberlauterbach und das VEG Christgrün versorgt.

1957 wurde in Großfriesen eine poliklinische Ambulanz mit Pflegeheim eingerichtet. Sie entwickelte sich zum medizinischen Versorgungszentrum des gesamten Gemeindeverbandes Plauen-Ost, Sitz Zobes, einschließlich der Naherholungsgebiete der Talsperre Pöhl, Neuensalz, Thoßfell und Zobes.

Theuma, Kreis Plauen, Q 6

breitet sich an und auf dem äußeren Kontakthof des Bergener Granitgebiets in einer Höhe von 480 bis 500 m ü. NN aus. Die 983 ha große ehemalige Blockflur zieht sich gleichmäßig um den Ort. Die Bauernhöfe, die sich vor allem parallel in zwei Reihen entlang der Straße gegenüberstehen, prägen wesentlich das Bild des gassenartig erweiterten Platzdorfes. Zwischen den beiden Häuserreihen befanden sich in Ortsmitte der Gemeindeteich und der Gasthof. An der Stelle des zugeschütteten Teiches liegt ein kleiner Park. In der östlichen der beiden Reihen stehen Kirche, Gemeindeamt und ehemalige Kaplanwohnung, in der westlichen hat das Pfarrhaus seinen Platz.

Die gotische Kirche wurde 1911 durch FRITZ KOHL aus Plauen umfassend erneuert und durch Anbauten erweitert. Der mächtige Westturm besitzt über einem Oktogon eine welsche Haube mit offener Laterne. Das Schiff mit dunkler Balkendecke von 1911 und der durch einen gotischen Triumphbogen abgetrennte, dreiseitig geschlossene Chor mit tiefem Stichkappengewölbe zeigen außen Strebepfeiler und Spitzbogenfenster. Die Brüstungsfelder der Patronatsloge von 1655 im Chor erhielten 1669 biblische Darstellungen, solche befinden sich in ländlich-barocker Malerei vom Anfang des 18. Jh. als Stiftungen von Gemeindegliedern auch an den Emporen. Im 17. Jh. entstand das lebensgroße Kruzifix, 1700 die furnierte Kanzel mit aufgelegten Schnitzereien. Den Altar mit geschnitzten Szenen und Flügelmalereien aus dem Neuen Testament und dem Leben der Kirchenpatronin Maria Magdalena schuf, angeblich 1512, der Meister des Thossener Altars (s. N 5). An den Kirchenaußenwänden befinden sich 7 Grabsteine von 1567 bis 1595.

Theuma erscheint 1267 in einer Schenkungsurkunde an die hiesige Kirche das erste Mal urkundlich als *Dymen*, von altsorbisch *dym* = Rauch, Dunst. Die Ausbreitung der hausindustriellen Lohnstickerei bestimmte im 19. Jh. die Ortsentwicklung. Vorwiegend an den Ausgängen von Theuma errichtete man die

Q 6 kleinen Stickereigebäude und die dazugehörigen Wohnhäuser. Dadurch entstanden Erweiterungen, die sich aus dem alten Dorfkern herausstrecken. An der Flurgrenze zu Lottengrün arbeitet ein Steinbruch (s. U 2). In seiner Nähe gab es bereits im vorigen Jahrhundert 8 Wohngebäude, die sogenannten Steinbruchhäuser.

Am südlichen Dorfrand steht die 1907 vor allem aus Theumaer Schiefer erbaute, nach dem zweiten Weltkrieg zweimal erweiterte Oberschule. Den Ortsausgang nach Großfriesen bezeichnen der Gasthof Anker und eine Produktionsstätte des VEB Bekleidungswerke Falkenstein. 1975 wurden in Theuma eine Zahnarztpraxis und eine ärztliche Außenstelle der Ambulanz Großfriesen zur Nutzung übergeben, 1979 bezog der Kindergarten ein großzügig eingerichtetes Gebäude.

Mit der Gründung der LPG Frischer Wind (1960), dem Bau einer großen Werkstatt und einer Milchviehanlage für 200 Kühe gingen die Genossenschaftsbauern auch in der Landwirtschaft zur sozialistischen Produktion über. Seit 1972 widmet sich die hiesige LPG nur noch der Tierproduktion.

Q 7 **Mechelgrün,** Kreis Plauen,

liegt mit seiner 775 ha großen ehemaligen Block- und Gutsblockflur vorwiegend im Bereich des inneren und äußeren Kontakthofes des Bergener Granitgebiets; den äußeren durchschneidet der Rabenbach (s. M 6). Der höchste Punkt der Gemarkung mit 548 m ü. NN liegt im Kohlholz, 1,5 km südsüdöstlich des Wasserschlosses, der tiefste am Rabenbach mit 400 m ü. NN. Die älteste Siedlung nimmt ihren Platz in der über 200 m breiten Aue des Rabenbaches und ihrer unmittelbaren Umgebung ein.

Die Kirche zu Theuma (s. Q 6) erhielt seit 1267 jährlich $4^1/_2$ Scheffel Roggen aus *Mechtildegrune* (= Rodung einer Mechthild). Die Urkunde gibt keine Auskunft darüber, ob in diesem Jahr in Mechelgrün bereits ein Rittersitz bestanden hat. Erst 1298 tritt ein Johannes Rabe de *Methildegrune* als Zeuge auf. Für die spätere Gründung des Rittergutes könnte die abseitige Lage des ehemaligen Gutskomplexes vom Ort sprechen. Noch um 1840 umgab der heute zu einem großen Teil zugeschüttete Wolteich das stark verfallene Wasserschloß (Abb. 29). Die Familie Rabe hatte 1418/19 das gesamte Territorium am Rabenbach in ihren Besitz gebracht, so auch Mechelgrün, Theuma, Zschockau und Neuensalz, und besaß Güter und Lehen in 32 weiteren Orten der Herrschaften Plauen und Voigtsberg.

In Mechelgrün gab es 3 Mühlen, und bereits Mitte des 19. Jh. hatte die Stickerei in der Gutssiedlung Einzug gehalten. Neben den wenigen Gehöften und den kleinen Wohnstätten der Häusler entstanden Stickereigebäude, und das Dorf verlor immer mehr an bäuerlichem Gepräge.

Der enteignete Rittergutsbesitz wurde 1945 aufgeteilt. 14 Neubauernstellen entstanden, und 7 Kleinbauern erhielten Land. Eindachhöfe aus dieser Zeit stehen am Raumweg und an der Theumaer Straße, wo sich auch eine Produktionsstätte des VEB Hemdenbetriebe Auerbach befindet. 1958 entstand die LPG Fortschritt, der sich 1960 die Mechelgrüner Bauern anschlossen. Die Tierproduktion erfolgt durch die LPG (T) Frischer Wind Theuma, der die Mechelgrüner Genossenschaft 1968 beitrat.

Seit 1972 bestand die KAP VIII. Parteitag Plauen-Ost mit Sitz in Mechelgrün, der sich die Feldbauabteilungen der LPGs Mechelgrün, Theuma, Großfriesen, Neuensalz, Thoßfell, Zobes und Oberlosa anschlossen. Daraus ging 1979 die LPG (P) Mechelgrün hervor. Von ihrer 3630 ha großen Nutzfläche entfallen 25% auf Grünland auf Grund der zahlreichen nassen Tälchen und der hohen Hangneigungen. Auf 22% des Areals wächst Feldfutter, vor allem verschiedene Weidelgrasarten. Etwa 37% der Fläche sind mit Getreide und 10% mit Kartoffeln bestellt. Der kleinräumige Wechsel der Oberflächenformen und die Aufsiedlung der stadtrandnahen Gebiete bei Ober- und Unterlosa lassen Schlaggrößen von oft nur wenigen Hektar zu, im Durchschnitt aber liegt die Feldgröße bei 35—40 ha. Unweit des Verwaltungs- und Reparaturgebäudes — beide aus der Zeit des Wismutbergbaus (s. Q 8) — breiten sich die neuen Hallen der Zwischenbetrieblichen Einrichtung Geflügel (s. T 5) und eines Versorgungslagers des Kreisbetriebes für Landtechnik aus. Q 7

Abb. 29. Wasserschloß Mechelgrün, Zustand 1975

Halden bei Mechelgrün (Bild 11) Q 8

Unmittelbar nordöstlich von Mechelgrün markieren 2 weithin sichtbare, begrünte Spitzkegelhalden die Landstufe des Theumaer Kontakthofes, die hier mit abnehmender Meereshöhe nach NO umbiegt. Die Halden sitzen der Anhöhe 491 m ü. NN auf, wo den Fruchtschiefern schwarze Chiastolithschiefer und Hornblendelinsen eingelagert sind. In den umgebenden Verwitterungsdecken treten zusätzlich Blöcke von Gangquarz und Schwerspat auf.
Die Halden von Zobes und Mechelgrün, die auf den Uranerzbergbau der SDAG Wismut in der Zeit nach 1945 hindeuten, kennzeichnen etwa den Verlauf der Thoßfeller Störung (s. M 9). Diese zieht aus dem Gebiet nordöstlich von Oelsnitz fast genau nach N, an Theuma und Thoßfell vorbei bis Limbach, um dort in die NW-SO-Richtung einzubiegen. Die sicher nachweisbare Sprunghöhe dieser Störung beträgt 100 m, wobei die östliche Scholle an ihr emporgehoben ist. Ihr Alter wird der saalischen bis nachsaalischen Phase im Mittelperm zugerechnet. Die Thoßfeller Störung trennt die Silur- und Devonbereiche der östlichen Vogtländischen Mulde von den ordovizischen Sedimenten westlich des Bergener Granits.

Q 8 Auf den Halden lagern die verschiedenartigsten Gesteine aus dem Bereich der Thoßfeller Störung. Es handelt sich zum einen um magmatische Gesteine, so dichte und körnige Diabase, Diabasmandelsteine, -tuffe und -brekzien, zum anderen um Sedimente, wie Kieselschiefer, verschiedene Tonschiefer, vor allem solche des Ordoviziums und Devons, und Quarzite. Nicht selten sind auch metamorphe (= umgewandelte) Gesteine zu sehen, besonders Fleck- und Fruchtschiefer, Hornblendegesteine, verschiedene Glimmerfelse, die aus dem Kontakthof des Bergener Granits stammen. Da auf den Halden harte und weiche Gesteine miteinander vermengt vorliegen, sind diese für den Straßenbau nur sehr bedingt verwendbar. Das Betreten ist wegen Steinschlaggefahr und zum Schutz der Gehölze untersagt, jedoch bieten sich dem Mineralogen bereits am Haldenfuß gute Gelegenheiten zum Sammeln. Die Doppelhalde steht seit 1979 als technisches Denkmal unter Schutz.

Die beiden Spitzkegelhalden gelten als die einzigen ihrer Art in Europa, die systematisch bepflanzt worden sind. Zunächst legten Arbeiter Bermen an, Kleinterrassen von etwa 1 m Breite, die spiralenförmig die 74 m hohen Halden umzogen, mittlerweile aber teilweise durch herabgerutschtes Gestein verschüttet sind. Der Staatliche Forstwirtschaftsbetrieb Oelsnitz bepflanzte die Bermen 1963 mit 14 verschiedenen Gehölzen, darunter Pappeln, Schwarzkiefer, Schwarz- und Grauerle, Europäischer Lärche, Eingriffeligem Weißdorn (*Crataegus monogyna*), Stachelbeere (*Ribes uva-crispa*), Goldgelber Johannisbeere (*Ribes aureum*), Wacholder (*Juniperus communis*) und Abendländischem Lebensbaum (*Thuja occidentalis*). Einige Arten litten in den ersten Jahren stark unter Kaninchenfraß, andere, so die Schwarzkiefer, unter herabrollendem Material. Weitere Sippen, wie Wacholder und Lebensbaum, sind eingegangen. Besonders bewährte sich die Pappel. Ödlandpionierarten, wie Birke, Espe und Salweide (*Salix caprea*), sind aus Samenanflug hervorgegangen. Heute hat die 1,67 ha große Fläche eine Bestandsdichte von 70% erreicht.

Nach anfänglicher einmaliger anorganischer Düngergabe wurden mit Weißem Steinklee (*Melilotus alba*), Saatluzerne (*Medicago sativa*) und Vielblättriger Lupine (*Lupinus polyphyllus*) 3 Schmetterlingsblütengewächse ausgesät, die, wie alle Arten dieser Familie, eine Symbiose mit stickstoffbindenden Bakterien in Wurzelknöllchen eingehen und damit den Boden mit Stickstoff anreichern. Viele Arten besiedelten die Halde vom Hangfuß her oder gelangten durch Samenanflug dorthin. Das gilt besonders für Schmalblättriges und Hügelweidenröschen (*Epilobium angustifolium* und *E. collinum*), einige Süßgräser und Glattes Habichtskraut (*Hieracium laevigatum*).

R 1 Wartberg

Von Thossen zieht sich die Nordosthänge des 558 m hohen Wartberges und des Deichselberges entlang nach SO die fast geradlinige etwa 80 m hohe Landstufe (s. Seite 7), an die auch abschnittsweise ein Mineralgang der Eisen- und Kupfererzformation gebunden ist. Sie leitet zu den mittelhohen, leebegünstigten Lagen (Anhang C) des westlichen Vogtlandes über. Hier beginnt das Schwand—Gutenfürster Kuppenbergland mit seinen hohen Wald- und Grünlandanteilen sowie mit seinen im Vergleich zum engeren Burgsteingebiet (s. V 1) unbedeutenden Felsklippenbildungen. Der steilhängige Wartberg als weithin sichtbarer Nordpfeiler bietet wegen der Waldbedeckung nur über Kahlschläge zeitweilig Aussichten. R 1

An seinem Nordwesthang stockt ein Rotbuchen-Tannen-Wald, der zum geobotanischen unteren Bergland vermittelt. Während sich die Rotbuche natürlich verjüngt, ist die Weißtanne nunmehr verschwunden. Durch ihre fichteähnliche Wuchsform fallen eingestreute Höhenkiefern auf. Die Traubeneiche kommt nur spärlich in der Strauchschicht vor. Diese von Fichtenforst umgebene Gesellschaft steht unter Naturschutz (13 ha) und repräsentiert die natürliche Waldzusammensetzung, wie sie sich auch archivalisch nachweisen läßt. Das zwischen Thossen und Schönlind gelegene Thossenholz enthielt nach dem Erbbuch des Amtes Plauen von 1506 zum großen Teil nur Feuerholz, bisweilen wurden jedoch auch Buchen als Nutzholz geschlagen. Ein Verzeichnis von 1595 nennt es noch ausgehauenes Hölzlein, das nur mit dünnen Tannen bestanden war, während die Fichten vollständig fehlten. Neben wenigen wärmeliebenden Arten am Waldsaum betonen Roter Holunder (*Sambucus racemosa*), Rundblattlabkraut (*Galium rotundifolium*), Waldwachtelweizen (*Melampyrum sylvaticum*) und Fuchssches Greiskraut (*Senecio fuchsii*) den submontanen Charakter am Übergang der Plauener Binnenzone zur Elster-Saale-Schwelle.

Am Südostfuß des Wartberges wurde eine große Knotenkalklinse zeitweilig abgebaut. Im aufgelassenen Bruch kam bis etwa 1978 der im Vogtland sehr seltene Fransenenzian (*Gentianella ciliata*) vor.

Schutzberg R 2

Dem Schwand—Gutenfürster Kuppenbergland (Abb. 9, Mitte) ist auch die Rodungsinsel von Schwand zuzuordnen, auf der von Diabasen und Tuffen durchsetzte Tonschiefer vorherrschen. Die markanteste Erhebung stellt der überackerte 566 m hohe Schutzberg dar, ein Härtling aus verquarzten Grauwackensandsteinen und Konglomeraten. Er steht höhenmäßig den umgebenden Diabaskuppen (s. R 1, V 1) nicht nach und ist ein hervorragender Aussichtspunkt. Über das merklich tiefer gelegene Schönbrunn—Geilsdorfer Riedelgebiet hinweg reicht das Blickfeld gegen O und SO besonders weit: bis zum Westerzgebirge (Schöneckstufe) und zum Elstergebirge mit dem Haj (Hainberg bei Aš/ČSSR). Im N und NO erkennen wir den Mehltheuerer Wald, die Plauener Randhöhen und den Kuhberg bei Netzschkau, während im S und SO die imposanten Berge des Burgsteingebietes das Blickfeld abrunden. Unter diesen sind besonders erwähnenswert der Kandelstein, mit 610 m ü. NN die höchste Kuppe im Einzugsgebiet der Weißen Elster auf der Elster-Saale-Wasserscheide, ferner der Brauhauspöhl bei Gutenfürst, weiterhin die Vordere (600 m) und Hintere Platte (600 m) sowie der Ruderitzberg (576 m).

R 3 **Schwand,** Kreis Plauen,

breitet sich im Schwand—Gutenfürster Kuppenbergland am Südhang des 566 m hohen Schutzberges aus. Die ursprüngliche Dorfanlage in 500—540 m ü. NN blieb weitgehend erhalten. Von einem engen Anger aus verliefen die 660 ha großen Waldhufen radial in die Flur. Deshalb könnte man diesen Siedlungstyp als Anger-Radialwaldhufendorf bezeichnen. Der Ortsname (1421 *Swantt*) verweist auf eine durch Brennen entstandene Rodung vermutlich im Zuge der deutschen Ostexpansion. Schwand gehörte zum Besitz der Burg Laneck (s. R 8). Kirchlich stellte es eine Oelsnitzer Exklave in Amt und Pfarrbezirk Plauen dar, was sich mit der Zugehörigkeit zur ehemaligen Herrschaft Straßberg (s. O 3, Y 2) erklären läßt.

In Schwand als einem der ehemals größten Dörfer des Vogtlandes gab es 1525 bereits 29 Höfe. Auf das Jahr 1635 geht eine Schule zurück. Seit Auflösung der Zweiklassenschule im Ort 1966 besuchen die Kinder die Oberschule Nikolai Ostrowski in Krebes.

Einem Großbrand am 12. September 1869 fielen in Schwand das Pfarrhaus, 12 Bauernhäuser mit Stallungen und Scheunen sowie weitere 4 Wohnhäuser zum Opfer. Die Kirche ist romanischen Ursprungs. Sie steht inmitten des von einer hohen, ovalen Ringmauer mit Schießscharten umzogenen Kirchhofs. Das Schiff, dessen Westseite einen viereckigen spitzen Dachreiter trägt, zeigte bis zum Brand von 1869 einen hölzernen Wehrgang mit Walmdach und überragte den großen dreiseitig geschlossenen Chor, der außen Strebepfeiler aufweist und sich innen in hohem Rundbogen öffnet. Die gotischen Gewölberippen des Chors sind einfach gekehlt. 1911 entstand das reich geschnitzte Gestühl unter der Westempore mit vegetabilischem Schmuck in spätgotischer Manier sowie einer Darstellung der alten Wehrkirche. Der Vorraum birgt die runde Kuppa eines romanischen Taufsteins.

Schwand war bis zum Ende des 19. Jh. fast ausschließlich auf landwirtschaftliche Produktion ausgerichtet. Auf dem Butterweg (s. R 6) trugen die Bäuerinnen vor dem ersten Weltkrieg die Erzeugnisse aus der Milchviehwirtschaft nach Plauen zum Verkauf. Schon vor der Jahrhundertwende begannen sich im Ort Handwerker und Arbeiter anzusiedeln. Vor allem waren es Maurer und Zimmerleute, die als Saisonarbeiter auch außerhalb des Vogtlandes Verdienstmöglichkeiten fanden.

1958 gründeten Bauern die LPG Neues Leben, ihr folgte 1960 die LPG Schwander Höhe. Die LPG Einheit Rodersdorf besorgt die tierische Produktion; die Felder werden von der LPG (P) Geilsdorf bewirtschaftet, die in Schwand einen Meliorationsstützpunkt unterhält. Das ehemalige Rittergut gehörte von 1928 bis zum Ende des zweiten Weltkrieges der Stadt Plauen. Nach der demokratischen Bodenreform 1945 entstand daraus ein Volksgut, das dem in Rodersdorf angegliedert ist. Das frühere Herrenhaus (Nr. 17) enthält seit einem Umbau einen Kulturraum und eine Konsumgaststätte.

Steins, seit 1950 Ortsteil von Schwand R 4

Der lockere Bauernweiler mit der 170 ha großen ehemaligen Blockflur nimmt die Quellmulde eines Rinnsals zum Gößnitzbach, der zwischen Kürbitz und Straßberg in die Weiße Elster mündet, und ihre unmittelbare Umgebung ein. Das rund 490 m hoch gelegene Steins ist von mehreren, zum größten Teil bewaldeten Diabaskuppen und Bergen umgeben, von denen der breite Rücken des Deichselberges (s. R 5) östlich des Ortes der bedeutendste ist.
Frühere Flurform und Ortsname verweisen auf eine Gründung am westlichen Rand des slawischen Altsiedelgebietes um Plauen. Vermutlich handelt es sich bei *Stens* (1303) um einen deutschen genitivischen Ortsnamen zu einem slawischen Personennamen Sděn. Die Dreiseithöfe Nr. 7 und 9 dienen der LPG Einheit Rodersdorf zur Viehhaltung.

Deichselberg R 5

Der Deichselberg, mundartlich zumeist Deistelberg genannt, trägt hauptsächlich Fichten-, stellenweise auch etwas Laubwald. Der südöstliche Gipfel mit 535 m erlaubt zwischen den Bäumen hindurch weite Blicke nach N und O, vor allem auf das Stadtgebiet von Plauen. Von einem anderen Punkt aus ist die Sicht nach S möglich. Auf dem Deichselberg, der zur Gemarkung Kröstau gehört, vermuten Fachleute eine mittelalterliche Wehranlage. Befestigungsmerkmale lassen sich allerdings nicht erkennen.
1978 wurde am Deichselberg Muffelwild ausgesetzt. Stollenmundlöcher und kleine Halden erinnern daran, daß Bergleute in früheren Jahrhunderten nach Eisenerz schürften. Noch Mitte des 19. Jh. verzeichnet der Atlas von Oberreit am Deichselberg eine Zeche.
Zwischen dem Höhenrücken und der Straße Weischlitz—Thossen lag ein kleines Bauerngut, das 1906 vom Rittergut Kröstau, dessen Vorwerk es ursprünglich war, als Waldwärterhaus erneuert wurde. Zu diesem Deichselhaus, nach der demokratischen Bodenreform 1945 ein Neubauernhof, gesellten sich später 6 weitere solche Anwesen. Auf der gegenüberliegenden Seite der Straße Weischlitz—Thossen ragt eine stattliche Fichte mit 2 Wipfeln als geschütztes Naturdenkmal auf.

Butterweg R 6

Eine der beiden alten Straßen von Plauen nach Hof mied den Elsterübergang und führte über Straßberg, Schwand und Krebes. Ein Teil dieser historischen Verbindung, der 5 km lange Butterweg, beginnt zwischen Straßberg und Kürbitz, zweigt westlich von der Straße zwischen diesen beiden Dörfern ab und steigt allmählich aus dem Elstertal auf die Höhe. Im weiteren Verlauf ermöglicht der Höhenpfad über den Butterpöhl bis zur Straße Weischlitz—Kröstau Blicke zurück auf Plauen sowie hinunter in das Elstertal. Bis zur Straße Weischlitz—Thossen zieht sich der Butterweg über die Heide, einen langgestreckten,

R 6 felsigen Höhenrücken, auf dem Fichten und am Wegrand einzelne Lärchen wachsen.

Tief ausgefahrene Gleise deuten auf einstigen regen Verkehr. Wahrscheinlich trat dieser Straßenzug seine Bedeutung noch vor dem Ausgang des Mittelalters an die zu allen Zeiten wichtigere Verbindung zwischen Plauen und Hof mit dem Elsterübergang bei Pirk ab (LEIPOLDT 1932). Am bewaldeten Südhang des Deichselberges hinauf erreicht der Weg die Straße Weischlitz—Schwand und endet dort. Früher schloß sich ein sogenannter Marktsteig durch die Felder nach Schwand an.

R 7 Schwedenschanze

Südwestlich von Weischlitz liegt etwa 250 m südöstlich der Straßengabel Weischlitz—Schwand bzw. Geilsdorf die Schwedenschanze. Ihr Name bezeichnet eine Wehranlage, stellt sie aber in eine falsche historische Beziehung zum Dreißigjährigen Krieg. Der gut erhaltene Turmhügel von 25 m Durchmesser mit umlaufendem Trockengraben und Außenwall befindet sich auf dem Gipfel (480 m ü. NN) einer bewaldeten Kuppe. Im Südostteil des Grabens liegt ein rechteckiger Brunnenschacht. Eine Grabung im Jahre 1953 erbrachte wenige keramische Scherben aus der Zeit um 1200 (BILLIG 1963). Im östlich vorgelagerten Gehölz, dem Schwaiger, sollen steinerne Treppenstufen festgestellt worden sein. Ob die Schwedenschanze mit einem der Weischlitzer Vorwerke (s. S 5) in Verbindung stand, bleibt offen. Sie könnte auch der ländliche Herrensitz eines früh wieder aufgegebenen Ortes gewesen sein, der erst nach dem Wüstwerden in die Hände der Feudalherren von Weischlitz gelangte.

Südwestlich der Anlage verzeichnet eine alte Karte den Hungerberg und die Raßelteiche. 1476 und in weiteren Belehnungen erscheinen „etliche Güter, Äcker, Wiesen, Teiche" in der *Roßla* und am Hungerberg (RAAB 1893).

R 8 Laneckhaus

1,3 km südwestlich von Weischlitz liegt das Laneckhaus auf dem Sporn über der Mündung des Hainbaches oder Meißnergrabens in die Elster, dicht an der Flurgrenze zu Geilsdorf. Unmittelbar hinter der Scheune des kleinen Gehöftes, dessen Wohnhaus mit Blockstube und Umgebindekonstruktion noch Baumerkmale aus dem 18. Jh. aufweist, befindet sich eine große Einsenkung.

Diese und westwärts anschließende Terrassen bestätigen, daß das Laneckhaus in dem Außenbezirk einer ehemaligen Burgstatt erbaut ist. Im S erkennen wir noch den Hohlweg des alten Zugangs. Unmittelbar nördlich des Gutes liegt auf dem Sporn das ehemalige etwa 33 m × 20 m große Kernwerk. Den gut sichtbaren Abschnittsgraben verfüllte man in der Mitte, um einen Zugang zu dem früheren Wirtshausgarten auf dem Turmhügel zu schaffen.

Die einstige Burg Laneck ist eine Gründung der Vögte von Straßberg (s. O 3). Nach dem Verlust ihrer Stammburg nannten sich die Söhne ERKENBERTS DES ÄLTEREN VON STRASSBERG, REINBOT und ERKENBERT, 1267 nach ihrer neuen

Burg de (von) *lantecke*. Laneck, zu dessen Feudalbesitz aus dem Erbe der Straß- R 8
berger einst Schwand gehörte, erreichte nicht die Bedeutung von Voigtsberg (s. Y 2) und verfiel. Im 15. Jh. war es wohl eines der Weischlitzer Vorwerke (s. S 5).

Naturschutzgebiet Burgteich S 1

Zwischen Kürbitz, Meßbach und Thiergarten breitet sich der 12,5 ha große Burgteich in 436 m Höhe in einer weiten Quellmulde aus. Die Ränder der Mulde ragen lediglich bis zu 10 m über den Wasserspiegel. Der Teich wird nur von den Niederschlägen gespeist, sein Wasser fließt über den Milmesbach zur Weißen Elster ab. Als Vogelfreistätte (Brut- und Raststätte) steht der Burgteich seit 1926 unter Naturschutz. Jetzt sind auch die angrenzenden Wälder und Wiesen in das nunmehr 66 ha große Schutzgebiet eingeschlossen. Nach dem Bau der 4 km südöstlich gelegenen Talsperre Pirk (s. W 11) hatte der Burgteich für längere Zeit als Brutbiotop an Bedeutung verloren. In den letzten Jahren nahm der Vogelbestand jedoch wieder zu. Als Brutvögel sind beispielsweise Bleßralle, Teichralle, Zwerg- und Haubentaucher, Höckerschwan, Stock- und Tafelente zu beobachten. Artenreicher gibt sich die Vogelwelt während der Zugzeiten. Zu den Durchzüglern gehören Krick-, Knäk- und Löffelente. Regelmäßig treten auch Trauerseeschwalbe, Graureiher und Alpenstrandläufer auf. Während des Sommers halten sich häufig Lachmöwen auf.

Das Brüten setzt einen breiten Röhrichtgürtel voraus, der besonders gut am West- und Südostufer ausgebildet ist. Wegen der geringen Tiefe siedeln sich auch nach der Mitte zu mehr oder weniger große Bülten an, wodurch der Teich immer mehr verlandet. An ungestörten Stellen läßt sich die Sukzession, die zeitliche Aufeinanderfolge von Pflanzengesellschaften, deutlich erkennen, so am Westrand. Von innen nach außen folgen Schwimmblattgesellschaft, Teichröhricht, Großseggen- und Vorwaldgesellschaft. Die Schwimmblattgesellschaft wird im wesentlichen von der Kleinen Teichlinse (*Lemna minor*) und dem Wasserknöterich (*Polygonum amphibium*) gebildet. Das Röhricht gliedert sich in den inneren Verlandungsgürtel mit Schmalblättrigem Rohrkolben (*Typha angustifolia*) und der bis zu 3 m hohen Gemeinen Teichsimse (*Schoenoplectus lacustris*) sowie einen äußeren Verlandungsgürtel. In ihm sind neben Breitblättrigem Rohrkolben (*Typha latifolia*) unter anderen Gemeiner Froschlöffel (*Alisma plantago-aquatica*), Gifthahnenfuß (*Ranunculus sceleratus*) sowie Nickender und Dreiteiliger Zweizahn (*Bidens cernua* und *B. tripartita*) kennzeichnende Arten. Das Gemeine Schilfrohr (*Phragmites australis*) fehlt hier völlig. Die sich anschließenden Großseggengesellschaften enthalten neben Schnabel- und Blasensegge (*Carex rostrata* und *C. vesicaria*) Sumpflabkraut (*Galium palustre*), Kappenhelmkraut (*Scutellaria galericulata*), Uferwolfstrapp (*Lycopus europaeus*), Gemeinen Gilbweiderich (*Lysimachia vulgaris*) und Flatterbinse (*Juncus effusus*). Der Vorwald ist vorwiegend als Weiden-Birken-Gebüsch ausgebildet. Zwischen Teich und Fichtenforst stockt — besonders am Südostufer — der Rest eines Eichen-Birken-(Kiefern-)Waldes mit Stiel- und Traubeneiche, Espe, Hängebirke, Bruch- und Ohrweide (*Salix fragilis* und *S. aurita*),

S 1 Faulbaum und einzelnen Kiefern. Flachmoorreste enthalten beispielsweise Blutauge (*Comarum palustre*) und Breitblättrige Kuckucksblume (*Dactylorhiza majalis*). In niederschlagsarmen Jahren, so 1964 und 1976, aber auch nach dem Ablassen des Teiches siedelt sich die im Vogtland sehr seltene Gesellschaft des nackten Teichschlammes an mit großen Beständen der Eisimse (*Eleocharis ovata*) und der Zypergrassegge (*Carex bohemica*).
Der Burgteich — bis 1945 im Besitz des Rittergutes von Kürbitz — dient seit Jahrhunderten der Karpfenhaltung. In der zweiten Hälfte des 19. Jh. lag er jedoch viele Jahre trocken und konnte erst 1895 nach entsprechendem Ausbau wieder genutzt werden. Jetzt bewirtschaftet ihn die Produktionsgenossenschaft werktätiger Fischer Vogtland mit Sitz in Plauen.

S 2 **Koßberg**

Der 452 m hohe Koßberg — 750 m östlich von Kürbitz — nimmt eine Schlüsselstellung in der geologischen Erforschung des Vogtlandes ein. Er baut sich aus verschiedenartigen Ablagerungen des Oberdevons und Unterdevons auf; an seinem nordöstlichen Hang wurden vor Jahrzehnten auch silurische Kieselschiefer als Straßenschotter gewonnen. Vor allem im Gipfelbereich und am Nordhang findet man noch kleine auflässige Steinbrüche vor, von denen die meisten wegen ihrer wissenschaftlichen Bedeutung unter Naturschutz stehen. Am bekanntesten ist der Grauwackenaufschluß auf dem Gipfel des Berges, von dem Pflanzenreste des Unterkarbons stammen. Neben unbestimmbarem Pflanzenhäcksel traten besonders Abdrucke von Schachtelhalmen, so *Asterocalamites scrobiculatus*, und Schuppenbäumen auf, wie *Lepidodendron veltheimianum* (GOTHAN und SCHLOSSER 1924). Etwa 150 m westlich dieses Aufschlusses stehen Konglomerate des höheren Unterkarbons an. Sie setzen sich vorwiegend aus Quarzit- und Kieselschiefergeröllen von maximal 0,5 m Durchmesser zusammen. In mehreren verwachsenen ehemaligen Brüchen des nördlichen Koßberges beobachtet man graue Kalksteine des Unterkarbons, im mittleren und südlichen Teil oberdevonische Diabase, Tonschiefer und Konglomerate.

S 3 **Kürbitz,** Kreis Plauen

Oberhalb der Kürbitzer Elsterbrücke, die schon 1298 eine Urkunde nennt, zieht sich die Weiße Elster mäanderartig durch die fast 400 m breite Aue; unterhalb des Ortes ist sie reguliert. Auf der Höhe des westlichen Talhanges verläuft der Butterweg (s. R 6) und bildet etwa die westliche Grenze der 695 ha großen ehemaligen Blockflur. Nahe der F 173 zieht sich die östliche Kürbitzer Flurgrenze hin, die beim Wüsten Teich mit der Grenze zum Kreis Oelsnitz zusammenfällt.
1,5 km südöstlich des Dorfes kamen westlich vom Wespenpöhl Reste einer Siedlung aus der Jungbronzezeit zum Vorschein. Kürbitz selbst entstand als Gassengruppendorf am östlichen Elsterufer. Der Name des Ortes gehört vermutlich zum altsorbischen Wort *kṛb* = Feuerherd. Ob ein 1225 genannter Zeuge Bruno de *Curbiz* aus dem Vogtland oder aus Kürbitz bei Altenburg stammte, bleibt

unklar. Der erste sichere Nachweis für den Ort erscheint 1294 mit einem Henricus residens in *Kurwitz* dictus de Lasan. Sein Herrensitz ist in der im NO des Ortes, unmittelbar südlich der Straße Kürbitz—Thiergarten gelegenen Teichinsel, auch Wohl- oder Inselgarten bezeichnet, zu suchen. Der gut erhaltene Turmhügel der Wasserburg soll ein Kellergewölbe bergen. Der ehemalige Graben ist nur im SO noch zu sehen. In Kürbitz gab es im 15. Jh. mindestens 4 Vorwerke. Mit Beginn des 16. Jh. wurden die Feudalherren von Feilitzsch alleinige Grundherren von Kürbitz und später auch Patronatsherren der Kirche. Sie ließen das Vorwerk bei der Kirche als Rittergut zum Mittelpunkt ihres Besitzes ausbauen. S 3

Das ehemalige Gutshaus (Bild 33) besteht aus einem hohen Feldsteinsockel mit etwa 1,5 m dicken Mauern und tonnengewölbten Kellerräumen, aus einem reichen Fachwerkaufsatz mit hohem Satteldach aus der Zeit um 1600 sowie einem Anbau aus dem frühen 19. Jh. Der Sockel ist der Rest eines festen Hauses des 13. Jh. mit ursprünglich hochgelegenem Eingang. Im Hausflur hängen 2 gußeiserne Renaissanceofenplatten. Das Taubenhaus auf dem Hof geht auf die erste Hälfte des 19. Jh. zurück. Im tonnengewölbten Keller des Hauses Nr. 50, dem sogenannten Herrenhaus, befindet sich das Marmorwappen des MORITZ HEINRICH VON FEILITZSCH von 1734.

1624—26 ließ der markgräflich Brandenburg-Bayreuther Kanzler URBAN CASPAR VON FEILITZSCH, Mitunterzeichner des Westfälischen Friedens von 1648, eine neue Kirche errichten. Die große Salvatorkirche stellt eine dreischiffige, vierjochige Halle mit Kreuzgratgewölben dar. Der eingezogene $^5/_8$-Chor wird wie der vom Quadrat ins Achteck übergehende Westturm mit gedrückter welscher Haube von Treppentürmen flankiert. Unter der Südempore befindet sich die von Fresken gezierte Grabkapelle der Familie von Feilitzsch mit Grabsteinen und Epitaphien des 16. und 17. Jh. Das Epitaph des Bauherrn schufen um 1650 JOHANN BRENCK und HANS GEORG SCHLEHENDORN in Kulmbach, seine Grabplatte aus dem Ende 17. Jh. stammt von ELIAS RÄNTZ in Bayreuth. Von der reichen Ausstattung seien noch der Flügelaltar einer Hofer Werkstatt und weitere Holzplastiken um 1500 erwähnt, ferner der 1720 von JOHANN NIKOLAUS KNOLL in Hof geschaffene Orgelprospekt in der farbigen Fassung JOHANN ANDREAS LOHES in Hof. Neben der Kirche steht die kleine Rosenberger (s. S 5) Grabkapelle mit barock geschweiftem Dach. Das Pfarrhaus — ebenfalls neben der Kirche — enthält wertvolle Balkendecken des 17. Jh.

Der große Brand von 1870 vernichtete das alte Bauerndorf. Als seit 1875 der Eisenbahnhaltepunkt die Verbindung nach Plauen erleichterte, entwickelte sich Kürbitz zum Arbeiterwohnort. Durch Zuzug stieg die Einwohnerzahl rasch an (Anhang A).

Westlich der Elster wuchs ein neuer Ortsteil, im Volksmund als Galopp bezeichnet, und auch das alte Dorf erweiterte man durch Wohnbauten. 1881 und 1901 mußten wegen der steigenden Schülerzahl neue Unterrichtsgebäude errichtet werden; seit 1978 besuchen die Kürbitzer Kinder die Oberschule in Weischlitz.

Die in Kürbitzer Kleinbetrieben beheimatete Spitzenstickerei erfuhr nach Ausbruch des ersten Weltkrieges einen Niedergang. Dadurch litten die Einwohner des Ortes während der Wirtschaftskrisen der zwanziger Jahre unter besonders hoher Arbeitslosigkeit.

S 3 Der 396 ha große Besitz des Rittergutes wurde 1945 durch die demokratische Bodenreform enteignet und an Landarbeiter und landarme Bauern verteilt. 1960 gründeten die Kürbitzer Bauern die LPG Elsteraue, die sich später der LPG Philipp Müller Weischlitz anschloß (s. S 5).

S 4 Weiße Elster und Naturschutzgebiet Elsterhang bei Pirk

Die Weiße Elster entwässert nahezu das gesamte Vogtland, also jenen von Diabasen durchsetzten Schiefergebirgskörper, der den Frankenwald und die Ostthüringischen Hochflächen mit dem Erzgebirge verbindet. Etwa an der Weidamündung bei Wünschendorf tritt das Tal der Elster in das Hügelland ein und erreicht schließlich nördlich von Zeitz die Leipziger Tieflandsbucht, wo sie nach Aufnahme der Pleiße mit einer Lauflänge von 257 km und einem Gesamteinzugsgebiet von 5384 km² südlich von Halle, 80 m ü. NN, in die Saale mündet. Sie nimmt auf diesem Wege rund 40 Bäche und die 4 Nebenflüsse Trieb, Göltzsch, Weida und Pleiße auf. Als Elsterquelle wurde 1898 die 724 m ü. NN, westlich des Kapellenberges und 260 m jenseits der Staatsgrenze in der ČSSR gelegene Quelle bei Výhledy (Steingrün) festgelegt.
Das vogtländische Einzugsgebiet der Weißen Elster weist bestimmte Eigenarten im Abflußverhalten auf (s. Seite 8). Selbst die aus den Luvgebieten zum Westerzgebirge kommenden und vielfach langen und wasserreichen Zuflüsse vermögen das durch Lee-Erscheinungen im mittleren und westlichen Vogtland bedingte Wasserdefizit nicht auszugleichen. Das einst stark mäandrierende Elsterflußbett wurde auf großen Abschnitten, besonders in Ortslagen, so in Weischlitz und Plauen (s. P 1.3), sowie durch Bahnbauten begradigt. Ein schneller Wasserdurchfluß, Schutzdämme und die Stauanlagen Pirk (s. W 11), Dröda, Pöhl (s. H 5.1), Werda und Greiz-Dölau vermögen heute Hochwasserspitzen merklich zu kappen. In klimatologischen Normaljahren verzeichnet die Weiße Elster ihre höchsten Wasserstände im Frühjahr zur Zeit der Schneeschmelze und die niedrigsten im September. Die meisten registrierten Schadhochwasser erfolgten im Winter und Frühjahr.
Das Elstertal zwischen Oelsnitz und Elsterberg-Gippe wird von Diabasen bestimmt und zeigt zwei charakteristische Abschnitte (Anhang B): das Jocketaer Elstertal (s. C 10, H 1) und das Oelsnitz—Plauener Elstertal (Abb. 2), das mit dem großen Elsterknie oberhalb von Weischlitz durch ein Gebiet stärkster tektonischer Zerrüttung führt. Dieser Sohlentalabschnitt mit seinem häufigen und vielfach kleinräumigen Gesteinswechsel besitzt sehr gegliederte, oft asymmetrische Hänge (Abb. 30), deren steilste und trockenste Partien von Wald bedeckt sind. Zahlreich kommen in diesem Taltrakt auch Terrassenreste vor. Besonders die des pliopleistozänen Hochtalbodens (s. Seite 6) mit Schottern lassen sich gut verfolgen, wobei der Auenabstand von 40 m bei Oelsnitz talabwärts zunimmt: 55 m bei Plauen, 85 m bei Görschnitz. Tiefer gelegene und jüngere pleistozäne Terrassenreste blieben bei Magwitz, Weischlitz, Kürbitz und Straßberg erhalten.
Das 30,5 ha große NSG Elsterhang bei Pirk erstreckt sich am rechten Gehänge der Weißen Elster zwischen Rosenthal und Oberweischlitzmühle, umfaßt aber

auch den Fichtenforst auf der Hochfläche bei Rosenberg in 360—470 m ü. NN. S 4
Den Steilhang bedecken verschiedene artenreiche, naturnahe Mischwaldgesellschaften. An sonnig-trockenen Standorten — so im Bereich der Autobahnbrücke — herrschen wärmeliebende, winterlindenreiche Eichenmischwälder als Geißklee-Eichen-Wald vor. Im Juli blühen große Bestände des namengebenden Schwärzenden Geißklees (*Lembotropis nigricans*). An frischen Standorten bildete sich ein artenreicher, submontan getönter herzynischer Mischwald aus (s. H 1), in dem früher reichlich die Weißtanne als ein charakteristisches Glied wuchs. Nur noch wenige kränkelnde Exemplare — das sogenannte Tannensterben ist durch einen Komplex von Ursachen bedingt — blieben übrig. Der letzte große

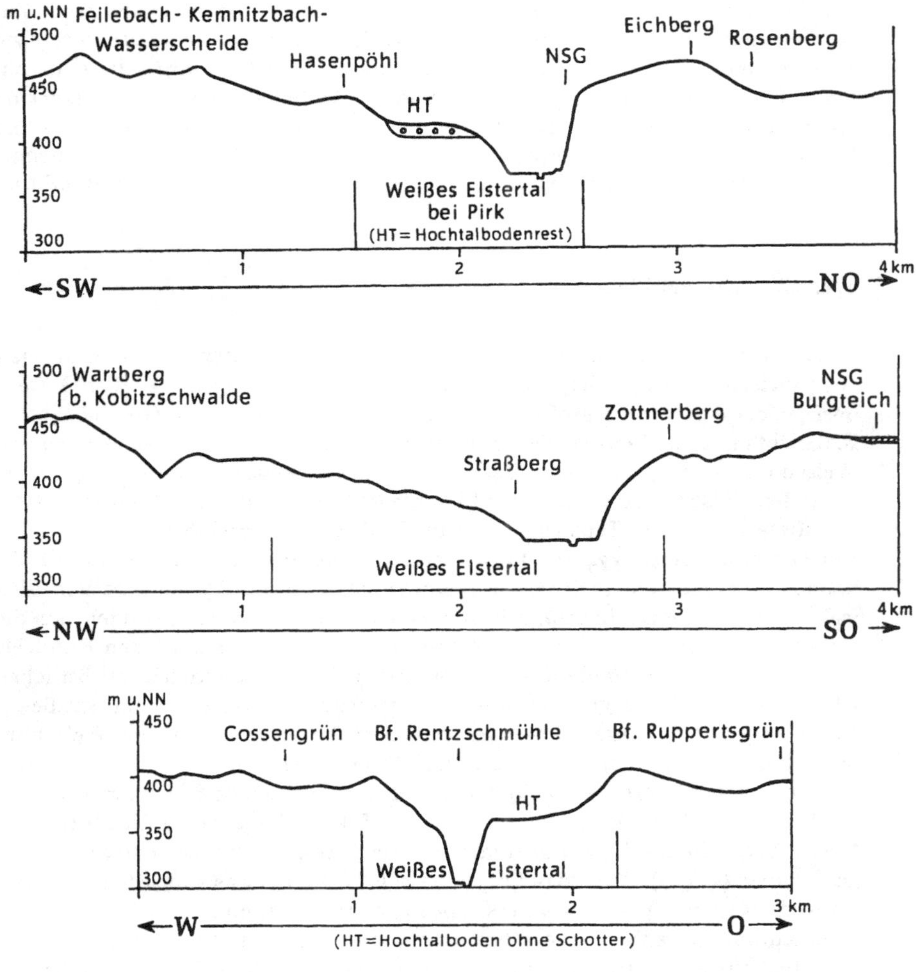

Abb. 30. Querprofile durch das Tal der Weißen Elster und seine Umgebung (Entwurf A. Bernhardt)

S 4 Bestand mußte 1956/57 geschlagen werden. Hier hatte auch die Nadelholzmistel (*Viscum laxum*) einen vorgeschobenen Fundort im Vogtland. Während an den Steilhängen Diabase und in geringem Maße auch Kalke anstehen, liegen die flacheren Oberhänge teilweise im Bereich verschiedener Schiefergesteine. Hier blieb andeutungsweise ein artenarmer Traubeneichen-Rotbuchen-Wald erhalten. In den tief eingeschnittenen Kerben von 2 Quellarmen wächst ein Fichtenforst mit einer reichen Krautschicht aus mehreren Farnarten und aus Waldsauerklee (*Oxalis acetosella*).

Das Schutzgebiet liegt im Bereich der Plauener Binnenzone mit relativ geringen Niederschlägen von jährlich etwa 650 mm und einer mittleren Jahrestemperatur von 7,9°C. Hinzu kommen die günstigen Nährstoffverhältnisse der verwitterten Diabase, so daß hier zahlreiche anspruchsvolle Arten vertreten sind. Zusätzlich zu den bei der Beschreibung des Syrahanges (s. L 1) genannten Pflanzen gedeihen hier Waldwicke (*Vicia sylvatica*), die im Vogtland sehr seltene basenholde Erbsenwicke (*Vicia pisiformis*) und Weiße Schwalbenwurz (*Cynanchum vincetoxicum*). Im Bereich spärlich bewachsener, magerkrumiger Schotter- und Felsfluren finden 2 südeuropäisch-mediterrane Arten, Gemeiner Steinquendel (*Acinos arvensis*) und Traubengamander (*Teucrium botrys*), günstige Standorte.

S 5 **Weischlitz,** Kreis Plauen,

setzt sich aus Unter- und Oberweischlitz zusammen. Unterweischlitz, das seit 1925 Weischlitz hieß, zieht sich am westlichen Elstertalhang hin. Zu dem Gassendorf gehört eine 310 ha große Flur, die früher in Blöcke sowie Gutsblöcke des Ritterguts unteren Teils gegliedert war. Oberweischlitz — seit 1950 Ortsteil von Weischlitz — gruppiert sich als erweitertes Gassendorf auf der gegenüberliegenden Talseite. Von seiner 489 ha umfassenden Gemarkung bewirtschaftete das Rittergut oberen Teils eine bedeutende Fläche in Gutsblöcken.

Der Ortsname fand 1274 als *Wisols* erstmals eine urkundliche Erwähnung. Es handelt sich um eine genitivische Bezeichnung zu einem Personennamen Wiswald, Wisold oder ähnlichem, jedoch ohne Grundwort. Im Ort befinden sich die Überreste zweier mittelalterlicher Wasserburgen, der Zwiezaun (auch Rundeele = Rundteil) an der Stelle des Sportplatzes und der Froschteich am östlichen Elsterufer im Wiesengelände des Grundstückes Karl-Liebknecht-Straße 4. Beide eingeebnete Anlagen werden mit dem Adelsgeschlecht von Weischlitz in Verbindung gebracht, das 1381 urkundlich erscheint.

Aus den Wasserburgen entwickelten sich 2 der mindestens 8 Vorwerke, die im 15. Jh. in Weischlitz bestanden. Hinweise auf deren Lage geben die Flurnamen Wiesenburg, Untere Burg, Mauergarten sowie Schwaiger, Kutzen und die Schwedenschanze (s. R 7). Auch das Laneckhaus (s. R 8) und das südöstlich gelegene Vorwerk Rosenberg — obwohl erst 1642 erwähnt — kommen in Betracht. Zur Gutssiedlung Rosenberg, die schon immer mit Oberweischlitz verbunden ist, gehörten Mitte des 19. Jh. eine Schäferei und eine Ziegelei. Aus den beiden Weischlitzer Rittersitzen des 14. und 15. Jh. entwickelten sich Rittergüter, die im 16. Jh. in eine Hand kamen.

Vieles der ursprünglichen Anlage des Ortsteils Oberweischlitz fiel am 27. September 1865 einem Brand zum Opfer, bei dem 13 Bauerngüter und 5 andere Wohngebäude in Asche gelegt wurden. Das Herrenhaus des ehemaligen Rittergutes oberen Teils ist ein Bau von 2 Geschossen und 5 Achsen mit Mansarddach und geohrtem Granitportal mit Quasten und ornamentierten Sockelsteinen. Es entstammt, wie die reichgegliederten Fachwerkscheunen auf gemauerten Sockelgeschossen am Elsterufer, dem 18. Jh. S 5

1931 wurde im Ortsteil Unterweischlitz an der Straße nach Schwand die römisch-katholische St.-Ulrichs-Kapelle mit kupfernem geschweiftem Dachreiter erbaut. Sie beherbergt eine Muttergottesstatue von Elly-Viola Nahmmacher (geb. 1913) in Greiz.

In Unterweischlitz setzte kurz nach dem Beginn des 19. Jh. die Industrieentwicklung ein. Der damalige Rittergutsbesitzer richtete — begünstigt durch die Kontinentalsperre — eine Baumwollspinnerei im ehemaligen Malzhaus des Gutes ein, in der 1809 bereits 3768 Spindeln liefen. Antrieb erhielt diese Spinnerei durch einen Pferdegöpel. Die Fabrik zog 1817 in ein neu erbautes Gebäude etwa 1 km nördlich des alten Dorfkerns um. Der Mühlgraben der 1683 in einem Verzeichnis genannten Unterweischlitzer Mühle wurde entsprechend verlängert, um die Wasserkraft zum Antrieb zu nutzen. Die unterschiedliche wirtschaftliche Entwicklung der beiden Ortsteile führte um 1840 zur verwaltungsmäßigen Trennung. Die finanziell bessergestellten Oberweischlitzer Bauern wollten die Armenlasten der Fabrikarbeiter nicht mittragen.

Mit dem Bau der Eisenbahnlinien Plauen—Cheb (Eger) und Weischlitz—Gera (1874 bzw. 1875) bildete sich am Rand von Unterweischlitz ein neues Zentrum um den Bahnhof heraus. Der Verkehrsanschluß förderte die Wandlung beider Orte zu Arbeiterwohngemeinden.

Die Mehrzahl der berufstätigen Einwohner von Weischlitz fährt täglich in Betriebe der Stadt Plauen. Jedoch auch im Ort selbst gibt es Verdienstmöglichkeiten: in einer Stickerei des Plauener VEB Spitzen- und Blusenkonfektion, einem Zweigwerk des VEB Plauener Gardine, sowie in Produktionsstätten des Kreisbetriebes für Landtechnik Vogtland und des VEB Ingenieurbüro und Rationalisierung. Der Kreisbaubetrieb hat seinen Sitz ebenfalls im Ort.

Das Landambulatorium in Weischlitz entwickelte sich zum medizinischen Mittelpunkt im südlichen Teil des Kreises Plauen. Weischlitz ist Sitz des Gemeindeverbandes Elstertal, dem alle Dörfer zwischen Meßbach im O und Schwand im W angehören (Abb. 6). Immer mehr neue Bauwerke drängen den ländlichen Charakter in den Hintergrund: neue Wohnblocks an der oberen Karl-Liebknecht-Straße, eine Turnhalle, eine Kaufhalle und die im Jahre 1978 fertiggestellte Oberschule Erwin Hartsch. In der ehemaligen Unterweischlitzer Schule wurde ein polytechnisches Zentrum eingerichtet.

Seit dem Beginn der genossenschaftlichen Entwicklung bildet Rosenberg an der Straße nach Taltitz den Mittelpunkt der landwirtschaftlichen Produktion in der Gemeinde. Am 31. Juli 1952 schlossen sich dort Bauern zur LPG Typ I Philipp Müller zusammen, die schon am 1. Mai 1953 den Übergang zum Typ III vollzog und sich später auf Tierproduktion spezialisierte. Ihre Ackerflächen werden von der LPG (P) Geilsdorf bearbeitet. Von der sozialistischen Landwirtschaft zeugt in Rosenberg eine Reihe neuer Bauten und Einrichtungen: Rinderställe sowie

S 5 die kooperative Einrichtung eines Schweinezuchtbetriebes, eines Futtertrockenwerkes und eines Kartoffellagerhauses. Im Dorf selbst arbeiten Genossenschaftsmitglieder in einer Rosen- und Baumschulbrigade und einer Gärtnerei.

S 6 Eichberg

Wenig westlich von Rosenberg erhebt sich reichlich 100 m über der nur 600 m entfernten Elsteraue der 471 m hohe Eichberg. Sein südwestexponierter Steilhang bildet einen Teil des NSG Elsterhang bei Pirk (s. S 4). Die Anhöhe besteht aus Diabasen, die mit Konglomeraten, Sandsteinen, Tonschiefern und Kalkgesteinen wechsellagern. Der Eichberg bietet eine besonders gute Sicht nach O zur Pirker Talsperre und nach S in die vom Triebel-, Feile- und Kemnitzbach in Riedel aufgelöste Kuppenlandschaft. Die tiefen Riedelverebnungen beiderseits von Pirk in 390—400 m ü. NN sind durch Schotter belegte Reste des pliopleistozänen Hochtalbodens der Weißen Elster (s. Seite 6, H 1).

T 1 Meßbach, Kreis Plauen,

zieht sich von SW nach NO in einer Quellmulde des Milmesbaches in 435—415 m ü. NN hin. Das Dorf ist erstmalig 1410 als *Espech* = Ort am Espengehölz urkundlich nachweisbar. Spätere Schreibweisen lauten *Meßpech* (1421) und *Meßpach* (1506). Die Siedlung ist ein lockeres Platzdorf, dessen 295 ha große Flur in Blöcke eingeteilt war. Durch das ausgesprochene Bauerndorf zog sich die alte Straße Plauen—Hof. 1467 verliehen Kurfürst Ernst und Herzog Albrecht zu Sachsen dem „guten Heinrich zum *Espich*" das Vorwerk und Freigut daselbst, das dieser vorher vom Burggrafen von Meißen aus dem Hause Plauen zu Lehen bekommen hatte. Dazu zählte der nach Plauen zu an der Abzweigung nach Thiergarten gelegene Teich, der heute noch den Namen Gutheinrichsteich führt (s. O 4).

1960 gründeten die Meßbacher Bauern die LPG Typ I Louis Riedel, die sich später der LPG Philipp Müller Weischlitz anschloß (s. S 5). Eine Gedenktafel am ehemaligen Schulgebäude erinnert an Louis Riedel (1847—1919), der aus Gelenau im Erzgebirge stammte und von 1867 bis 1910 in Meßbach als Lehrer wirkte. Mit seinem 1883 veröffentlichten Gedichtband „Derham is derham" wurde er zum Begründer der vogtländischen Mundartdichtung. Insgesamt schrieb er 37 Bände mit Gedichten, Erzählungen und kleinen Volksstücken, in denen er nicht nur Wortschatz und Ausdrucksweise der vogtländischen Mundart bewahrte, sondern teilweise auch realistisch die Lebensweise der Dorfbevölkerung schilderte und Elemente der ländlichen Volkskultur des ausgehenden 19. Jh., wie Lieder, Sagen und Bräuche, festhielt. Er starb in Plauen (s. P 1.5).

Taltitz, Kreis Oelsnitz, **T 2**

breitet sich beiderseits des Eiditzlohbaches (s. T 3) in rund 400 m Höhe an der alten Straße Oelsnitz—Schleiz aus. Der tiefste Punkt der 628 ha großen Gemarkung liegt mit 371 m ü. NN in der Elsteraue dicht unterhalb des Sperrkörpers der Talsperre Pirk. Als höchste Erhebung gehört der Galgenberg (465 m), eine Diabaskuppe, 800 m nördlich des Dorfplatzes zur hiesigen Flur.
Bereits in der Bronzezeit war das Gebiet von Taltitz und seinem Ortsteil Dobeneck besiedelt und ackerbaulich genutzt worden. In historischer Zeit wird der Ort 1225 als *Dalntiz* erwähnt, zum altsorbischen Personennamen Dalęta. In Taltitz, einem stark erweiterten Platzdorf mit Häuslerreihen, war die Flur in teilweise waldhufenähnliche Blöcke und Streifen sowie Gutsblöcke eingeteilt. Grundherrschaftlich unterstand der Ort den 2 Rittergütern Taltitz, die aus den im 15. Jh. genannten Vorwerken Schlemen und Eulenstein hervorgingen.
In der Mitte des 19. Jh. betrieben die Bauern starken Anbau von Flachs, den im wesentlichen die örtliche Maschinenspinnerei verarbeitete. Um 1900 gab es in Taltitz eine kleine Fabrik für Tamburiererei und Stickerei neben einer verbreiteten Heimarbeit, bei der Frauen und Kinder Spachtelspitze herstellten. Viele Einwohner aber liefen täglich zu ihren Arbeitsplätzen in Plauen bzw. Oelsnitz.
1680—83 erneuerten Zimmermeister Michael Deschner und Maurermeister Michael Fröber aus Plauen die gotische Kirche in Taltitz. Spätgotisch sind die Sakramentsnische und der Taufstein, barock der Stuck in der Turmstube und 3 Epitaphien. Der Westturm geht ins Oktogon mit welscher Haube und offener Laterne über. Am Pfarrhaus befindet sich ein geohrtes Portal von 1751, am Gemeindeamt ein einfacheres von 1813. An der Mauer des ehemaligen Rittergutes fällt der achtseitige Eckturm mit geschweifter Haube auf, den 1979 Taltitzer Einwohner restaurierten. Eine kleine Heimatstube zeigt dort urgeschichtliche Funde aus der Umgebung sowie Bilder und Gegenstände aus der Geschichte des Dorfes.
1945 erhielten von dem enteigneten Rittergutsland 10 Neubauern und landarme Bauern Grund und Boden, außerdem 44 Landarbeiter und Kleinsiedler. Mit der sozialistischen Umgestaltung der Landwirtschaft entstand 1953 die LPG Helmut Just, deren Flächen heute zur LPG (P) Oelsnitz gehören (s. Y 2). Die LPG (T) Paul Scholz (s. U 1) betreut in Taltitz mehrere Ställe. Im Ort gibt es einen kleinen Zweigbetrieb des VEB Spitzen- und Blusenkonfektion Plauen.
Am südöstlichen Ortsrand steht an der Straße nach Oelsnitz die stattliche Friedenseiche von 1871, ein Naturdenkmal. Reichlich 1 km weiter im SO liegt die Häusergruppe Neue Welt. Sie entstand nach 1909 im Bereich der früheren Haltestelle der 1951 abgebauten Eisenbahnstrecke Oelsnitz—Lottengrün. Unweit von Taltitz zieht sich das Nordufer der Talsperre Pirk hin (s. W 11). Hier unterhält der VEB Kombinat Espenhain ein großes Kinderferienlager und ein Betriebsferienheim. In Taltitz selbst verfügt der FDGB-Feriendienst über ein Vertragshaus, Straße zum Ferienheim 11.

T 3 Eiditzlohbach

Der rund 5 km lange Eiditzlohbach zählt zu den kurzen Wasserläufen, die – neben Muldentälchen – für die Diabaskuppenlandschaften charakteristisch sind. Das schwach bis mäßig geneigte, kaum mehr als 40–60 m gegenüber den höchsten Kuppen eingetiefte Talquerprofil weist eine sehr feine Gliederung auf. Besonders Dellen, Kleinstkuppen und Quellmulden wechseln auf oft engstem Raum miteinander ab. Teiche (s. T 5), Ackerhochraine an den Auenrändern und Restwäldchen, vor allem auf blockigen flachgründigen Böden, beleben das Landschaftsbild zusätzlich. Kleinflächiger Standortwechsel sowohl hinsichtlich Steingehalt, Nährkraft und Bodenfrische der Braunerden als auch bezüglich dränbedürftiger staunasser Areale bereitet dem Feldbau auf großen Schlägen mancherlei Probleme. Von der Quelle, 455 m ü. NN am Straßenknie zwischen Oberlosa und der Autobahn, bis zur Einmündung in die Pirker Talsperre, wo das überstaute Tal eine der beiden nördlichen Buchten bildet, beträgt das Gefälle des Eiditzlohbaches 75 m.

T 4 Galgenberg

Zu den wenigen unbewaldeten Kuppen des Oberlosa-Meßbacher Kuppenlandes (Abb. 9 unten, und Anhang B) gehört der etwa 1 km südwestlich Unterlosas gelegene 481 m hohe Galgenberg. Er besteht aus Diabasbrekzie und erhebt sich 70 m über die südwärts nur 500 m entfernte Talmulde des Eiditzlohbaches. Von der Kuppe aus kann man die Vielfalt der Voll- und Hohlformen als Folge häufigen und kleinflächigen Gesteinswechsels gut beobachten. Obwohl die dadurch bedingte stetige Änderung der Bodenverhältnisse infolge der modernen Flächennutzung und meliorativen Eingriffe nur noch in groben Zügen nachgezeichnet wird, vermittelt die Verteilung von Acker, Grünland, Restgehölzen und Teichen in ihrer Unregelmäßigkeit ein außerordentlich vielfältiges Landschaftsbild. Auf dem Ackerland verdienen 2 Unkräuter besonderes Interesse: der unscheinbare Dreiteilige Ehrenpreis (*Veronica triphyllos*), ein Archäophyt (Altzuwanderer), und die stattliche Orientalische Zackenschote (*Bunias orientalis*), ein Neophyt aus Osteuropa, der erstmalig 1906 im Vogtland beobachtet worden ist. Sichtbeziehungen auf die weitere Umgebung bestehen vom Galgenberg gegen W zum Burgsteingebiet und S zum Schönbrunn–Geilsdorfer Riedel- und Kuppengebiet.

T 5 Unterlosa, seit 1950 Stadtteil von Plauen,

liegt in einer flachen Quellmulde, umgeben von einem halbkreisförmigen Höhenrücken, der im N mit der Kuppe des Mohnberges (498 m ü. NN) und im SO mit der Höhe 494 den Ort flankiert. Der oberhalb von Unterlosa entspringende Bach speist den Dorfteich und in der Nähe des ehemaligen Ritterguts den Küchenteich. Sein Lauf, teilweise durch hohe Laubbäume markiert, mündet in den knapp 1 km entfernten Oberen Mühlteich, der auch das Wasser des Eiditzlohbachs (s. T 3) staut. Am anschließenden Niederen Mühlteich befand sich die Mühle des Dorfes, von der es 1683 heißt, daß sie nur einen Gang besitzt und aus 2 Teichen „mählt". Alle Teiche dienen gegenwärtig der Fischproduktion. T 5

Die enge Bebauung des Siedlungskerns um den Dorfteich läßt die Form eines erweiterten Gassendorfes erkennen. Die ursprüngliche Blockflur weist eine Größe von 688 ha auf. Die erste bekannte Nennung des Ortes liegt von 1265 vor: in *inferiori Lasan* (Erklärung s. T 6). Zu Beginn des 15. Jh. werden in Unterlosa 3 Vorwerke genannt, die seit 1470 der Amtmann Apel von Tettau (s. M 5) in seiner Hand vereinte. Sein Sohn besaß 1506 nicht nur die Rittergüter Unter- und Oberlosa, sondern in Unterlosa auch alle Gerechtigkeiten einschließlich der Obergerichte über 14 Bauerngüter, während seinem Landesherrn lediglich 6 Bauern unterstanden.

1834 zählte der Ort 48 Häuser mit 298 Einwohnern. Mit der industriellen Entwicklung des nahen Plauens verdoppelte sich bis 1910 die Einwohnerzahl fast (Anhang A), und die Hälfte der 87 Haushalte bestand nun aus Arbeiter- und Handwerkerfamilien. Ausdruck dieser Tatsache ist es auch, daß schon 1924 im Dorf eine KPD-Ortsgruppe und neben mehreren kulturellen Vereinen der Arbeiter-Radfahrverein Solidarität wirkten.

Die örtliche Landwirtschaft beschäftigt nur einen kleinen Teil der Einwohner. Ihr wichtigster Betrieb befindet sich im ehemaligen Rittergut am Südende des Dorfes. Dieses besaß mit 231 ha ein Drittel der Dorfflur und wurde ebenso wie ein stadteigenes Gut mit 89 ha 1945 an Neubauern aufgeteilt. In den Wirtschaftsgebäuden richtete die örtliche LPG Mitte der fünfziger Jahre einen Stall für 300 Legehennen ein, der 1957 die Anerkennung als Bruteierlieferbetrieb erhielt. 1968 übernahm die heutige Zwischenbetriebliche Einrichtung Geflügel Vogtland, Plauen, die Anlage und baute hier eine Broilerkükenbrüterei auf. Seit 1974 verfügt die Brüterei über 570000 Eiplätze und erreicht eine jährliche Produktion von über 4 Mill. Küken.

Bereits 1953 gründeten Bauern die LPG Typ I Neues Leben, die sich 1955 mit der LPG Typ III Edwin Hoernle Oberlosa vereinigte (s. T 6). Von dort aus wird die Tierproduktion betreut, für die 3 Mast- und Jungviehställe entstanden. Die Feldbearbeitung erfolgt durch die LPG (P) Mechelgrün (s. Q 7).

Oberlosa, seit 1950 Stadtteil von Plauen, T 6

war vermutlich 1266 Herrensitz. Der Flurname Wal sowie die Bezeichnungen Wallteich und Wallweg im ehemaligen Rittergutspark weisen auf eine mittelalterliche Wasserburg hin. Der Ortsname *obern Lazan* (1328), altsorbisch *Łažane*, bedeutet Leute, die auf gerodetem Neuland siedeln. Oberlosa entstand im Bereich mehrerer Quellarme des Friesenbaches als Platzdorf und weist eine 708 ha große ehemalige Blockflur auf. Es lag an der mittelalterlichen Straße, die, von Plauen durch das Gebiet der heutigen Ostvorstadt heraufkommend, die 490 m hohe Einsattelung zwischen Kemmler (507 m) und Wachhübel (512 m) überschritt und durch das Dorf weiter über Oelsnitz ins Egerland zog. Vor dem Ort mündet seit 1854 eine Straße von Plauen über Reinsdorf in sie ein, und seit den dreißiger Jahren des 20. Jh. führt eine Umgehungsstraße westlich vorbei. Von

T 6 der nahen Autobahnüberbrückung südlich von Oberlosa bietet sich ein Blick über das Elstertal zu den LSGs Talsperre Pirk und Burgstein.

Vom bewaldeten Kulmberg (s. U 7) im S — er ist mit 525 m die höchste Erhebung des Stadtkreises Plauen — fließt der Kulmbach nach Dobeneck. Er bildete die Grenze zwischen den Ämtern Plauen und Voigtsberg. 1232 bestätigte König Heinrich VII. dem Kloster Waldsassen die Schenkung von Gütern am Kulm durch Reinbot von Strassberg und seine Brüder. Nach 1378 entstand dort eine Wüstung (Abb. 5), die Marquard von Tettau auf Oberlosa, Amtmann zu Plauen und Voigtsberg, 1502 zu Oberlosa schlug.

Die Kirche wurde 1782—86 anstelle einer älteren als Saalbau von 3 Achsen an der Schmal- und 7 an der Langseite mit Lisenengliederung, mit Segmentbogenfenstern und geschweiften geohrten Granitportalen errichtet. Über der Ostseite entwickelt sich aus dem Viereck über einen Aufsatz mit abgerundeten Kanten die achteckige Haube mit geschlossener Laterne. Eine Spiegeldecke überspannt das Innere. Kanzelaltar und hölzerne Taufe zeigen Rokokoformen. Johann Gottlob Trampeli, der eng mit seinem jüngeren Bruder Christian Wilhelm zusammenarbeitete, erbaute 1788 die Orgel.

Auf Grund der Bodenreformverordnung erhielten 1945/46 insgesamt 10 Neubauern Land aus dem 355 ha (1943) großen Rittergutsbesitz zugewiesen. Einige von ihnen errichteten sich Gehöfte am Weg nach der Stöckigter Ferbigsmühle und an der Obermarxgrüner Straße und gründeten 1952 die LPG Typ I Edwin Hoernle (seit 1955 Typ III). Diese spezialisierte sich auf die Tierproduktion und verfügt über Ställe in Ober- und Unterlosa (s. T 5), Tauschwitz (s. Q 3), Reinsdorf (s. P 3) und Stöckigt. Neben der Mast von Läuferschweinen als Hauptproduktionsrichtung beschäftigen sich die Mitglieder mit der Kälbervormast sowie mit Milchvieh- und Schafhaltung. Das frühere Herrenhaus in Oberlosa beherbergt genossenschaftliche Verwaltungsräume, ein erweitertes anderes Gebäude ein Wohnheim für Landwirtschaftslehrlinge. In unmittelbarer Nähe des ehemaligen Gutes richtete sich die LPG (P) Mechelgrün ein neues Kartoffellagerhaus und eine Reparaturwerkstatt ein.

U 1 **Schloditz** und **Obermarxgrün,** beide seit 1973 Ortsteile von Droßdorf

Schloditz füllt mit seinen Häusern die Quellmulde eines rechtsseitigen Zuflusses zum Friesenbach in 470 m Höhe im Bereich des ostvogtländischen Schiefergebiets; es reicht von hier aus in einer etwa 1,5 km breiten Zunge bis in die Plauener Stadtteile Reusa und Sorga hinein. Die Straße von Stöckigt (400 m) nach Lottengrün steigt zunächst bis Schloditz mäßig an, dann aber steil bis zur 500 m entfernten Wasserscheide an der Häusergruppe Juchhöh (530 m). Von hier aus bietet sich ein guter Blick auf das Mittelvogtländische Kuppenland mit der Plauener Binnenzone. Die Diabaspöhle um Tauschwitz (s. Q 3) und vor allem der turmgekrönte Kemmler heben sich deutlich heraus (s. P 4). Der Gesteinswechsel spiegelt sich auch in der Pflanzenwelt wider. Während um Stöckigt noch die reiche Diabasflora (s. Seite 9) vorherrscht, fallen hier Arten des Berglandes auf, von denen der Waldstorchschnabel (*Geranium sylvaticum*) eine stattliche Erscheinung der Wiesen und Raine darstellt.

Schloditz ist erstmals 1267 als *Zlautiz* urkundlich nachweisbar zum altsorbischen Personennamen Sławota. Das Vorwerk Schloditz ging 1436 aus der Zusammenlegung von Bauerngütern hervor. Diesem Prozeß sind die Dorf- und Flurform zu verdanken: Gutssiedlung mit einer ehemaligen gelängeähnlichen Gutsblockflur von 198 ha Größe. U 1

Nur 1 km südwestlich von Schloditz breitet sich Obermarxgrün in etwa 480 m ü. NN aus. Sein Grundriß entspricht einem Platzdorf, die 163 ha große Flur war in Gelänge eingeteilt. Die früheste nachweisbare Nennung liegt von 1328 als *obern Marquartsgrune* (= Rodung eines Marquart) vor.

Der Grund und Boden der Rittergüter Schloditz und Obermarxgrün gelangte durch die demokratische Bodenreform 1945/46 an insgesamt 19 Neubauern und 5 landarme Bauern. 1956 gründeten Landwirte in Schloditz die LPG III. Parteikonferenz, 1958 Bauern in Obermarxgrün die LPG Glückauf. Beider Ackerflächen werden von der LPG (P) Oelsnitz (s. Y 2) bearbeitet. 1958 war Schloditz das erste vollgenossenschaftliche Dorf des Kreises Oelsnitz.

Am Westrand von Juchhöh entstand 1974—77 eine Milchproduktionsanlage mit 1930 Kuhplätzen für die LPG VIII. Parteitag Droßdorf, die sich 1980 der LPG (T) Paul Scholz Oelsnitz anschloß. Diese spezialisierte LPG hält insgesamt 5100 Rinder, 1400 Schweine und 25000 Enten in neuen großen bzw. modernisierten kleinen Ställen folgender Dörfer und Ortsteile: Altmannsgrün, Brotenfeld, Juchhöh, Hartmannsgrün, Kottengrün (Milchviehanlage mit 200 Plätzen), Lottengrün, Schloditz, Taltitz (s. T 2), Tirpersdorf, Untermarxgrün (1957 errichteter Stall mit 140 Kuhplätzen) und Voigtsberg (s. Y 2). Um die Lagerung und Aufbereitung von Futtermitteln zu verbessern, erbauten die LPGs Paul Scholz, Raasdorf und Marieney 1980 eine Halle in Untermarxgrün. Die Ausbildung der Facharbeiter für alle Tierproduktionsanlagen des Kreises Oelsnitz führt die LPG Paul Scholz im ehemaligen Schönbrunner Herrenhaus durch.

Fruchtschiefersteinbruch bei Theuma U 2

Der Theumaer Fruchtschiefer wird in einem Steinbruch (Bild 22) 2 km südsüdöstlich des Dorfes abgebaut. Bei diesem Gestein handelt es sich um blaugraue ordovizische Tonschiefer, die von dem im Oberkarbon eingedrungenen Bergener Granit durch Wärmeeinwirkung in verschiedenem Grade umgewandelt wurden. Dabei entstanden am Granitkontakt Glimmerfels mit wechselndem Gehalt an Mineralumbildungen (Andalusit, Cordierit), in größerer Entfernung vom Granit glimmerreiche Fruchtschiefer und am Rand der kontaktmetamorphen Zone Knoten- und Fruchtschiefer mit wenig veränderter Grundmasse. Von den Mineralumbildungen, die Getreidekörnern ähnlich sehen, rührt die Bezeichnung Fruchtschiefer her.

Auf modernen Bearbeitungsmaschinen (Bild 23), wie Sägegattern, Doppelsupportfräsen, Großfräsen, Schleifautomaten und hydraulischen Spaltmaschinen, die in großen Produktionshallen untergebracht sind, verarbeiten die Werktätigen die Schieferblöcke zu Natursteinbauelementen weiter. Der Fruchtschiefer findet im In- und Ausland für Fassaden- und Sockelverkleidungen, Fenstergesimse, Stufen und Mauerabdeckungen sowie für die Gartengestaltung Verwendung.

U 2 Das Gestein ist schon seit dem Mittelalter bekannt: Der Boden einer in der Mitte des 14. Jh. errichteten Gruft in der St.-Johannis-Kirche in Plauen besteht aus solchen Platten. Der Abbau in kleinen Brüchen begann jedoch vorwiegend in der ersten Hälfte des 19. Jh. 1899 wurde eine Aktiengesellschaft gegründet. Durch die teilweise Mechanisierung stieg die Produktion an, was zu hohen Gewinnen für die Aktionäre führte, während die Steinbrucharbeiter nur 70—95 Pfennige pro Stunde verdienten. 1938 erreichte die Beschäftigtenzahl mit 155 einen Höchststand.

1947 kam der Betrieb in die Hände des Volkes. Durch die Einführung neuer Technik erhöhte sich seit den siebziger Jahren die Arbeitsproduktivität um ein mehrfaches bei gleichzeitiger umfangreicher Verbesserung der Arbeits- und Lebensbedingungen der Werktätigen. Seit 1970 ist das Werk dem VEB Elbenaturstein Dresden angegliedert. Über 60% der Belegschaft wohnt im Ort Theuma; die übrigen Beschäftigten kommen aus den Nachbargemeinden sowie aus Plauen und Oelsnitz.

U 3 **Neumühlenhäuser,** Ortsteil von Theuma

1,3 km südöstlich des Ortskerns von Theuma stehen an der Straße nach Bergen in der Aue des Rabenbaches (s. M 6) und an ihren Rändern die Neumühlenhäuser in rund 465 m Höhe. Im 18. Jh. war die Neumühle errichtet worden, in deren Nähe 14 weitere Häuser hinzukamen. Die Lieboldsmühle — auf einer Karte von 1912 als Gebhardtsmühle bezeichnet und reichlich 1 km nördlich der Neumühle am Rabenbach gelegen — existierte bereits im 17. Jh.

Oberhalb und unterhalb der Neumühle gab es zahlreiche Teiche. Die meisten verschwanden bei umfangreichen Entwässerungsarbeiten und bei der Begradigung des Baches. Der Lange Teich oberhalb der Neumühle weist eine Oberfläche von 2 ha auf. In einen ihm vorgelagerten Tümpel wurde die gelbblühende Große Mummel (*Nuphar luteum*) eingebracht. An die Stelle benachbarter ehemaliger Flachmoorwiesen mit ihrer typischen Vegetation traten bis auf geringe Reste ertragreiche Weiden und Mähwiesen, teilweise auch Äcker.

U 4 **Lottengrün,** Kreis Oelsnitz

Im Gebiet von Bergen und Lauterbach ist der Granit gegenüber den kontaktmetamorphen umgebenden Schiefern (s. U 2) stärker erodiert worden, so daß sein Verbreitungsgebiet morphologisch als Granitkessel in Erscheinung tritt. In dem umgebenden Wall aus gehärteten Schiefern liegt in der Quellmulde eines zur Weißen Elster entwässernden Baches das Waldhufendorf Lottengrün in einer Höhe von 530 m. In nordöstlicher Richtung erhebt sich die bewaldete Hohe Reuth, mit 630 m ü. NN der höchste Punkt der 317 ha großen Gemarkung. Lottengrün ist erstmalig 1267 bei der Ausstattung der Theumaer Kirche als *Lotthengrune* — Rodung eines Lotto — urkundlich belegt. Neben der Pfarre Theuma übten die Pfarre Oelsnitz und das Rittergut Mechelgrün grundherrschaftliche Rechte im 16. Jh. aus.

1955 gründeten Bauern die LPG Vorwärts, die sich 1967 der LPG Glückauf in Obermarxgrün anschloß (s. U 1). In Lottengrün befinden sich 3 Werkstätten des VEB Textilwerk Kottengrün, darunter eine Tischdeckenfabrik. Am ehemaligen Bahnhof vereinigten sich 750 m nordöstlich des Ortes die Eisenbahnstrecken Oelsnitz—Falkenstein (eröffnet 1865) und Plauen—Lottengrün (seit 1923). Auf Grund der großen Höhenunterschiede waren die Fahrten sehr zeit- und kostenaufwendig. Beide Strecken wurden deshalb 1951 bzw. 1970 stillgelegt. U 4

Friedhof Tirpersdorf U 5

Auf halbem Weg von Tirpersdorf nach Lottengrün wurde ein Friedhof angelegt. Die Straße erreicht unweit davon mit 545 m ü. NN ihren höchsten Punkt. Von einer kleinen Aufschüttung nördlich des Friedhofs oder vom nahen Kreuzweg aus bieten sich weitreichende Sichtmöglichkeiten gegen W und S, so zur Erzgebirgsrandstufe mit Schöneck und zum Haj (Hainberg) bei Aš (ČSSR). Wir befinden uns hier im unteren Teil der rund 3 km breiten Landstufe des Theumaer Kontakthofes, die von etwa 500 m ü. NN auf 630 m zur Hohen Reuth hinaufzieht. Den vorherrschenden Westwinden frei ausgesetzt, kommt es zu deutlichen Luverscheinungen (Anhang C, Station Werda). Deshalb ist auch nur der untere und flache Teil der Landstufe von Mechelgrün über Theuma bis Tirpersdorf auf großen Flächen gerodet, zumal hier die Fruchtschiefer (s. U 2) bessere Böden liefern als die weiter oberhalb anstehenden höher kontaktmetamorphen Andalusitglimmerfelse.
Kleine Halden in der unmittelbaren Umgebung des Friedhofs erinnern an die Suchtätigkeit des vergangenen Wismutbergbaus (s. Q 8). Ihr Material dient teilweise als Schotter.

Droßdorf, Kreis Oelsnitz, und **Altmannsgrün,** seit 1973 Ortsteil von Droßdorf, U 6

liegen in rund 470—500 m Höhe am Oberlauf eines kleinen Baches, der zum Hainbach entwässert. Beide Orte weisen die Form von Platzdörfern auf und besitzen ehemalige Gelängefluren von 324 ha bzw. 157 ha (Altmannsgrün) Größe. Die erste bekannte urkundliche Erwähnung von Droßdorf erfolgte 1267 als *Drosandorf*. Dieser slawisch-deutsche Mischname enthält den altsorbischen Personennamen Drožan. Altmannsgrün erscheint 1328 als *Altmansgrune* (= Rodung eines Altmann).
1960 gründeten die Bauern von Droßdorf die LPGs Clara Zetkin und Frohe Zukunft, die sich 1963 zu einer LPG vereinigten. 1971 nahm sie die Statuten des Typs III an und hieß LPG VIII. Parteitag, der sich auch die Genossenschaften von Altmannsgrün, Hartmannsgrün und Schloditz anschlossen. 1960 riefen die Altmannsgrüner Landwirte die Genossenschaften Grüne Aue und Eintracht ins Leben. Gegenwärtig werden die Felder von der LPG (P) Oelsnitz (s. Y 2) bearbeitet, die Kühe von der LPG (T) Paul Scholz (s. U 1) betreut. 2 volks-

U 6 kundlich interessante hölzerne Bienenstöcke in Gestalt von Soldaten, die um die Mitte des 19. Jh. von dem Altmannsgrüner Bauern Ottiger geschaffen wurden, befinden sich heute im Vogtländischen Bauernmuseum Landwüst.

In den Kieselschieferbrüchen (Abb. 31) 500 m nordwestlich von Altmannsgrün brachen Arbeiter in früheren Jahrzehnten Schotter für den Straßenbau. Das Gesteinsprofil in den Aufschlüssen weist eine Wechsellagerung von schwarzen, fein geschichteten Alaunschieferlagen mit schwarzen und grauen, unregelmäßig brechenden Kieselschieferbänken auf. Besonders die Alaunschiefer enthalten stellenweise massenhaft Graptolithen, nach denen das Alter des Gesteins als tiefes Silur — ein Zeitabschnitt des Erdaltertums — bestimmt werden kann. Vor allem Elfried Manck (1924) und Arthur Münch (1952) beschrieben die verschiedenen Graptolithenarten der Brüche. Als 0,2—0,4 m mächtige Lagen wiesen im Altmannsgrüner Profil Günter Fahr und Günter Hösel (1964) bräunliche bis graugrüne Bentonit-Tuffe nach, die für einen silurischen Vulkanismus sprechen, ähnlich wie in den Nachbargebieten des Vogtlandes: Frankenwald und Mittelböhmen. Verstreut kommen in den Kieselschiefern Phosphoritknollen vor, die 1959 von Günter Freyer und Karl-Armin Tröger wissenschaftlich bearbeitet wurden. Gelegentlich tritt in den Brüchen auf den Oberflächen der Kieselschiefer in halbkugeligen, radialstrahligen Gebilden gelber bis grünlicher Wavellit auf, ein Aluminium-Phosphat-Mineral, sowie blaugrüner Türkis. Da die Altmannsgrüner Kieselschieferbrüche zu den bedeutendsten Aufschlüssen des sächsisch-thüringischen Paläozoikums gehören, stehen sie seit 1966 unter Naturschutz.

U 7 Alter Berg

Südwestlich von Obermarxgrün erheben sich 2 Kuppen: direkt an der Autobahn der völlig bewaldete und weithin sichtbare Kulmberg (525 m ü. NN) und der nur westseitig bewaldete 524 m hohe Alte Berg. Sie bilden die höchsten Erhebungen des Oberlosa—Meßbacher Kuppenlandes. Ihre massive und gleich-

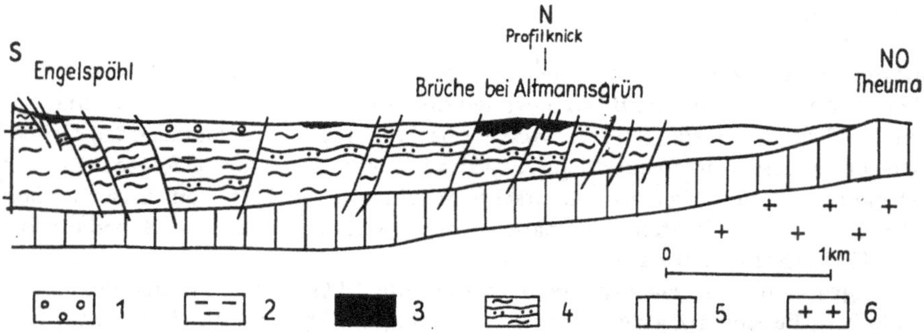

Abb. 31. Geologisches Profil vom Engelspöhl bei Oelsnitz bis in das Gebiet von Theuma (nach Freyer u. Tröger 1965)

1 Konglomerate (Oberdevon)
2 Tonschiefer (Unter-/Mitteldevon)
3 Kiesel- und Alaunschiefer (Silur)
4 Tonschiefer, Quarzit (Ordovizium)
5 Kontakthof des Bergener Granits
6 Bergener Granit

förmige Gestalt weicht von der der umgebenden Diabaskuppen ab. Die geologische Karte weist beide als Grauwackenhärtlinge aus. Von dem Alten Berg aus bestehen Aussichten gegen N, O und S, und zwar sowohl auf die umgebenden Kleinlandschaften (Abb. 2) als auch auf weiter entfernte Höhenzüge, wie beispielsweise die im oberen Weiße-Elster-Gebiet, und die Westrandstufe des Erzgebirges mit Schöneck. U 7

Landschaftsschutzgebiet Burgsteingebiet V 1

Das 2808 ha große LSG Burgsteingebiet erstreckt sich vom Elstertal zwischen Pirk und Weischlitz bis zur Wasserscheide zwischen Saale und Weißer Elster. Südlich und westlich vom Ort Ruderitz dehnt sich eines der größten zusammenhängenden Diabasareale des mittleren Vogtlandes aus. Die gesamte Schichtenserie setzt sich aus Diabaskonglomeraten, -brekzien und -tuffen zusammen. Die widerstandsfähigeren Konglomerate und Brekzien bilden dabei Höhenrücken und Bergkuppen, die zumeist NO—SW streichen. Eine der markantesten Erhebungen, der 576 m hohe Ruderitzberg, verläuft unmittelbar südlich von Ruderitz von N nach S. Auf einer Gesamtlänge von 1 km ist ihr Rückenscheitel nahezu durchgehend von Felsklippen besetzt, die an der Ostflanke um etwa 20 Höhenmeter weiter abwärts reichen als an der Westflanke. Auch die kleinen Kuppen südlich der Ruhhäuser zeigen ähnliche Formen. Der Ruderitzberg, der benachbarte 522 m hohe Burgstein und Der Günther (516 m) bestehen vorwiegend aus Diabaskonglomeraten. Zu den Tuffen und Brekzien vermitteln zahlreiche Übergänge, da einerseits der Tuffanteil die Grundmasse der Konglomerate bilden kann und andererseits die scharfkantigen Brekzien mit gerundetem Diabasmaterial vermischt sind. Senkrecht aufeinanderstehende Kluftsysteme, die etwa NW—SO bzw. NO—SW verlaufen, zerlegten das Gestein in eine Reihe von Felsriffen, um die sich ein breiter Saum von Blockschutt ausbreitet. In den kleinen Tälchen, die von dem Höhenrücken hinabziehen, kam es längs der Talachsen nicht selten zur Bildung von Blockströmen. Obwohl keine paläontologischen Beweise für das Alter der Konglomerate und Brekzien vorliegen, dürften sie, in Analogie zu gleichartigen Gesteinsserien des mittleren Vogtlandes, dem tieferen Oberdevon zuzuordnen sein.

Das Burgsteingebiet als Teilbereich des Schwand—Gutenfürster Kuppenberglandes ist die eigenartigste und reizvollste der vogtländischen Diabaslandschaften. Seine Bergkuppen tragen durchgängig Wald. Dazwischen befinden sich meist hängige und wegen der Vernässung als Grasland genutzte Quellmulden, so daß der Ackerbau begrenzt bleibt oder erst nach Melioration Bedeutung erlangt.

Der Kemnitzbach als Hauptvorfluter des Burgsteingebietes hat sich ein tiefes, enges Tal geschaffen. An seinen Hängen blieb stellenweise naturnaher, artenreicher Laubmischwald erhalten, wie am Eichelberg südlich von Geilsdorf und unterhalb der Neumühle (s. V 2). Ebenso zeichnen sich die Pöhle, so der Burgstein, und viele Lesesteinrücken, besonders um Ruderitz, durch eine vielgestaltige Pflanzenwelt aus. Wenn heute in den Forsten auch die Fichte überwiegt,

V 1 so weist der Unterwuchs doch vielerorts auf die früheren Laubmischwälder hin. Die großen Blockfelder und Berge sind von ungezählten Horsten des Rohrreitgrases (*Calamagrostis arundinacea*) überzogen, im Fichtenforst fällt hin und wieder das Christophskraut (*Actaea spicata*) auf, und in den Hecken konnte sich neben vielen anderen Sträuchern die im Vogtland nicht sehr häufige Alpenjohannisbeere (*Ribes alpinum*) behaupten. In den Laubwäldern befinden sich die in der Überschau (s. Seite 9) genannten anspruchsvollen Waldpflanzen. Als weitere typische Arten treten die subatlantische Späte Waldtrespe (*Bromus ramosus*), Einblütiges Perlgras (*Melica uniflora*) sowie Waldbingelkraut (*Mercurialis perennis*) und die immergrüne Haselwurz (*Asarum europaeum*) auf. Stellenweise glänzen die schwarzen Früchte der giftigen Tollkirsche (*Atropa belladonna*). Sehr selten ist das Stattliche Knabenkraut (*Orchis mascula*) geworden. Die Mähwiesen mit ihren zahlreichen Arten wurden entweder in Weideflächen umgewandelt oder in Waldnähe und auf den Talsohlen aufgeforstet.

Der Burgstein, das Kernstück des LSG, begegnet uns als eine felsige Anhöhe zwischen Krebes und Ruderitz mit 2 gotischen, unter Denkmalschutz stehenden Kirchenruinen. Nahe vorbei verlief 1122 die Grenze zwischen dem Dobnagau und dem Regnitzland, und die alte Straße von Bamberg und Kulmbach durch die Münchberger Senke und Hof zog vorüber nach Plauen. Im Mittelalter war hier, an der Grenze der Bistümer Bamberg und Naumburg, eine rege Wallfahrt entstanden. Das Burgsteingebiet gab häufig die Anregung zu Zeichnungen, vor allem Märchenillustrationen, des in Plauen geborenen Spätromantikers Hermann Vogel (1854—1921). Um die Jahrhundertwende wurde es zum Inbegriff des vogtländischen Heimatgedankens.

V 2 **Kemnitzbach** und **Naturschutzgebiet Unteres Kemnitztal**

Der Name des Kemnitzbaches läßt sich vom altsorbischen Wort *Kamenica* = Steinbach ableiten (Eichler 1967). Das etwa 12 km lange Tal des Wasserlaufs gehört mit einem Einzugsgebiet von 36,5 km² in großen Teilen zu den reizvollsten Bachtälern des Vogtlandes. Zwischen Mißlareuth und Grobau befindet sich am Buchweg der oberste Quellarm des Kemnitzbaches in 585 m ü. NN. Das zunächst sanft eingemuldete Tal erfährt zwischen dem Nonnenholz und Ruderitz eine jähe Einschneidung. Hier tieft sich der Bach kräftig in den Fels ein und stellt sich auf das Erosionsniveau der Weißen Elster ein. Ein landschaftlich interessanter Kerb- bis Kerbsohlentalabschnitt mit felsigen Steilhängen berührt die Kienmühle. Das von hier an bis zur Mündung in die Weiße Elster, 361 m ü. NN, folgende Tal ähnelt dem des Feile- (s. W 1) und des Triebelbaches (s. W 6). Von N her fließen dem Kemnitzbach der Loh- und der Fliegenbach zu.

Das 23 ha große NSG Unteres Kemnitztal umfaßt im wesentlichen das linke, südostexponierte Gehänge des Baches zwischen Talsohle und Oberhangkante von der Neumühle abwärts bis zur Pirkmühle sowie das Fliegenbachtal unterhalb von Geilsdorf. Je nach den Besonnungsverhältnissen gedeihen im Schutzgebiet verschiedene Gesellschaften vom hygrophilen Ahorn-Winterlinden-Wald

(s. H 1, H 4) bis zum thermophilen Geißklee-Linden-Eichen-Wald (s. S 4). Auf V 2
Diabasfelsen nahe der Pirkmühle wächst die submediterran-mitteleuropäische Mehlige Königskerze (*Verbascum lychnitis*; Abb. 17) als Vertreter einer Gruppe sehr wärmeliebender Arten. Ihre Vorkommen beschränken sich auf die schmale Zone zwischen Plauen und Oelsnitz, die nur etwa 650 mm Niederschläge im Jahr erhält (Anhang C). In der Kemnitzbachaue blieb stellenweise ein lichter Wald aus Erle, Esche und Bergahorn erhalten. Im zeitigen Frühjahr blühen hier vor der Laubentfaltung der Bäume zahlreiche Arten, so Buschwindröschen (*Anemone nemorosa*), Hohe Schlüsselblume (*Primula elatior*), Scharbockskraut (*Ranunculus ficaria*), Waldgoldstern (*Gagea lutea*), Echtes Lungenkraut (*Pulmonaria officinalis*), Gefleckte Taubnessel (*Lamium maculatum*), Hainsternmiere (*Stellaria holostea*), die auf Gehölzwurzeln schmarotzende Schuppenwurz (*Lathraea squamaria*) und Wechselblättriges Milzkraut (*Chrysosplenium alternifolium*). Das nahe verwandte subatlantische Gegenblättrige Milzkraut (*Ch. oppositifolium*) kommt in einer von Sickerwasser überrieselten Kerbe des linken Talhanges vor. Unter den Hochstauden des Ufers bildet die Gemeine Pestwurz (*Petasites hybridus*) umfangreiche Bestände. Die montane Weiße Pestwurz (*Petasites albus*) hat nahe der Mündung des Feilebaches einen vorgeschobenen Fundort im Hügelland (366 m).

In unmittelbarer Nähe der Ausflugsgaststätte Neumühle wurde 1961 bei geologischen Erkundungsarbeiten in 771 m Tiefe eine wasserführende Spalte erbohrt (SCHÜTZEL und HÖSEL 1962). Es handelt sich um artesisch gespanntes Wasser, das aus dem verrohrten Bohrlochmund ausfließt. Die Quelle steht seit 1962 unter Naturschutz; 1967 wurde sie gefaßt und zugängig gemacht. Mit einer Wassertemperatur um 25°C gehört sie zu den Thermalquellen. Nach chemischen Analysen schwanken die Gehalte von Natrium zwischen 307 und 466 mg/l, von Kalzium zwischen 202 und 475 mg/l und die von Chlor zwischen 750 und 1425 mg/l, so daß die Fachleute von einer Mineralquelle sprechen. Das Wasser weist einen leicht bitteren bis schwach salzigen Geschmack auf und enthält auch zahlreiche schnell entweichende Gasbläschen. Möglicherweise handelt es sich bei der Neumühlenquelle um eine Nachwirkung des tertiären Vulkanismus im angrenzenden nördlichen Raum der ČSSR, ähnlich wie bei den Quellen von Františkovy Lázně und des Hajeks (Soos-Moores).

Geilsdorf, Kreis Plauen, V 3

erstreckt sich im Fliegenbachtal, das bei der Neumühle den Kemnitzbach erreicht. Die 597 ha große ehemalige Block- und Gutsblockflur weist erhebliche Höhenunterschiede auf. Der niedrigste Punkt liegt im Elstertal unterhalb der Pirkmühle nur 360 m ü. NN, der sich über das linke Gehänge des Kemnitzbaches steil erhebende Eichelberg dagegen 524 m. Eine hervorragende Aussicht auf weite Teile des Vogtlandes bietet sich vom Westrand des Ortes an der ehemaligen Schule, die heute den Kindergarten und das Gemeindeamt aufnimmt.

Geilsdorf ist seiner Anlage nach eine gassengruppenartige Gutssiedlung mit einem deutschen Namen (= Dorf eines Geilo). Die erste bekannte urkundliche Nachricht von 1328 bezeugt Einkünfte des Deutschen Hauses zu Plauen. Als

V 3 Besitzer von Herrensitz und Dorf erscheint 1382 ULRICH SACK. Der Familie Sack — im Mittelalter ein bedeutendes Geschlecht des niederen Adels im Vogtland — gehörte das damit verbundene Rittergut bis in die zweite Hälfte des 16. Jh. 1514 bestätigten alte Bergleute, daß sie vor vielen Jahren auf dem Grund und Boden dieser Familie auf Kupfer und Eisen gegraben hätten. 1515 verlieh der sächsische Kurfürst an NICKEL SACK zu Geilsdorf die Obergerichte und die Bergwerksgerechtigkeit auf den Gütern in den Ämtern Plauen und Voigtsberg, die er von ihm zu Lehen hatte.

Der älteste Sitz lag in der Mitte des Ortes, nordöstlich des früheren Rittergutes in der Niederung des Fliegenbaches. Von den 4 Ecktürmen der ehemaligen Wasserburg, die wohl um 1670 als stattliches Schloß ausgebaut und 1719 erneuert worden war, blieb als Ruinenrest nur ein Turm im N erhalten. Der Graben ist im Nordteil noch vorhanden und mit Wasser gefüllt.

Im ehemaligen Herrenhaus des Rittergutes entstand durch Um- und Ausbau ein vorbildliches Feierabend- und Pflegeheim (Bild 20). Der frühere Gutspark mit seinen alten Laubgehölzen nahm ein Gehege für einheimische Wildtiere und die Gaststätte Jagdhütte auf.

Die Kirche war wohl eine Deutschordensgründung und trat nach 1540 das Erbe der Wallfahrt Burgstein an, deren Kirchenruinen sie im Siegel führt. 1832 bis 1834 wurde das Bauwerk als Saal mit dreiseitigem Ostschluß und Westturm mit welscher Haube durch den Schwander Maurermeister CHRISTIAN HEINRICH VOGEL neu errichtet. Der große Kanzelaltar mit flankierenden korinthischen Säulen zeigt wie das Lesepult klassizistische Formen. CHRISTIAN FRIEDRICH POLSTER aus Erlbach erbaute die große Orgel. Eine 1506 wohl von MARX ROSENBERGER in Schleiz gegossene Glocke mit einer lateinischen Inschrift soll vom Burgstein stammen.

Obwohl Wohnsitz vieler Arbeiter, trägt der Ort noch weitgehend landwirtschaftlichen Charakter. Das örtliche Rittergut kam 1928 in den Besitz der Stadt Plauen. Nach 1945 wurde es in ein volkseigenes Gut umgewandelt. Als Teilbetrieb des Volksgutes Rodersdorf spezialisierte es sich auf Viehhaltung. Geilsdorf ist seit 1971 auch Sitz einer LPG für Pflanzenproduktion, die die 4150 ha große landwirtschaftliche Nutzfläche von 14 Dörfern des Kreises Plauen bearbeitet. Die LPG baut auf stellenweise sehr steinigen Böden der maximal 85 ha großen Schläge vor allem Getreide, Pflanzkartoffeln und Feldfutter an; sie nutzt die feuchten Bachtäler und die Elsteraue als Dauergrünland. Neue Lagerhallen (s. S 5), Kartoffelsortieranlagen und Technikstützpunkte (s. N 7) stehen zur Verfügung.

Von der alten Gutsschäferei her führte am Westhang des Eichelberges vorbei eine Schaftrift ins Kemnitzbachtal. Der Wasserlauf wird hier von der steinernen, gewölbten Schafbrücke überspannt, die unter Denkmalschutz steht. Der frühere Schafstall dient der LPG (P) als Lager und dem VEG zur Legehühnerhaltung. Anschließend reihen sich Wohnhäuser für Beschäftigte aneinander: Nr. 83 von 1972, Nr. 79—81 von 1952 und Nr. 77 und 78 von 1957/58.

Feilebach

W 1

Auf eine Entfernung von nur 1,5 km münden bei Pirk 3 Bachläufe von S her in die Weiße Elster: Triebel-, Feile- und Kemnitzbach. Sie zeichnen mit verantwortlich für die Entstehung des jenseitigen Elstersteilhanges (s. S 4).
Der Feilebach entspringt in 575 m ü. NN bei Gassenreuth, fließt zunächst bis Wiedersberg nach NW und biegt dann rechtwinklig nach NO um. Erst von hier an hat der Wasserlauf ein vielerorts asymmetrisches und 60—100 m tiefes Kerbsohlen- oder Sohlental herausgearbeitet, das durch seinen Wechsel von Wald und Offenland recht reizvoll wirkt. Das Einzugsgebiet des 15 km langen Feilebaches umfaßt 60,3 km². An der Einmündung in die Weiße Elster, 363 m ü. NN, betrug der natürliche mittlere Abfluß des Baches vor dem Bau der Talsperre Dröda 0,5 m³/s.
Im Schafbach besitzt der Feilebach einen größeren Zufluß mit ähnlicher Talgestaltung. Dieser entspringt in mehreren vernäßten Quellmulden 560 m ü. NN südlich von Ottengrün und Burkhardtsgrün, verläuft über Bobenneukirchen direkt nach N und mündet oberhalb von Dröda ein. An der Mündung entstand am Südrand von Dröda 1964—71 der Sperrkörper für eine Trinkwassertalsperre (s. P 2).

Dröda, Kreis Oelsnitz

W 2

Das Platzdorf besitzt eine 358 ha große, ehemals waldhufenähnliche Block- und Streifenflur und liegt in 395 bis 415 m ü. NN beiderseits des Feilebaches, etwa 3 km oberhalb der Mündung des Baches in die Weiße Elster. Eine dazugehörende Häuslerzeile zieht sich gegenüber dem ehemaligen Rittergut längs der Straße nach Pirk und Bösenbrunn. Etwas außerhalb des Dorfes wurden auf dem Hang östlich des Ortskerns im Zuge des Baus der Talsperre Dröda 2 Wohnblocks und eine moderne Gaststätte errichtet. Dieser Siedlungsteil erhielt durch eine neue Verbindung Anschluß an die Straße Bösenbrunn—Bobenneukirchen.
Im Garten des früheren Rittergutes befinden sich die Überreste einer mittelalterlichen Wasserburg, worauf auch der Flurname Altes Schloß hinweist. In dem ummauerten Turmhügel blieb ein mittelalterliches Tonnengewölbe erhalten. Der Graben ist nur noch im Südteil vorhanden, sonst verfüllt und durch die Anlage eines Teiches verändert. 1328 schrieb man das Dorf *zů der Ode* = Ort in der Einöde.
Die alte Dorfkirche, die schon 1456 existierte, brannte am 19. April 1885 ab. Der heutige einschiffige neugotische Bau mit spitzem Westturm und eingezogenem $^5/_8$-Chor entstand 1886/87 nach dem Entwurf CHRISTIAN GOTTFRIED SCHRAMMS aus Dresden. Das dreijochige Schiff ist wie der Chor rippengewölbt und mit Strebepfeilern besetzt. Die kleinen Maßverhältnisse harmonieren ausgezeichnet mit der wertvollen Einrichtung und Ausmalung des Historismus.
In der Mitte des 19. Jh. lebten die Einwohner von Dröda teils von der Landwirtschaft, teils von Maurer- und Zimmerarbeit. Um 1910 waren viele Frauen

W 2 und Kinder des Orts mit Heimarbeit für Plauener Unternehmer beschäftigt, die in Zäckelei (Ausschneiden) vor allem von Tüllstücken und -spitzen bestand.

1953 gründeten Bauern die LPG Deutsch-Sowjetische Freundschaft. Sie schloß sich 1968 der LPG Frieden Bobenneukirchen an, die sich auf Feldbau spezialisierte. Die Milchviehanlage gehört zur LPG (T) Gassenreuth.

W 3 **Pirk,** seit 1956 Ortsteil von Großzöbern,

erstreckt sich in der Aue des Feilebaches sowie am linken Talhang beiderseits der F 173, die der alten Handels- und Heerstraße von Plauen nach Hof folgt. Der Höhenunterschied in der bebauten Ortslage beträgt rund 30 m. Südsüdöstlich vom Ort erhebt sich über dem Prallhang des Feilebaches das mächtige Massiv des 516 m hohen Eichelberges. Dagegen erreicht die Wasserscheide zum 800 m entfernten Kemnitzbach in der bewaldeten Diabaskuppe des Hasenpöhls nur eine Höhe von 441 m.

Urkundlich tritt Pirk 1378 erstmalig als *Pyrk* (Erklärung s. E 4) auf. Der Mittelpunkt der Gutssiedlung war das Rittergut, das aus einem Rittersitz (1445) hervorgegangen war. Der Plauener Handelsherr JOHANN FRIEDRICH HÜTTNER ließ das spätbarocke Gutshaus als schlichten zweigeschossigen Bau von 8 Achsen mit Mansarddach und geschweiftem Dachreiter errichten. Das geohrte verkröpfte Granitportal mit Quasten trägt die Bezeichnungen 1753 und J. F. H.

In der Umgebung von Pirk und Großzöbern wurde schon sehr früh Bergbau betrieben, so 1651 auf Kupfer, von 1767 bis 1928 — mit Unterbrechungen — auf Eisen, Nickel und Kobalt. Spuren des Bergbaus sind beispielsweise am Graben der ehemaligen Pirkmühle in Form des Stollenmundloches der ‚St.-Josef-Zeche' (1767—1872) anzutreffen. Ein weiteres Mundloch am rechten Hangfuß der Weißen Elster, wenig oberhalb von Rosenthal, stammt vermutlich von einer 1750 versuchten Schürfung auf Eisenerz (‚Glück auf').

Nach der Befreiung vom Faschismus entstanden im Zuge der demokratischen Bodenreform aus dem mit dem Türbeler Anteil 324 ha land- und forstwirtschaftliche Flächen umfassenden Rittergut 13 Neubauernstellen. Darüber hinaus erhielten 26 Kleinsiedler Boden. Bereits 1952 gründeten Bauern die erste LPG, die sich später mit der Großzöberner Genossenschaft zusammenschloß.

Auf dem bewaldeten Bergsporn zwischen dem Kemnitzbach und der Elster liegen unmittelbar westlich der Pirkmühle (1683 mit 4 Gängen) die Ruinen der Schöneckere. Sicher nachgewiesen sind der Trümmerring eines zusammengestürzten Turmes und Reste eines rechteckigen Steinbaues daneben. Im W führt der Geilsdorfer Kirchsteig vorbei, und unmittelbar nördlich der Anlage befinden sich im Waldboden muldenartige Vertiefungen des ehemaligen Burgweges. Schon 1327 sind für Grundstücke im Elstertal Schönecker Wiesen überliefert; von 1537, lange nach Aufgabe der Burg, kennen wir die Flurnamen Schönecker Hölzer und Schönecker Leite.

500 m nordöstlich von Pirk überspannt in 12 Bögen die 623 m lange und bis zu 60 m hohe unvollendete Autobahnbrücke das Elstertal. Der Bau wurde während des zweiten Weltkrieges eingestellt. Am Ortsausgang nach Großzöbern

steht rechts in einem Wäldchen ein Gedenkstein für 5 dort am 15. April 1945 ermordete jüdische Häftlinge aus dem Konzentrationslager Buchenwald. Nahe der Gaststätte — Türbel Nr. 1 — mit dem Ferienheim des HO-Kreisbetriebs Sömmerda erinnert ein Gedenkstein an den am 7. August 1951 hier von westlichen Agenten umgebrachten Plauener Volkspolizei-Oberwachtmeister RUDOLF SPRANGER. W 3

Etwa 300 m östlich des Bahnhofs Pirk an der Strecke Plauen—Bad Brambach liegt die kleine Siedlung Rosenthal mit dem ehemaligen Gasthof, der heute dem VEB Geräte- und Reglerwerke Teltow als Ferienheim dient. 1848/49 trafen sich hier die damaligen Volksvereine zu Versammlungen. Rosenthal wird 1533 im Zusammenhang mit Hutungsstreitigkeiten, das Wirtshaus 1542 genannt.

Türbel, seit 1956 Ortsteil von Großzöbern, W 4

eine Gutssiedlung, breitet sich etwa 20 m über der Talsohle auf dem linken Sporn zwischen dem Triebelbach und der Weißen Elster aus. Im Jahre 1301 ist ein Eberhardus de *Tirbel* als Zeuge nachgewiesen. Der slawische Ortsname läßt sich schwer erklären, möglicherweise nach dem Gewässernamen des Triebelbaches, der offensichtlich 1122 als *Stirbile* überliefert ist und seinerseits mit dem Ortsnamen Triebel in Zusammenhang gebracht werden kann (EICHLER 1967).

Auf dem Sporn stand schon vor 1300, wohl auch zur Sicherung der bedeutenden Straße Hof—Plauen, oberhalb des Elsterüberganges eine Wehranlage. An der Spornspitze läßt sich der ehemalige Turmhügel unschwer erkennen, den ein heute verflachter Graben vom Hinterland abtrennt. 1327 befand sich die munitio dicta *Tirbil* im Besitz der Vögte von Plauen und wurde mit weiteren Burgen der Vögte dem König von Böhmen zu Lehen aufgetragen (s. D 6, M 8, W 8, W 10). Die Vögte behielten diese Festen bis 1466. 1541 erfolgte der Ausbau von Türbel als ländlicher Herrensitz, der nach 1632 im Verlauf des Dreißigjährigen Krieges zerstört wurde.

Das Gelände der Außenburg ist heute teilweise von der Ruine des ehemaligen Schafstalls und einem früheren Neubauernhof bedeckt. Die Ruine und das Tonnengewölbe darunter mit anschließendem Fluchtgang sind als Reste der Burganlage anzusprechen. 1952/53 durchgeführte Grabungen erbrachten Scherbenfunde des 13.—14. Jh. und jüngere Keramik, mit deren Hilfe die Bauperioden der freigelegten Mauern einwandfrei datiert werden konnten (BILLIG 1963).

In den letzten Jahrzehnten dehnte sich Türbel durch die Errichtung von Eigenheimen aus, besonders längs der Straße nach Bösenbrunn. Am bewaldeten linken Elsterhang fallen am Fußweg zum Bahnhof Pirk eine alte Steineiche sowie 2 doppelstämmige Winterlinden durch Höhe und gleichmäßige Wuchsform auf. Sie stehen als dendrologische Naturdenkmale unter Schutz.

Hoher Kulm W 5

Aus der vogtländischen Rumpffläche haben Triebelbach (s. W 6) und Feilebach (s. W 1) das Massiv des 516 m hohen Eichelberges und des Hohen Kulms (515 m) herausmodelliert. Beide Erhebungen liegen im Bereich der Diabase des Mittel-

W 5 vogtländischen Kuppenlandes und sind durch einen flachen Sattel voneinander getrennt. Von Türbel aus zieht sich ein Fahrweg am Osthang des Eichelberges aufwärts und am Westhang des Hohen Kulms vorbei weiter nach Bösenbrunn. Er quert die Häuslerreihe Kulm auf einer Rodefläche etwa 500 m südöstlich des Hohen Kulms in 480 m Höhe ü. NN.
Nordöstlich von Kulm gab es am linken Gehänge des Triebelbaches abbauwürdige Kupfererzgänge. Von der Fundgrube ‚Grüne Tanne', die bis gegen Ende des 19. Jh. befahren wurde, zeugen kleine Halden sowie das Huthaus nahe der Straße nach Bösenbrunn. Die Bergleute förderten Kupferkies, Malachit und Kupferlasur, sogar gediegenes Kupfer. Am linken Unterhang wurde im 18. Jh. die Eisensteinzeche ‚St. Michael' betrieben, die 1770 auch Kobalt lieferte.

W 6 Triebelbach

Unmittelbar westlich des Bubenstocks bei Eichigt befindet sich 620 m ü. NN der oberste Quellarm des Triebelbaches. Von Untertriebel bis etwa Bösenbrunn hat der Wasserlauf in den ziemlich einheitlichen Tonschiefern ein rund 40 bis 60 m tiefes Sohlental herausgearbeitet, dessen meist mäßig geneigte Hänge überwiegend gerodet sind, dessen Aue aber vielerorts vernäßt ist. Im Unterlauf durchschneidet der Triebelbach die harten Diabase des Schönbrunn—Geilsdorfer Riedel- und Kuppengebiets (Anhang B). Das Gestein wird in großen Brüchen am rechten Gehänge des Triebelbaches durch den VEB Hartsteinwerke Vogtland gewonnen (s. X 6). Am Unterlauf (Bild 30) treten die meist bewaldeten und steilen, zum Teil mit Felsen durchsetzten Talhänge enger zusammen, so daß sich abschnittsweise eine Kerbsohle ausbilden konnte. Bei Türbel mündet der 13 km lange Bach 365 m ü. NN in die Weiße Elster. Sein Einzugsgebiet umfaßt eine Fläche von 39,2 km².
In einigen Bächen des oberen Einzugsgebiets der Weißen Elster konnten noch 1964 insgesamt 28000 bis 30000 Flußperlmuscheln (*Margaritifera margaritifera*) festgestellt werden (BAER 1970). Die meisten befanden sich im Triebelbach, jedoch verringerten sich die Bestände auch hier in kurzer Zeit sehr stark. Um die Population des Triebelbaches wenigstens teilweise zu erhalten, wurden 1963 insgesamt 250 Flußperlmuscheln von der Mündungsstrecke in seinen Oberlauf und 1969 etwa 1300 Tiere vom Triebelbach in den Raunerbach umgesetzt. Diese Maßnahmen zeigten jedoch nicht den erwarteten Erfolg. So leben heute vermutlich nur noch in dem zur Saale entwässernden Wolfsbach als dem einzigen aller obervogtländischen Wasserläufe Flußperlmuscheln (BAER und GOERNER 1978). Über die Ursachen des Rückgangs und die ehemalige Verbreitung ist im Band 26, Oberes Vogtland, unter N 2 berichtet worden.

W 7 Otterhaus und Streithaus

Das Otterhaus steht auf einer Waldwiese am Hang über der 455 m hohen Quellmulde einer zum Triebelbach entwässernden Kerbe, 1,3 km südlich von Planschwitz auf Magwitzer Flur. Sein Name läßt sich nicht ohne weiteres erklären. Im

Kirchenarchiv zu Planschwitz tauchen der Name Otterberg urkundlich zum ersten Male 1687 und die Bezeichnung Otterhaus 1689 auf. W 7

Unterhalb des Otterhauses liegt die Ruine des Streithauses. Der Name ist gleichfalls schwer zu deuten. Vermutlich bildeten das sogenannte Streitfeld bzw. das Haus selbst im 17. Jh. oder schon früher Streitobjekte des hier zusammenstoßenden Besitzes der Rittergüter Bösenbrunn, Schönbrunn, Planschwitz und Magwitz. Im Planschwitzer Kirchenbuch treten die Bezeichnungen Streithaus 1642 und Streitfeld 1611 erstmals auf.

Planschwitz, Kreis Oelsnitz, W 8

wurde als Platzdorf am linken Hang der Weißen Elster in 700 m Entfernung von der Talaue angelegt. Seine Häuser ziehen sich von 415 bis 460 m ü. NN hinauf. Die bewaldeten Bergkuppen im Ort, so der Kirchpöhl, und in der Flur gehören zu dem bewegten Schönbrunn—Geilsdorfer Riedel- und Kuppengebiet. Markante Erhebungen sind der Große Pöhl (485 m) südlich von Planschwitz, die 900 m östlich nahe der Straße nach Oelsnitz gelegene Höhe 465 m mit einer stattlichen Winterlinde, einem Naturdenkmal, sowie der höchste Punkt der 365 ha großen, ehemaligen Gutsblock-, Block- und Streifenflur, die Höhe 523 m nahe der Straße nach Schönbrunn.

Der Ort tritt erstmals 1297 urkundlich als *Plonswicz* auf, zu altsorbisch *płońc* = wilder Apfelbaum. Die Höhe unmittelbar östlich vom früheren Rittergut trug die Feste Planschwitz, die 1327 mit anderen Burgen der Vögte von Plauen unter böhmische Lehenshoheit geriet. Ein Lexikon aus dem ersten Drittel des 19. Jh. hebt die Stallfütterung und Schafzucht des Gutes hervor. Unmittelbar am Rand der Talsperre Pirk stehen die Reste der Ruine Stein (s. W 10) auf Planschwitzer Flur.

Die ehemals dem Deutschen Orden zugeordnete Kirche ist ein Rechteckbau mit starken Mauern und wurde 1610, 1670, um 1850 sowie 1924 erneuert. Über dem Chor sitzt dem Ziegeldach ein geschweifter Dachreiter auf. Der gut geschnitzte barocke Rankenwerkaltar von 1735, der Johann Simon Zeitler aus Grün zugeschrieben wird, stand ursprünglich in Landwüst. Ausdrucksvolle Holzplastiken der Zeit um 1500 entstammen einer Hofer Werkstatt. Von einer Altarweihe im Jahre 1434 erhielt sich eine Reliquienkapsel mit dem Siegel des Weihbischofs Gerhard von Salona im Vogtlandmuseum Plauen. An Pfarrhaus (1750) und Alter Kirchschule (1840) befinden sich geohrte Granitportale.

1952 gründeten einige Bauern die LPG Karl Marx, die sich 1962 der LPG Otto Buchwitz Schönbrunn (s. X 3) anschloß. Durch Bungalows und ein Ferienheim hat sich Planschwitz ausgedehnt.

Zu den bekanntesten Fossilfundstellen des Vogtlandes zählen die Felder zwischen dem diabasischen Kirchpöhl und dem südlichen Ortsrand von Magwitz. Grauwacken und Tuffe des tieferen Oberdevons enthalten hier vor allem Korallen und Brachiopoden aus Brauneisenmulm. Bereits 1771 bildete Johann Ernst Immanuel Walch von hier in seiner „Naturgeschichte der Versteinerungen zur Erläuterung der Knorr'schen Sammlung" die Koralle *Favosites celleporata*

W 8 ab. HANS BRUNO GEINITZ beschrieb 1853 die Versteinerungen der Grauwacken und Diabastuffe von Planschwitz und Magwitz in einem ersten umfangreichen Werk über die Geologie des Vogtlandes und schlug für diese Gesteinsfolge die heute noch gebräuchliche Bezeichnung Planschwitzer Schichten vor. In diesen spiegeln sich die Ablagerungsverhältnisse des unteren Oberdevons wider. Die vulkanischen Diabasaschentuffe wechseln mit Sedimenten (Grauwacken, Kalkknollenschiefer) einer Flachsee, und an Meeresbodenschwellen bauten sich Korallenriffe auf. Gegen Ende dieses Zeitabschnitts setzte eine ruhige Kalksedimentation ein, die zur Bildung kleiner Kalksteinlager führte, die vor allem im vergangenen Jahrhundert im Gebiet von Magwitz abgebaut wurden (s. W 9). Eine wissenschaftliche Neubearbeitung der Planschwitzer Schichten erfolgte durch GÜNTER FREYER (1956, 1957).

Östlich von Planschwitz lag in Richtung Oelsnitz am linken Elsterufer das 1542 erwähnte Vorwerk Gatzenhof, das zunächst die Familie Sack vom Gatzenhof besaß und später zu Oelsnitz kam. Es könnte mit dem *Gacendorf* in Verbindung gestanden haben, welches 1327 zur Herrschaft Plauen gehörte und später wüst wurde. Eventuell wäre in dieser Gegend auch das im Registrum Dominorum Marchionum Missnensium von 1378 (herausgegeben von H. BESCHORNER 1933) zwischen Raschau und Planschwitz erwähnte *Bertoldisgrune* zu suchen (Abb. 5).

W 9 **Magwitz,** seit 1973 Ortsteil von Planschwitz

Knapp unterhalb der Staumauer der Talsperre Pirk durchquert eine Straße die hier fast 400 m breite Elsteraue. Sie verbindet Magwitz mit der auf einer alten Wüstungsflur liegenden Streusiedlung Göswein am nördlichen Elsterhang, die sich vom Elstertal bis zur F 173 Plauen—Pirk erstreckt. Der Wohnplatz Göswein setzte sich im 19. Jh. aus einem Vorwerk des Rittergutes Planschwitz und 4 Häusern zusammen. Der spät überlieferte Ortsname kann mit dem Personennamen Goswin zusammenhängen.

Am südlichen Hang der Elster gruppieren sich die wenigen Gehöfte und anderen Anwesen von Magwitz vornehmlich um den kleinen Dorfteich in der Quellmulde einer kurzen Kerbe. Das lockere Platzdorf liegt 375—410 m hoch, die 406 ha große ehemalige Gutsblock-, Block- und waldhufenähnliche Streifenflur steigt am linken Gehänge des Triebelbaches bis zum 515 m hohen Gipfel des Hohen Kulms an.

In einem Hausgarten am Ortsausgang nach Planschwitz erhebt sich ein guterhaltener viereckiger Turmhügel, Alter Hof genannt, mit stellenweise verfülltem Graben und Resten eines Außenwalls. Hier ist wohl der älteste Herrensitz der 1236 mit Cunrado de *Machwiz* erstmals bezeugten Familie von Magwitz zu suchen, wenn auch dieses weitverzweigte Vasallengeschlecht der Plauener Vögte niemals in direkter Verbindung mit dem Dorf erscheint (BILLIG 1963). Die Bezeichnung gehört zu einem altsorbischen Personennamen Mach. Ungeklärt bleibt der Zusammenhang des Alten Hofes mit dem späteren, auf einer steilen Geländestufe über dem Elstertal erbauten Rittergut. Sein nach der Talseite zu gelegenes ehemaliges Wohnhaus aus der Barockzeit mit Walmdach enthält Wohnungen und eine Konsumverkaufsstelle. 1958 gründeten Bauern die LPG Elstertal, die sich bereits 1960 der LPG Karl Marx Planschwitz anschloß (s. W 8). Die ehemalige Wassermühle beherbergt das Kinderferienlager eines Plauener Betriebes.

Am Talhang der Weißen Elster baute man früher in Brüchen Kalk ab. Dieser wurde in einem Ofen gebrannt, von dem Reste im Elstertal zu sehen sind. Am nördlichen Elsterhang befindet sich unmittelbar gegenüber dem ehemaligen Bahnwärterhaus Magwitz ein verwachsener Kalkbruch (Abb. 32), den schon Hans Bruno Geinitz 1853 als „Bruch an der Ziegelhütte Magwitz" beschrieb. Er lieferte damals zahlreiche gut erhaltene Fossilien und gehörte zu den wenigen Aufschlüssen, die im Mittelpunkt der im vorigen Jahrhundert beginnenden geologischen Erforschung des Vogtlandes standen. Im tieferen Teil des Bruches gehen Grauwacken und Diabasaschentuffe des unteren Oberdevons in Kalkknollenschiefer und Knotenkalke des gleichen Zeitabschnitts der Erdentwicklung über. Die Ablagerungen enthalten Versteinerungen, so Korallen, Brachiopoden und Conodonten (= 0,1 bis 4 mm lange zahnähnliche Fossilien),

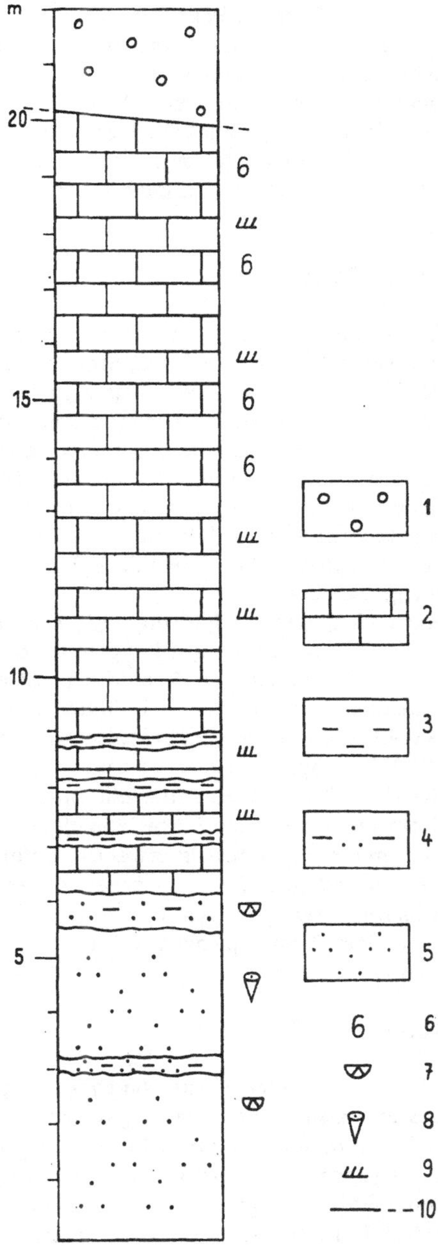

Abb. 32. Profil des Oberdevons und Unterkarbons am ehemaligen Bahnwärterhaus Magwitz (Entwurf G. Freyer)

1 Konglomerat — Unterkarbon
2 Kalkstein
3 Schiefereinlagerungen im Kalkstein
4 Grauwackenschiefer
5 Grauwacke
(2–5: Oberdevon)
6 Goniatiten, Clymenien
7 Brachiopoden
8 Korallen
9 Conodonten (Mikrofossilien)
10 Tektonische Störung

W 9 die eine sichere zeitliche Einstufung der Schichten gewährleisten. Im Nordostteil des Bruches schoben sich gneisführende Kieselschieferkonglomerate des Unterkarbons auf die Kalke. Das Herkunftsgebiet der Gerölle ist unbekannt, doch treten ähnliche Gneisgerölle in vermutlich gleichaltrigen Schichten im Frankenwald und am Fichtelgebirge auf. Die Gesteine zeigen eine starke tektonische Beanspruchung, wobei es sich um mehrere unterkarbonische und oberdevonische Schuppen handelt. Sie werden nach W und O hin von Diabasmandelsteinen begrenzt.

W 10 Ruine Stein

Etwa 700 m nördlich von Planschwitz steht auf einer Halbinsel am Südufer der Talsperre Pirk die Ruine Stein (Bild 29). Teile ihres Gemäuers liegen heute bei Normalstau unter dem Wasserspiegel. Vor dem Einstau (s. W 11) der Elster erhob sich die Feste auf einem steilen Sporn etwa 12—15 m über dem Talboden. Das Felsplateau mit dem Mauerwerk der Kernburg wird von einem 5—6 m breiten ausgemeißelten Graben vom Hinterland abgeschnitten. Dahinter erheben sich noch die Reste eines Turmes. Von einer Brustwehr und einem zweiten äußeren Graben läßt sich nichts mehr erkennen. 1937/38 wurde die Ruine von Amandus Haase archäologisch untersucht und anschließend denkmalpflegerisch restauriert.
Keramikfunden zufolge wurde die Burg in der zweiten Hälfte des 13. Jh. angelegt, wohl im Zusammenhang mit der Errichtung der Landesherrschaft der Vögte von Plauen. In Verbindung mit der Lehnsbeauftragung der Herrschaft Plauen an das Königreich Böhmen tritt Stein erstmalig 1327 als munitio *lapis* (= Feste auf einem Felsen) zusammen mit anderen Burgen (s. D 6, M 8, W 4, W 8) der Vögte in das Licht der Geschichte. 1358 vertauschte Kaiser Karl IV. die Höfe Planschwitz und Stein an die Markgrafen von Meißen, und 1372 wird Stein nicht mehr als Feste bezeichnet. Zur Burg gehörten ein Wirtschaftshof und eine 1459 erstmalig erwähnte Mühle. Noch 1725 war das Rittergut Stein Gegenstand eines Pachtvertrages. Unterhalb der Ruine befand sich das Stollenmundloch der ‚Jakobszeche' — 1751 als Eisenbergwerk bezeugt —, das heute unter dem Wasserspiegel des Stausees liegt.

W 11 Talsperre Pirk (Bild 29)

Die Talsperre Pirk wurde von 1935 bis 1939 mit einem Stauinhalt von 10 Mill. m^3 erbaut. Den Anlaß dazu gab das Chemiefaserwerk Sächsische Zellwolle (s. P 1.3) in der Elsteraue südwestlich von Plauen mit seinem sehr hohen Bedarf an Betriebswasser. Ein Gewichtsstaukörper aus Beton sperrt das Elstertal ab. Seine Höhe beträgt 15,7 m und seine Länge 245 m, die Krone mit einem öffentlichen Fußweg besitzt einen Krümmungshalbmesser von 1000 m. Das Hochwasser fließt über 2 je 15 m lange bewegliche Wehrklappen und 4 fast je 15 m lange Wehrrücken ab. Durch 2 Grundabflußrohre mit einem Durchmesser von je 2 m und 2 Ringkolbenschieber können bis zu 40 m^3/s Wasser abgelassen und die Abgabe reguliert werden. In der Regel läuft aber eine stehende Spiralturbine,

die mit einem Generator gekoppelt ist und eine Leistung von 350 kW liefert. Die Luftseite des Sperrkörpers ist mit Diabas aus dem Steinbruch unterhalb der Rentzschmühle verkleidet. Etwa 500 m südwestlich von Dobeneck befindet sich eine 5,8 m hoch überstaute Vorsperre aus Beton.
Das 376 km^2 große Einzugsgebiet reicht aus, um bei einem mittleren Wasserzufluß von 3,23 m^3/s den Speicher zehnmal im Jahr zu füllen. Der Hochwasserschutzraum ist mit 0,750 Mill. m^3 nur gering. Bei hohen Wasserzuflüssen vermag die Talsperre das Wasser nicht zurückzuhalten, es fließt über die Wehrkrone ab.
Obwohl das Elstertal im Bereich der Talsperre keine Dörfer aufwies, machte sich der Abbruch einiger Häuser von Dobeneck (s. X 1) notwendig. Ebenso erforderte der Bau die Verlegung der Eisenbahnlinie Plauen—Bad Brambach von der nördlichen auf die südliche Talseite, und zwar im Raum Magwitz.
Mit ihrer 152 ha großen Oberfläche eignet sich diese Betriebswassersperre sehr gut für die Naherholung, aber auch aus entfernten Gebieten kommen Besucher hierher. Am nördlichen Ufer führt von der Sperrmauer aus ein Wanderweg nach Oelsnitz. Südwestlich und südlich von Taltitz bis in den Raum Dobeneck entstand ein großer Campingplatz mit einer Tageskapazität von über 2000 Urlaubern. Nahe der Auffahrt zur Autobahn in Richtung Karl-Marx-Stadt befindet sich der Sitz der Verwaltung des Naherholungszentrums. In Ufernähe richtete man nahebei einen Durchgangszeltplatz ein. Strandcafé und Saisongaststätte liegen weiter westlich in Richtung Sperrmauer. Die Jugendherberge (s. X 1) unmittelbar am Ufer verfügt über 66 Betten.
Wegen seiner Bedeutung für die Naherholung wurde der Stausee mit seiner reizvollen Umgebung 1956 zu einem 1432 ha großen Landschaftsschutzgebiet erklärt. Dieses bezieht im SW mit dem Eichelberg und dem Hohen Kulm (s. W 5) eine waldreiche Gegend in dem sonst sehr waldarmen Gelände ein. In fast allen Orten und Ortsteilen, die ganz oder teilweise zum LSG gehören, so in Taltitz (s. T 2) mit Dobeneck (s. X 1), Schönbrunn, Planschwitz (s. W 8) mit Magwitz und Pirk mit Türbel, gibt es Betriebsferienheime oder Kinderferienlager.
Während des Baus der Talsperre und der Ausschachtungsarbeiten für die Trasse der nahen Autobahn wurden seit 1936 durch Amandus Haase auf den Gemarkungen von Dobeneck, Taltitz und Unterlosa mehrere urgeschichtliche Siedelplätze festgestellt und durch Grabungen untersucht. In dem Gewirr der aufgedeckten Siedlungs- und dazwischen eingestreuten Grabgruben gelang der Nachweis einzelner Hausgrundrisse. Zutage kamen Branderde, Hüttenbewurf, Platten von steinernen Reibemühlen, Spulenständer, Webegewichte, Spinnwirtel, unzählige Tongefäßscherben, darunter solche von Vorratsgefäßen, ferner Tierknochen, Getreide- und Unkrautsamen (Weber und Richter 1964) sowie Gräber mit Leichenbrand. Bronzegegenstände liegen nur in geringer Anzahl vor. Nachgewiesen sind auch Bronzeschmelzstätten. Bei einer der Siedlungen mit dem heutigen Flurnamen Die Göse entdeckte man einen Graben und Flechtzaun, eine einreihige Palisade. Keiner der Siedelplätze ist vor der Bronzezeitstufe Hallstatt A angelegt worden. Die von Werner Coblenz (1954) publizierten Funde bewahrt das Vogtlandmuseum Plauen auf. Sie gehören zur Lausitzer Kultur, wobei die vogtländischen Kulturhinterlassenschaften stark von der im N der ČSSR beheimateten Knoviser Kultur beeinflußt sind. Ver-

W 11 wandte Erscheinungen finden wir im benachbarten Gebiet von Cheb (PLESL 1961). Enge kulturelle Beziehungen dieser vogtländischen Gruppe der Lausitzer Kultur bestanden auch zum SW und zum Thüringer Raum.

X 1 **Dobeneck,** seit 1935 Ortsteil von Taltitz

Am rechten Ufer der Talsperre Pirk erblicken wir die übriggebliebenen Häuser von Dobeneck. Die unter 390 m Höhe gelegenen Gebäude der Gutssiedlung wurden 1935 im Zuge des Talsperrenbaus (s. W 11) abgetragen, Teile der 219 ha großen ehemaligen Gutsblockflur überstaut.
Das Dorf entstand um das Gut eines ritterlichen Dienstmannes. In einer Urkunde von 1279 sind Arnoldus, Bertoldus und Cunradus de *Dobenecke* erwähnt. Die Ortsbezeichnung hängt wahrscheinlich mit dem Gaunamen Dobna (s. L 1) zusammen, abgeleitet vom slawischen *dob* = günstig, gut (EICHLER 1967). Ein Verzeichnis von 1542 nennt in Dobeneck einen Feudalherrensitz mit Vorwerk, der zum Amt Voigtsberg gehörte, während die schon 1418 nachweisbare Dobenecker Mühle auf der anderen Seite des Kulmbaches (s. T 6) dem Amt Plauen unterstand. Zu dieser Zeit gab es weder Dorf noch „Mannschaft".
In dem ehemaligen Herrenhaus des Rittergutes befindet sich die Jugendherberge Hermann Matern. Dieser zweigeschossige Rechteckbau mit Mansarddach und vorgelagertem Treppenhaus stammt von 1729. Das Nebengebäude trägt einen schlichten Dachreiter, im Garten steht ein kleiner Pavillon.

X 2 **Kothleithe**

Die Straße Planschwitz—Schönbrunn tangiert an ihrem höchsten Punkt eine um 1850 als Kothleithe bezeichnete 523 m hohe Waldkuppe, von der aus ein breiter Mineralgang der Eisen- und Kupferformation südostwärts verläuft, deutlich im Gelände sichtbar durch alte und neue Schürfe (s. X 4, X 5). Der Berg gehört zu den höchsten Erhebungen des Schönbrunn—Geilsdorfer Riedel- und Kuppengebietes (Abb. 9), das hier in größerer Talferne viel steiler und tiefer zerdellt ist als die anderen Diabaskuppenlandschaften in den unteren Gebirgslagen des Vogtlandes.
Von der Straße aus bietet sich ein Ausblick über einen großen Teil des mittleren Vogtlandes. Während die Sicht im südlichen Halbkreis durch bewaldete Diabaskuppen der nächsten Umgebung verdeckt wird, reicht sie im nördlichen von den Höhen bei Mißlareuth im W bis zu den weitgeschwungenen Bergrücken des oberen Vogtlandes im O. Der westvogtländische Höhenzug bildet die Wasserscheide zwischen Saale und Weißer Elster. Er setzt sich nach NO hin in den bewaldeten Schiefer- und Sandsteinhöhen von Mehltheuer fort. Als markante Punkte erkennt man den Bahnhof Reuth, die Reuther Linde und die Stelzenhöhe. Nach O fällt der Höhenrücken zur Elstertalfurche ab, und über die Talsperre Pirk und über eine morphologisch wechselvolle Hügellandschaft hinweg blicken wir bis Oelsnitz. Unter den zahlreichen Diabaskuppen erkennt man vor allem den Kemmler (s. P 4) mit seinem Turm. Östlich von ihm ragt der Rücken

des Kulmberges bei Oberlosa auf. Die Wismuthalden bei Mechelgrün (s. Q 8) kennzeichnen im Hintergrund etwa die Westgrenze des Kontakthofes, der den Bergener Granit umgibt. Zu diesem Kontakthof gehören auch die Bergrücken bei Pillmannsgrün und Werda. Von Werda aus steigt das Gelände nach SO allmählich zu den Phyllithöhen zwischen Adorf und Muldenberg an, die den östlichen Horizont begrenzen. Unter den Diabaskuppen im Vordergrund fällt vor allem der Dockelsberg (s. X 4) nordwestlich der Straße Schönbrunn—Oelsnitz auf. X 2

Schönbrunn, Kreis Oelsnitz, **X 3**

wurde in der Quellmulde eines Baches angelegt, der der Weißen Elster, jetzt der Talsperre Pirk zufließt. Seine Gehöfte und anderen Häuser ziehen sich von 440 bis 480 m ü. NN hinauf. Die 627 ha große ehemalige Waldhufenflur weist einen Höhenunterschied von 134 m auf (400 m nahe der Talsperre, der Pöhl 700 m südöstlich der Ortsmitte 534 m). Der Ort ist 1378 als *Schanbrun* (Erklärung s. A 3) urkundlich belegt. In Schönbrunn bestanden ursprünglich 2 Vorwerke, die 1588—1629 im Besitz der Stadt Oelsnitz und seit mindestens dem 18. Jh. zu einem Rittergut vereinigt waren. Die neugotische Backsteinkapelle mit kräftigem Dachreiter auf dem Friedhof wurde 1907 geweiht. Aus dieser Zeit stammt auch die kleine Grabkapelle an der Friedhofsmauer.
Im Jahre 1952 gründeten 7 Neubauern, deren Eindachhöfe in der Nähe des 1945 aufgeteilten Rittergutes stehen, die LPG Typ I Otto Buchwitz (seit 1953 Typ III). Ihr schlossen sich zwischen 1955 und 1964 die LPGs Friedrich Engels Bösenbrunn, 8. Mai Schönbrunn und Karl Marx Planschwitz an. Die Herausbildung einer Kooperativen Abteilung Tierproduktion setzte 1972 mit der Übernahme der Schweineanlagen der LPGs Neuer Weg Triebel, Paul Scholz Oelsnitz und Gassenreuth ein. Heute hat sich die LPG (T) auf die Aufzucht und Mast von Läuferschweinen spezialisiert, so in einer Anlage für 1000 Tiere in Schönbrunn und für 4000 Tiere in Untermarxgrün. Milch- und Rindfleischproduktion in Schönbrunn, Planschwitz und Bösenbrunn sowie Geflügelhaltung in Magwitz-Göswein (Brüterei) und Planschwitz (Broilermast) stellen weitere Aufgabenbereiche dar. Im Zentrum von Schönbrunn entstanden 2 neue Wohnblocks, am Nordostrand eine große Werkstatt des Kreisbetriebes für Landtechnik Vogtland.

Dockelsberg **X 4**

heißt die etwa 465 m hohe Erhebung zwischen Schönbrunn, dem Höllbrücker Tälchen (s. X 5) und der Weißen Elster. Auf ihm zeugen, wie westlich von Schönbrunn und vor allem längs der Straße nach Planschwitz, zahlreiche Halden vom regen Bergbau in Vergangenheit und Gegenwart. Hier wird in einer Abteilung des heutigen VEB Fluß- und Schwerspatbetrieb Lengenfeld Flußspat (CaF_2) gewonnen. Die Grube befindet sich im Bereich der Schönbrunner Spalte, einer mineralisierten Störungszone, die von Schönbrunn aus nach NW über

X 4 Planschwitz nach Rosenberg zieht und dann an Hand von Lesesteinen bis mindestens nordwestlich von Weischlitz zu verfolgen ist. Nach SO läßt sie sich bis westlich von Lauterbach nachweisen. Die Schönbrunner Spalte gehört wie die Bösenbrunner und Dockelsbergspalte zu einem Spaltensystem, das schon vor Jahrhunderten Anlaß zu regem Bergbau gab. Längs der Straße Planschwitz—Schönbrunn führte der Gang den Namen ‚Dreifaltigkeits-Flacher'. Auf ihm bauten beispielsweise die Grube ‚Heilige Dreifaltigkeits Erbstollen' bei Planschwitz, die ‚Kunst' bei Schönbrunn, die Grube ‚Ludwig Vereinigt Feld' — die heutige Abteilung des VEB Fluß- und Schwerspatbetrieb (Bild 12) — und die Vogtländischen Flußspatwerke. Nach einer Jahreszahl, die in einer alten Strecke der Flußspatwerke zum Vorschein kam, kann angenommen werden, daß bereits 1483 der Abbau auf Eisenerz umging. Ende des 17. Jh. dürfte der Bergbau auf Eisen und Kupfer eingestellt worden sein, und erst 1835 lebte er erneut auf. Als 1892 die Königin-Marien-Hütte in Cainsdorf bei Zwickau ihren Betrieb stillegte, kam auch der Brauneisenerzbergbau bei Schönbrunn zum Erliegen, doch trat seitdem immer stärker die Förderung von Flußspat, den vorwiegend die Schwerindustrie benötigt, in den Vordergrund. In den letzten Jahrzehnten fuhren Bergleute hier ein neues Grubenfeld auf, das die alten Baue an Teufenerstreckung und Ausdehnung bei weitem übertrifft.

Die Lagerstätte, bekannt durch ihren Reichtum an Mineralien, regte mehrfach zu Spezialarbeiten an (Jahn 1929, Puffe 1938, Quellmalz 1959). Die Halden der alten Gruben auf dem ‚Dreifaltigkeits-Flachen' galten lange Zeit als Fundpunkte schöner Minerale: von verschiedenfarbigem Flußspat, vor allem aber von Sternquarz, Paradoxit, Eisenspat, Kalkspat, Kupferkies und Schwefelkies. Daneben sind von hier zahlreiche weitere Minerale bekannt geworden, die oft nur in sehr geringen Mengen auftreten und von denen Schwerspat, Zinkblende, Bleiglanz, Eisenglanz, Wismutglanz und Speiskobalt angeführt werden sollen.

Die Landschaft um Schönbrunn ist reich gegliedert und zeigt auf engem Raum die ganze Vielfalt der Oberflächengestaltung des Mittelvogtländischen Kuppenlandes bei Höhen bis 534 m. Dieser Eindruck verstärkt sich noch durch zahlreiche Hecken, bewaldete Lesesteinrücken, Bergbauhalden und Geländestufen. Die langen Steinrücken besonders westlich des Ortes künden von der harten Arbeit der Bauern seit der Rodezeit im 12./13. Jh. Zwischen den oft parallel verlaufenden Rücken erstreckten sich meist nur schmale Felder. Im Zuge der sozialistischen Umgestaltung in der Landwirtschaft wurden sie in Weideflächen umgewandelt. Die Steinrücken tragen reichen Gehölzwuchs mit typischen Arten der vogtländischen Diabasgebiete. Als Besonderheit sei der seltene Purgierkreuzdorn (*Rhamnus cathartica*) genannt.

Die Hecken als weitere landschaftsgliedernde Elemente verhindern die starke Deflation durch den Wind und die Wassererosion und halten lange die Bodenfeuchtigkeit. Zudem bieten sie Singvögeln und kleinen Säugetieren, wie dem Igel, als Insektenfressern und kleinen Raubtieren, wie Hermelin und Mauswiesel, ebenso Unterschlupf und Nahrung wie verschiedenen Reptilien und zahlreichen Gliedertieren.

Auf halber Höhe zieht sich am linken Hang des Baches, der nahe der Straße Schönbrunn—Planschwitz entspringt und in den Triebelbach mündet, eine fast

1 km lange und 4 m breite Hecke seit 1963 entlang. Hier pflanzte man zumeist Gehölze, die im Vogtland nicht wild wachsen, wie Pappel- und Weidenarten, Feldahorn, Goldjohannisbeere (*Ribes aureum*), Gemeinen Flieder (*Syringa vulgaris*) und Kartoffelrose (*Rosa rugosa*). Die Auenwiesen wurden 1970 entwässert und in ertragreiche Graskulturen umgewandelt. X 4

Höllbrücker Tälchen X 5

Das muldenartige, von der Lauterbach—Schönbrunner Höhe zur Weißen Elster ziehende Tälchen gehört zum Vorderen Gebirge, einem der ältesten und ehemals wichtigsten Bergbaugebiete des Vogtlandes. Etwa zu Anfang des 16. Jh. bestanden in dem Dreieck Oelsnitz—Lauterbach—Schönbrunn über 50 Zinnzechen (Abb. 33), von denen allerdings viele nur mit wenigen Mann belegt waren. Nach KURT SCHURIG (1875) förderten die Bergleute zwischen 1512 und 1580 in diesem Gebiet Erz mit mehr als 5000 Zentnern Zinn. Zu den wichtigsten Gruben zählten die 1511 erstmals genannten Zechen ,St. Burkhard' am Dockelsberg und ,St. Johannes' am Fuchspöhl, die beide auf nach ihnen benannten Gängen bauten. In ,St. Johannes' förderte man zeitweilig Silber und Kupferkies. 1512 ersuchte HANS VON MACHWITZ zu Lauterbach den sächsischen Kurfürsten um die Erlaubnis, auf seinen eigenen Gütern Zinnbergwerke zu verleihen. 1513 erhielt das Gebiet die erste Bergordnung, 1517 eine weitere. Damals arbeiteten etwa 200 Bergleute. In den vierziger Jahren des 16. Jh. sank der Ertrag rapide ab, aber noch im 17. Jh. fuhren Bergleute ein. Die völlig verwachsenen Halden sind noch zu sehen.

Im Jahre 1923 schlugen alle Versuche fehl, den Zinnabbau von privater Seite her wieder aufzunehmen, und auch spätere staatliche Untersuchungsarbeiten, die sich 1934 bis zur 130-m-Sohle erstreckten, führten zu keinem Erfolg. Neuauffahrungen nahm die SDAG Wismut um 1950 vor. Auf den Halden

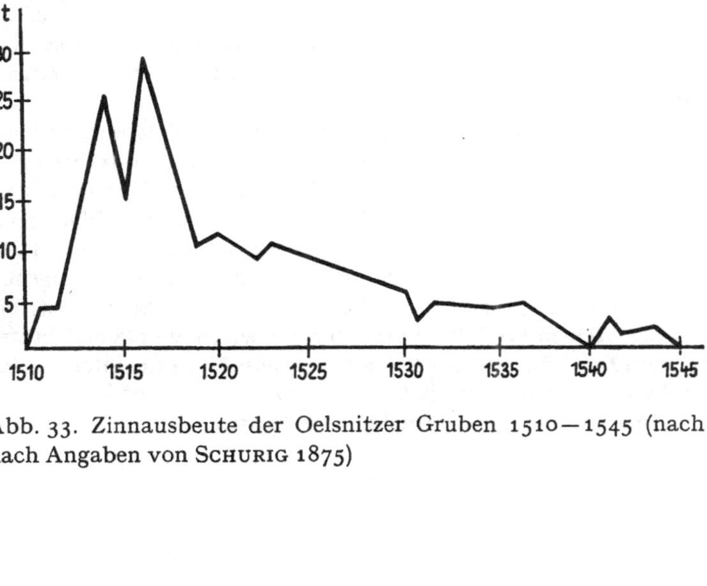

Abb. 33. Zinnausbeute der Oelsnitzer Gruben 1510—1545 (nach PUFFE 1938, nach Angaben von SCHURIG 1875)

X 5 findet der Sammler neben blaugrauem ordovizischem Lederschiefer und Quarziten an Gangarten vorwiegend Quarz, seltener Kalkspat und Eisenspat und nur ganz vereinzelt Flußspat.

X 6 **Lauterbach,** seit 1950 Stadtteil von Oelsnitz,

erstreckt sich von der Wasserscheide zwischen Weißer Elster und Triebelbach am Hohen Kreuz (530 m) längs eines Tälchens hinab nach Oelsnitz. Der größte Teil des Dorfes liegt bereits im Elstergebirgsvorland. Dagegen vermitteln Nußpöhl (502 m), Galgenberg (462 m) und Lerchenpöhl (445 m) als typische Diabasdurchbrüche zum Mittelvogtländischen Kuppenland. In ihrer Nachbarschaft ging im 16. Jh. ein reger Zinnbergbau um (s. X 4).
Das Waldhufendorf tritt erstmalig 1265 unter dem Namen *Luterbach* (= Dorf am klaren Bach) in das Licht der Geschichte. Der Ort ist 1445 als Rittersitz überliefert, später sind in Lauterbach 2 Rittergüter nachzuweisen. Östlich vom ehemaligen Gut oberen Teils liegt in der Bachaue ein Turmhügel, der noch im 19. Jh. von einem kleinen Bauernhaus überbaut war. Der Graben an der ehemaligen Wasserburg ist zugefüllt. Auf eine weitere Wasserburg deutet der Name Wallteich beim früheren, 1590–1629 der Stadt Oelsnitz gehörendem Gut unteren Teils hin. Die ehemalige Gaststätte Ritterhof, heute Konsumfleischerei, Otto-Bachmann-Straße 67, erinnert an die einstigen Herrenhöfe. Das Schulgebäude, Otto-Bachmann-Straße 66, entstand 1899, wurde 1911 erweitert und dient heute den Schülern der Klassen 1–4 zum Unterricht. Im Oberdorf befindet sich ein Betriebsteil des VEB Plauener Gardine.
Bereits 1953 gründeten Landwirte in Lauterbach die LPG Roter Stern, der 1960 die LPG Heimatscholle folgte. Beide vereinigten sich 1962 zur LPG Thomas Müntzer. Seit 1968 gehört diese zur LPG Neuer Weg in Triebel, die sich auf tierische Produktion spezialisiert hat. Ihr Verwaltungssitz befindet sich gemeinsam mit dem der LPG (P) Triebel südlich von Lauterbach am Hohen Kreuz. Zu der 3760 ha großen Nutzfläche gehören auch die Fluren von Lauterbach, Schönbrunn, Planschwitz und Magwitz. Obwohl bereits viele nasse Mulden an den Bachoberläufen entwässert und in Ackerland umgewandelt wurden, beträgt der Grünlandanteil 35%. Auf der restlichen Fläche wachsen Getreide (36%) sowie Feldfutter und Kartoffeln.
Außer in der Landwirtschaft sind viele Einwohner in den Diabasbrüchen, dem Splittwerk und der Bituminösen Aufbereitungsanlage von Lauterbach beschäftigt. Diese Betriebsabteilungen des VEB Hartsteinwerke Vogtland, Sitz Oelsnitz, erhielten 1973 ein neues Sozialgebäude. Der Vorläufer der Hartsteinwerke, der 1959 gegründete VEB Stein- und Sandwerk Oelsnitz — später Baustoffwerke genannt —, vergrößerte sich durch den Anschluß von volkseigenen Betrieben in Limbach/Herlasgrün, Plauen, Schreiersgrün und Schneeberg bis 1964 erheblich. Die einzelnen Produktionsabteilungen liefern vor allem Schotter und Splitt, weiterhin Bausand, den der Betrieb beispielsweise zu Hohlblocksteinen verarbeitet. Das frühere Gaswerk in Oelsnitz dient nach seinem Umbau der Herstellung von Mineralwolle für wärmedämmende Matten.

Raschau, seit 1919 Stadtteil von Oelsnitz, **X 7**

liegt am nördlichen Prallhang der Weißen Elster, beiderseits des Untermarxgrüner Baches. Urkundlich taucht Raschau erstmals 1281 als *Rachsowe* — zu dem slawischen Personennamen Raš — auf, als WERNER VON VOIGTSBERG eine Stiftung in der Plauener Johanniskirche mit Gütern zwischen Oelsnitz und Raschau einrichtete. Eine heute überbaute mittelalterliche Wasserburg gab es im S des Straßendorfes mit 288 ha großer, ehemaliger Block- und Streifenflur. Sie stand wohl im Zusammenhang mit der Familie eines 1288 genannten Cunradus de *Raschowe*. Der Besitz kam im 14. Jh. in die Hände von Nachkommen der Herren von Voigtsberg, die sich nach dem Verkauf der Stammburg nach Raschau nannten. So verwendete 1366 ein HANS VON RASCHAU das Siegel seines Vaters EBERHARD VON VOIGTSBERG (s. Y 2). 1509 erwarb die Stadt Oelsnitz ein Vorwerk in Raschau, bis 1587 ein weiteres. Beide Vorwerke erhob man im 17. Jh. in den Rang von Rittergütern, die später vereinigt wurden.
Der dörfliche Charakter von Raschau ist stark verwischt. Denn es entstanden in der zweiten Hälfte des 19. Jh. vorwiegend beiderseits der Straße Oelsnitz—Taltitz kleinstädtische Häuserzeilen, deren Bewohner in den Fabriken von Oelsnitz arbeiteten.
Die genossenschaftliche Entwicklung der Landwirtschaft von Raschau führte in die LPG (T) Paul Scholz Oelsnitz (s. Y 3). Die Felder werden von der LPG (P) Oelsnitz (s. Y 2) bewirtschaftet. Die Gebäude des ehemaligen Rittergutes Raschau nutzt der VEB Stadtwirtschaft. In der früheren Bürgerschule, Raschauer Straße 21, befindet sich die Außenstelle der Plauener Musikschule, außerdem erhalten hier einige Unterstufenklassen der Oberschule Erich Weinert ihren Unterricht.

Oelsnitz, Kreis Oelsnitz (Bild 31) **Y 1**

Lage Y 1.1

Nach einem etwa 30 km langen Lauf durch das obere Vogtland erreicht die Weiße Elster dicht unterhalb der Einmündung des Görnitzbaches das Mittelvogtländische Kuppenland. Im Bereich verschiedener Diabase und devonischer Schiefer hat der Fluß hier eine bis zu 500 m breite Aue ausgeräumt. Die Höhenmarke am Oelsnitzer Bahnhof links der Elster zeigt 393 m ü. NN, die am Rathaus 409 m an. Die durch mehrere Nebenbäche gegliederten Ränder des Kessels von Oelsnitz steigen stellenweise bis über 500 m an. Der höchste Punkt auf der heutigen Stadtflur ist mit 540 m die bewaldete Kuppe zwischen Hohem Kreuz und Schafhäusern südlich des Stadtteils Lauterbach. Der tiefste Punkt lag vor dem Bau der Talsperre Pirk bei 379 m.

Y 1.2 Geschichte und Persönlichkeiten

Auf Oelsnitzer Flur kam, als bisher einziger Fund dieser Art im Vogtland, ein bronzener Armreif aus der Mittelbronzezeit zum Vorschein (Billig 1954). Der heutige Ort wurde zunächst als kleine slawische Siedlung am rechten Ufer des Gerberbaches gegründet, wo jetzt der Platz der Befreiung, die sogenannte Altstadt, liegt. Eine slawische Tongefäßscherbe aus dem 8./9. Jh., die beim Bau des Elsterbades zum Vorschein kam, belegt die Anfänge einer Siedlung, und auch der Ortsname kann von einer slawischen Flur- oder Gewässerbezeichnung zu *ol'ša* = Erle abgeleitet werden. Eine Urkunde König Philipps von Schwaben aus dem Jahre 1200 weist als Ausstellungsort *olsniz* aus. In einer weiteren Urkunde von 1225 erwähnt Bischof Engelhard von Naumburg einen Pfarrer in *Olsnitz*.

Der erste urkundliche Nachweis einer Stadt Oelsnitz stammt aus dem Jahre 1357. Es wird angenommen, daß die Stadt (Abb. 34) zwischen 1328 und 1357 planmäßig von den Plauener Vögten gegründet wurde (Pietsch 1922). Die verkehrsgeographisch günstige Lage an der Kreuzung der wichtigen Straßen Regensburg—Cheb (Eger)—Oelsnitz—Schleiz bzw. Plauen und Hof—Oelsnitz—Zwickau förderte die Entwicklung des Gemeinwesens, setzte es aber in Kriegszeiten verstärkten Drangsalen aus. Seine Geschichte ist aufs engste verbunden mit der von Burg und Herrschaft Voigtsberg (s. Y 2).

Im Jahre 1900 umfaßte die in Blöcke und Streifen gegliederte Flur 814 ha. Darin enthalten war die Gemarkung des ehemaligen Rittergutes Göllnitzhof auf dem sogenannten Hohen Rang südlich der Stadt. Der Name läßt sich vom alt-

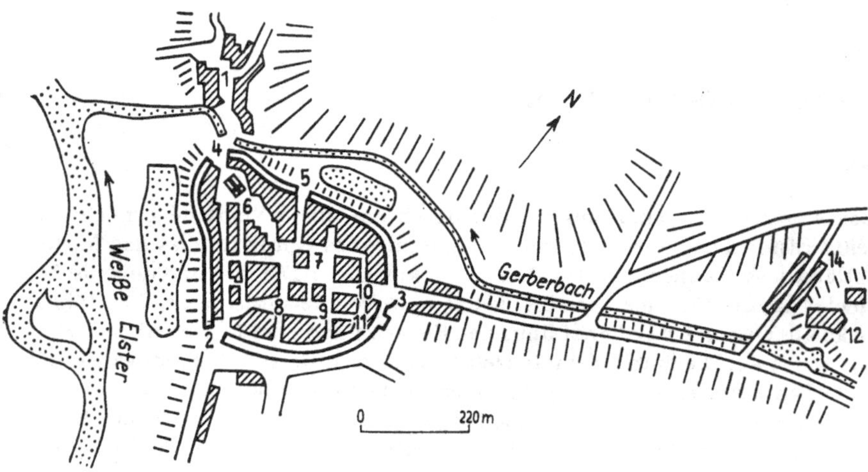

Abb. 34. Plan der Stadt Oelsnitz (vor 1859; nach Pietsch 1922)

1	Altstadt	5	Pforte	9	Tuchmachergasse	13	Burggut
2	Egerer Tor	6	Jacobikirche	10	Plauensche Straße (Steingasse)	14	Dorf Voigtsberg
3	Oberes Tor	7	Rathaus	11	Obere Klostergasse		
4	Unteres Tor	8	Viehmarkt	12	Schloß Voigtsberg		

sorbischen *gol'a* = Heide, Wald (EICHLER 1967) ableiten, 1266 nennt ein Verzeichnis einen Johannes de *Golniz*. 1521 erwarb der Rat zu Oelsnitz das Gut, und 1863 wurde das Gelände mit den Gebäuderesten beim Eisenbahnbau abgegraben. Wiederholt versuchte die Stadt, ihr Territorium zu erweitern, indem sie Güter der Umgebung aufkaufte (s. X 7), die sie teilweise nur vorübergehend besaß (s. X 6). Nachdem die Voigtsberger Verwaltungs- und Gerichtsherrschaft (s. Y 2) aufgehoben worden war, entstand 1856 ein Gerichtsamt in Oelsnitz, 1875 wurde die Stadt Sitz einer Amtshauptmannschaft. Y1.2

Mehrfach fiel Oelsnitz Brandkatastrophen zum Opfer, so im 15. Jh., im Jahre 1519, während des Dreißigjährigen Krieges am 13. August 1632 und 1720. 1780 brannte die Stadt erneut, und 1859 gingen 249 Wohnhäuser, 222 Hintergebäude und 35 Scheunen in Flammen auf; 585 Familien mit etwa 3000 Menschen wurden dabei obdach- und brotlos.

Seit 1542 wirkte PAUL REBHUN (um 1505—1546), ein bedeutender Dichter protestantischer Schuldramen, als Superintendent in Oelsnitz. Er schrieb als erster nach klassisch-antikem Vorbild aufgebaute deutsche Stücke, die den herrschenden Knittelvers überwanden. Der Magister CHRISTOPHORUS FÜRGANG trat 1626 mit einer deutschen Reimchronik seiner Vaterstadt Oelsnitz hervor. In Oelsnitz erblickte weiterhin um 1619 JOHANN ROSENMÜLLER, der Komponist geistlicher und weltlicher Musik, das Licht der Welt. Er wirkte beispielsweise als stellvertretender Thomaskantor und Organist in Leipzig.

Gewerbe, Industrie, Arbeiterbewegung Y1.3

Seit dem Mittelalter ging in der Umgebung von Oelsnitz der Bergbau auf Zinn, Kupfer, Eisen und Silber um (s. X 5). 1511—1674 bestand in Oelsnitz deshalb ein Bergamt, danach bis 1830 eines in Voigtsberg. 1687 verzichtete die Stadt auf Bergbaurechte. An die Erzverhüttung erinnern die Namen der Schmelzleithe und der Schmelzteiche bei der Schönbrunner Straße, die das Aufschlagwasser für eine Zinnschmelze lieferten.

Oelsnitz war bis weit ins 19. Jh. hinein eine Ackerbürgerstadt, in der sich neben der Landwirtschaft verschiedene Handwerkszweige, wie Schmieden und Wagenbau, später Leinwand- und Tuchweberei, entwickelt hatten. Im 19. Jh. trat die Baumwollweberei stark hervor: 1840 umfaßte die Weberinnung 371, 1872 bereits 500 Meister. In den dreißiger Jahren des 19. Jh. setzte der Übergang zur Fabrikarbeit auf dem Gebiet der Weberei ein. 1865 begann die Herstellung von Korsetts, 1867 die Gardinenweberei, und 1880 wurde mit der Gründung der Firma Koch & te Kock die Teppichproduktion eingeführt. 1882 arbeiteten in diesem Betrieb 115 Beschäftigte, 1930 bereits 2500. Der Entwicklung von Oelsnitz zur Teppichstadt kam entgegen, daß 1887 und 1889 zwei weitere derartige Werke entstanden, die sich 1921 mit Teppichfabriken in Auerbach, Rodewisch und Pouch bei Bitterfeld zur Tefzet AG zusammenschlossen.

Im Jahre 1840 existierten 20 Handwerkerinnungen. Der von Voigtsberg kommende Hainbach wird im Stadtgebiet als Gerberbach bezeichnet. Sein Name weist auf die Gerberinnung, die diesen Abschnitt seit 1820 besaß und nutzte. Im mittleren Stadtbereich ist der Bach seit 1897 überbaut. In der Mitte des

Y1.3 19. Jh. gab es in Oelsnitz 144 brauberechtigte Häuser mit 2 gemeinschaftlichen Brauhäusern. Zu dieser Zeit bauten die Bürger neben anderen Kulturen auch Hopfen an. In der Stadt hatte ein königlicher Perlfischer seinen Sitz (s. W 6). 1946 gingen die bedeutendsten Betriebe der Stadt in Volkseigentum über. 1951 erfolgte die Vereinigung der Oelsnitzer Teppichwerke zum VEB Halbmond-Teppiche (Bild 32), dem sich 1953 die Adorfer Adoros-Teppichwerke anschlossen. Seit 1971 hat er den Rang eines Stammbetriebes der volkseigenen Teppichindustrie in der DDR. Dieser Industriezweig liefert seine Produkte nach etwa 40 Ländern. Die Orientstick-, Axminster- und Tournaiteppiche sowie die Bouclés zeichnen sich durch gutes künstlerisches Niveau und hohe Gebrauchsqualität aus. Weitere wichtige Industriewerke sind die Betriebsteile des VEB elasticmieder Zeulenroda, des VEB Plauener Spitze, des VEB Plauener Gardine und des VEB Textilmaschinenbau Aue, außerdem der VEB Buntex Oelsnitz, der beispielsweise Steppdecken herstellt, der VEB Hartsteinwerke Vogtland (s. X 6) und 2 Brauereien. Etwa 40% der Beschäftigten in Oelsnitz kommen von auswärts (Abb. 35).

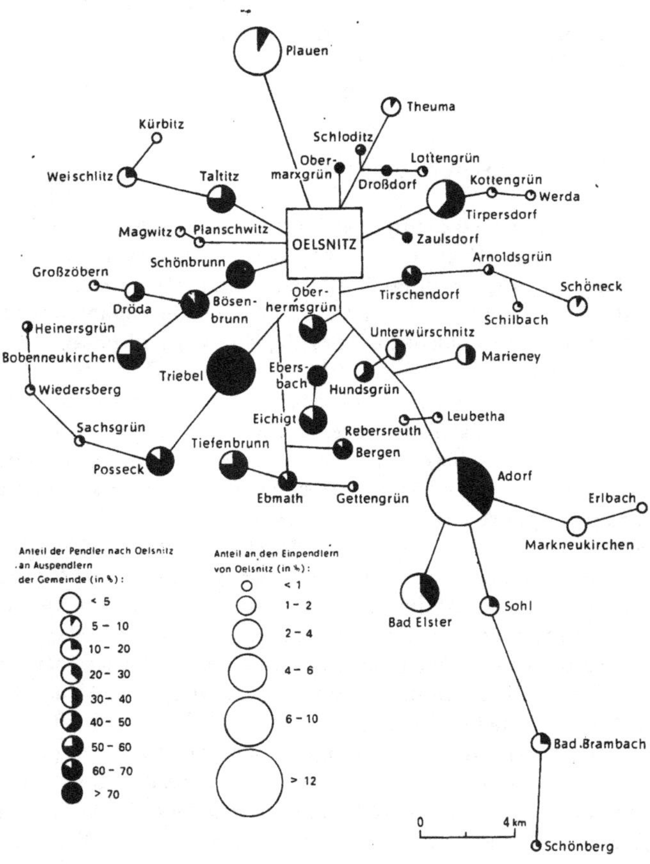

Abb. 35. Pendlereinzugsbereich von Oelsnitz (Stand 1971; Entwurf T. HECKER)

In der Stadt befindet sich der Sitz des Staatlichen Forstwirtschaftsbetriebes Oelsnitz (Vogtland). Dieser bewirtschaftet bzw. betreut 29000 ha Waldflächen der Kreise Oelsnitz, Plauen-Stadt, Plauen-Land sowie in Teilen der Kreise Reichenbach und Klingenthal. Der Betrieb gliedert sich in die Oberförstereien Adorf, Jocketa, Oelsnitz und Reiboldsruh. Y1.3

Mit der Entwicklung kapitalistischer Produktionsverhältnisse bildete sich auch in Oelsnitz das Industrieproletariat heraus. 1892 wurde in der Gaststätte Daheim in der Gartenstraße die hiesige Ortsgruppe der Sozialdemokratischen Partei Deutschlands in Anwesenheit WILHELM LIEBKNECHTS gegründet. 1904 forderte im Saal der ehemaligen Gaststätte Norddeutscher Hof ROSA LUXEMBURG die Oelsnitzer Arbeiter auf, den Kampf gegen kapitalistische Profitgier in fester Solidarität zu führen. In den Jahren 1910—13 verstärkten die Werktätigen die Lohnkämpfe, 1912 sprach CLARA ZETKIN zu den Oelsnitzer Arbeiterfrauen. 1919 erfolgte die Gründung der Ortsgruppe der KPD; 8 Jahre später übernahm auf Grund der Mehrheit im Stadtparlament ein Mitglied dieser Partei das Bürgermeisteramt.

Während des reaktionären Kapp-Putsches 1920 schlossen sich Oelsnitzer Arbeiter unter Führung der KPD zu Roten Hundertschaften zusammen, demonstrierten und besetzten Bahnhof und Postamt. Im Jahre 1923 erhielt die Oelsnitzer Arbeiterschaft im Rahmen der internationalen Solidaritätsaktionen sowjetische Lebensmittellieferungen. 1927 traten etwa 900 Arbeiter der Tefzet AG in den Streik, deren Forderungen nach sechswöchigen Verhandlungen bis zu 90% erfüllt wurden. Die proletarische Solidarität bewährte sich auch hier in Form von Lebensmittelzuteilungen am 11. September 1927 durch die Internationale Arbeiterhilfe.

Mit der Errichtung der faschistischen Herrschaft setzte die Verfolgung aller Antifaschisten ein. Der damalige amtierende Bürgermeister OTTO BACHMANN (KPD) entfernte nachts die Hakenkreuzfahne vom Rathausturm. Er und viele Genossen von KPD und SPD wurden in Gefängnisse und Konzentrationslager verschleppt (s. Y 2). Dennoch konnte die KPD bis 1943 illegal in der Stadt arbeiten. Der bekannteste Agitator des Oelsnitzer Proletariats war GEORG DITTMAR, ein Mitbegründer der KPD-Ortsgruppe. Im April 1945 ermordeten ihn die Faschisten im Konzentrationslager Bergen-Belsen. An seinem ehemaligen Wohnhaus Alte Reichenbacher Straße 18 befindet sich eine Gedenktafel.

Nach der Zerschlagung des Faschismus setzte sich mit Unterstützung der sowjetischen Besatzungsmacht die antifaschistisch-demokratische Ordnung durch. Am 5. Juni 1945 wurde der ehemalige kommunistische Stadtverordnetenvorsteher OTTO RIEDEL als Bürgermeister eingesetzt. Bereits am 3. Januar 1946 fand im Gasthaus Weißes Roß, Falkensteiner Straße 46, dem heutigen Kinderhort der Karl-Marx-Oberschule, die erste gemeinsame Tagung der KPD- und SPD-Ortsgruppen statt. Im April 1946 sprach HERMANN MATERN in Vorbereitung der Gründung der SED zu den KPD-Mitgliedern.

Y1.4 Stadtbild

Das Stadtbild von Oelsnitz erhielt sein heutiges Gepräge im wesentlichen nach dem Brand von 1859. Es ist bestimmt durch einen auch in den Straßenführungen veränderten Wiederaufbau und die fortschreitende Industrialisierung, mit der ein Anwachsen der Bevölkerungszahl einherging. 1834 war bereits das letzte Stadttor abgebrochen worden. Reste der doppelten Stadtmauer (Abb. 34) blieben unterhalb der St.-Jacobi-Kirche erhalten. In ihrer Nähe steht Oskar-Löscher-Straße 31 das älteste Oelsnitzer Wohnhaus, das Zoephelsche Haus von 1755 mit Fachwerk und Krüppelwalmdach.
Die Stadtkirche St. Jacobi, deren Anfänge bis ins 13. Jh. zurückreichen, wurde wiederholt umgebaut, maßgeblich nach dem Stadtbrand von 1519. Sie stellt eine unregelmäßige zweischiffige Halle mit Querschiff und Polygonalchor dar. Die unteren Teile der beiden 70 m hohen Osttürme dürften spätromanisch sein. Sie wurden 1866/67 nach den Plänen von CONSTANTIN LIPSIUS neugotisch ausgebaut. Im Kircheninneren mit Sterngewölben befinden sich eingeschossige Emporen. 1888 erfolgte eine neugotische Umgestaltung durch CARL AUGUST SCHRAMM. Den Taufstein schuf 1833 ERNST RIETSCHEL; vom Altar CHRISTOPH LANGERS aus Eger, 1771, blieb das Gemälde der Kreuzigung Christi erhalten. Das ausdrucksvolle Kruzifix an der Südseite entstand um 1515.
Die ehemalige Gottesackerkirche St. Katharinen stammt aus den Jahren 1612 bis 1616 und steht ganz in gotischer Tradition. Das einschiffige Gebäude weist einen westlichen Vorbau und einen eingezogenen $^5/_8$-Chor mit Rippengewölben auf. Der reich geschweifte Dachreiter über dem östlichen Schiffdach besitzt übereinander 2 offene Laternen. Die aus Kamenz stammende heutige Kanzel geht auf die Zeit um 1600 zurück. Die Kirche lag außerhalb der Stadtmauer vorm Egerer Tor und blieb daher bei den Stadtbränden verschont. Ihr zweiter Name, Hospitalkirche, weist auf ein früher in der Nähe befindliches Hospital hin, aus dem später die bis zum ersten Weltkrieg von Handwerksburschen genutzte Herberge zur Heimat hervorging. Etwa 1 km südöstlich der Kirche befindet sich am Görnitzer Weg der Friedhof mit einer Gedenkstätte für 39 Kriegsgefangene und Zwangsarbeiter, darunter 31 Sowjetbürger, die durch Entbehrungen und Mißhandlungen während der faschistischen Zeit umkamen. Die neuromanische römisch-katholische Kirche St. Karl Borromäus wurde 1921 auf dem Niclasberg (Alte Reichenbacher Straße 5) errichtet, der seinen Namen nach einer mittelalterlichen Feldkapelle trägt.
Das Rathaus stand bis zum Stadtbrand 1859 mitten auf dem Markt, dem heutigen Ernst-Thälmann-Platz. Sein Nachfolgebau wurde 1861—64 am südöstlichen Platzrand errichtet und hebt sich durch seinen turmartigen Aufsatz von den anschließenden Wohnhäusern heraus.
Der besseren Erschließung des städtischen Gebietes links der Elster diente unterhalb des alten Elsterübergangs seit 1838 eine neue steinerne Brücke. Sie wurde wie die nahe gelegene Straßenbrücke von 1914 im April 1945 von faschistischen Kommandos zerstört und bis 1948 wiederaufgebaut. Mit den Linien Herlasgrün—Falkenstein—Lottengrün—Oelsnitz—Adorf—Cheb (Eger) 1863—65 und Plauen—Oelsnitz 1874 erhielt die Stadt Eisenbahnanschluß.
Außer einer Reihe neuer Wohnhäuser an verschiedenen Stellen der Randbe-

zirke entstanden in der Kreisstadt Oelsnitz durch Um- und Ausbau Einrichtungen des Gesundheitswesens (Poliklinik 1949, erweitert 1979; Kreiskrankenhaus 1960) und der Vorschulkinderbetreuung. Den Sportlern steht seit 1952 das Philipp-Müller-Stadion zur Verfügung, und das Kreiskulturhaus übernimmt seit 1968 im wesentlichen die kulturelle Betreuung der Einwohner. Y 1.4

Am südöstlichen Rand der Stadtflur liegt an der Bahnlinie nach Adorf das 145 ha große Landschaftsschutz- und Naherholungsgebiet Röhrholz, ein ursprünglich zum Göllnitzhof (s. Y 1.2) gehöriges Waldstück. Der Name weist auf die Röhrenhölzer hin, die aus diesem Wald für die ehemaligen Wasserleitungen der Stadt entnommen wurden. Ein hier 1953 errichtetes Denkmal erinnert an den Dichter JULIUS MOSEN (s. L 1).

Voigtsberg, seit 1919 Stadtteil von Oelsnitz, Y 2

gruppiert sich als Gutssiedlung mit gassenartigen Häuslerabbauten um die gleichnamige Burg und geht heute lückenlos in die Stadt über. Die Gutsarbeiter konnten sich Häuser mit einer nur geringen Grundfläche errichten, wie Gartenstraße 34 (4 m × 10 m) zeigt. Die Hainbachaue unterhalb des Burgberges liegt 405 m ü. NN. Dagegen erhebt sich der Prallhang steil über der Talsohle und weist im Schloßberg östlich der Burg eine Höhe von 465 m auf. Nach S zu steigt das Gelände mit der ehemaligen Gutsblock-, Block- und Streifenflur (1900: 236 ha) nur mäßig an.

Name und Bau des Schlosses Voigtsberg (Bild 31) sind verknüpft mit den Vögten von Straßberg, deren Stammburg im Altsiedelgebiet unweit von Plauen lag (s. O 3). Eine Urkunde über eine Schenkung REINBOTS VON STRASSBERG und seiner Brüder vom Jahre 1232 an das Kloster Waldsassen läßt den ersten Hinweis einer territorialen Verbindung der Straßberger mit dem Voigtsberg-Oelsnitzer Gebiet erkennen (s. T 6). Damit im Zusammenhang standen später die Herren von Voigtsberg, die auch das Wappen der Straßberger führten. 1248 tritt unter den Zeugen einer Urkunde König WENZELS ein Eberhardus de *Voitesberk* auf. Historiker haben daraus gefolgert, daß die Burg Voigtsberg zwischen 1232 und 1248 von den Straßbergern erbaut wurde. Sie entwickelte sich zum strategischen Mittelpunkt im Siedlungsraum südlich und östlich von Oelsnitz. Die Voigtsberger begaben sich nach 1300 unter die Lehnshoheit der wettinischen Markgrafen von Meißen, verloren aber bald ihre frühere Bedeutung, und ein EBERHARD VON VOIGTSBERG tritt nach 1320 als Straßenräuber in Erscheinung. 1327 wurde Vogt HEINRICH DER LANGE von Plauen durch den Böhmenkönig JOHANN mit Voigtsberg belehnt. 1356 kamen Burg und Herrschaft im Vogtländischen Krieg an die Wettiner. Diese wurden im Schmalkaldischen Krieg 1547 von den Burggrafen von Meißen aus der Familie der Plauener Vögte abgelöst, bis Voigtsberg 1563 endgültig an die Wettiner überging.

Die Herrschaft Voigtsberg war 1378 in die Landgerichte Voigtsberg und Adorf untergliedert, die neben Voigtsberg und den Städten Oelsnitz, Adorf und Markneukirchen außerdem 64 Dörfer umfaßten. Das Amtserbbuch vom Jahre 1542 führt 83 Dörfer und 4 Wüstungen auf (RAAB 1907). Auch das damals formal noch selbständige Amt Schöneck kam später völlig zu Voigtsberg. Ganz oder anteilig

Y 2 gehörten 1542 Blintendorf bei Gefell, Kreis Schleiz, das 1815 an Preußen abgetreten wurde, und die egerländischen Orte Habartov (Habersbirk), Krapice (Kropitz), Horní und Dolní Lomany (Ober- und Unterlohma) zu ihm. 1856 wurde die Voigtsberger Verwaltungs- und Gerichtsherrschaft endgültig aufgehoben. Seit 1858 diente das Schloß als Strafanstalt für Männer, von 1874 bis 1924 als Gefängnis für Frauen und nach 1945 zunächst als Jugendwerkhof.

Abb. 36. Schloß Voigtsberg von SO, Stahlstich (aus SCHIFFNER 1839)

Nähert man sich der Burg von der Gartenstraße her, fällt ihre Spornlage besonders ins Auge. Baulich wurde sie mehrfach verändert, beispielsweise in der Zeit der Spätgotik am Ende des 15. Jh. Die Vorburg im N und die Hauptburg im S waren durch einen Graben mit Zugbrücke getrennt und von einem Zwinger mit rechteckigen Bastionen umzogen. Im höhergelegenen kleineren Hof der Hauptburg steht frei der runde Bergfried von jetzt etwa 18 m Höhe. Sein unterer Durchmesser beträgt 9,7 m bei einer Mauerstärke von 3,3 m, der obere 7,7 m. Die Kernburg besaß außen 2 runde Türme und einen rechteckigen Turm (Abb. 36). Die Burgkapelle St. Georg an der Ostseite stammt wohl aus der Zeit um 1330 und besteht aus einem Joch Kreuzrippengewölbe auf Diensten und einem $^5/_8$-Schluß, dessen einfach gekehlte Gewölberippen in einem Schlußstein enden. Der Scheitel des Polygons zeigte eine dreipaßförmige Sakramentsnische. Der spitztonnengewölbte Raum darunter diente möglicherweise anfangs ebenfalls sakralen Zwecken.

Die größere Vorburg wurde am Ende des 19. Jh. völlig umgebaut, auch sie war ursprünglich über eine Zugbrücke erreichbar. In ihren Gebäuden befinden sich ein polytechnisches Kabinett des VEB Halbmond-Teppiche und ein Internat der Erweiterten Oberschule Oelsnitz; die Werner-Seelenbinder-Sonderschule und die Kommunale Berufsschule nutzen andere Räume. Die Kernburg selbst beherbergt neben dem Kreisarchiv Oelsnitz ein Heimatmuseum. Dieses besitzt einen schmucklosen runden mittelalterlichen Taufstein aus Planschwitz, schmiedeeiserne Gruftgitter der ersten Hälfte des 17. Jh. vom alten Oelsnitzer Friedhof sowie zahlreiche Exponate zur örtlichen Geschichte und zur Entwicklung der heimischen Teppichindustrie. Y 2

Östlich der Burg trägt der Sporn des Schloßberges über dem Hainbachtal den Flurnamen Schanze. Befestigungsmerkmale lassen sich jedoch nicht erkennen. Das Hainbachtal mit dem Waldstück Vogelherd dient als Naherholungsgebiet.

Die 1812 erbaute alte Schule, Falkensteiner Straße 54, gegenüber der Konsumverkaufsstelle, der ehemaligen Burgmühle, dient heute als Wohnhaus. In dem benachbarten Schulhaus, Turnstraße 2, aus der Zeit um 1900 ist die Werner-Seelenbinder-Sonderschule untergebracht. Daneben befindet sich ein Sportplatz, dessen Turnhalle vom 1905 gegründeten Arbeitersportverein Frisch auf errichtet, in der Zeit des Faschismus am 8. März 1933 zum provisorischen Strafgefangenensammellager umgewandelt worden war. Wie eine Gedenktafel berichtet, wurden Antifaschisten hier vor der Einlieferung in Gefängnisse oder Konzentrationslager interniert und mißhandelt.

In Voigtsberg befinden sich eine Produktionsabteilung des VEB Ziegelkombinat Karl-Marx-Stadt, ein Betriebsteil des VEB Kraftverkehrskombinat Karl-Marx-Stadt, im alten Vorwerk am Schloß eine Milchviehanlage der LPG (T) Paul Scholz Oelsnitz (s. U 1). In unmittelbarer Nähe des Vorwerks stehen Gewächshäuser der 1959 gegründeten GPG Frohe Zukunft. Ihre gesamte Nutzfläche umfaßt etwa 12800 m², davon 7600 m² unter Glas und 3200 m² unter beheizbaren Folienzelten. Hinzu kommen noch knapp 8 ha Ackerland für Gehölz- und Erdbeeranbau. Als wichtigste Erzeugnisse unter Glas sind Schnittblumen, unter Folie Salat und Gurken zu nennen.

An der Burgstraße in Voigtsberg hat in einem umgebauten Stickereigebäude die LPG (P) Oelsnitz ihren Verwaltungssitz, die 1978 aus einer KAP (s. Y 3) hervorging. Ihre 2600 ha große landwirtschaftliche Nutzfläche reicht im O bis nach Kottengrün, Kreis Auerbach, und gliedert sich in 20% Dauergrünland sowie 40% Getreide-, 32% Futterpflanzen- und 8% Kartoffelanbaufläche. Das Ausbringen von Düngemitteln sowie die Bekämpfung von Unkraut und Schädlingen besorgt das Agrochemische Zentrum Oelsnitz mit Sitz in der Nähe des Bahnhofs.

Untermarxgrün, seit 1949 Stadtteil von Oelsnitz, und **Hartmannsgrün** Y 3

Untermarxgrün liegt beiderseits des Untermarxgrüner Baches an der F 92. Das Dorf erscheint urkundlich erstmalig 1378 als *Nydern margharsgrune* (Erklärung s. U 1) und stellt eine Gutssiedlung dar. Seine 186 ha große ehemalige

Y 3 Gutsblockflur hatte Anteile an der Wüstung Kulm (Abb. 5). Der Ort entwickelte sich um ein 1417 erstmals genanntes Vorwerk des Schlosses Voigtsberg, das 1460 in zwei Teile zerfiel. Die daraus entstandenen 2 Rittergüter kamen im 16. Jh. in eine Hand. Gegen Ende des 19. Jh. errichtete man in Richtung Oelsnitz eine Häuserzeile von kleinstädtischem Charakter.

1945 wurden die Rittergüter in Untermarxgrün und Raschau enteignet; den aufgeteilten Boden erhielten 37 Neubauern und landarme Bauern. 23 von ihnen gründeten am 19. August 1952 in Untermarxgrün die LPG Typ I Thomas Müntzer, die sich 1955 mit der am 22. Dezember 1952 ins Leben gerufenen LPG Typ I Ernst Schneller Raschau zur LPG Paul Scholz Oelsnitz vereinigte. Ihre Mitglieder errichteten neue Viehställe und konnten 1957 den Übergang zum fortgeschritteneren Typ III vollziehen. Bedeutende Vergrößerungen der Nutzfläche und der Tierbestände traten ein, als sich 1969 die LPG Frohe Zukunft Untermarxgrün, 1971 die LPG Elstergrund Raschau, 1973 die LPG Glückauf Obermarxgrün, 1974 die LPG Helmut Just Taltitz und schließlich 1976 die LPG Vereinigte Kraft Kottengrün anschlossen. In dieser Zeit setzte die Spezialisierung ein, und es bildeten sich je eine Kooperative Abteilung Tierproduktion (s. U 1) und Pflanzenproduktion heraus (s. Y 2).

Die 1949 gegründete Maschinenausleihstation entwickelte sich über die Maschinen-Traktoren-Station und die Reparatur-Technische Station 1969 zum Kreisbetrieb für Landtechnik Vogtland (s. Q 7, X 3). Dieser betreut die Kreise Oelsnitz, Plauen, Klingenthal, Reichenbach und Auerbach. Insgesamt sind etwa 700 Werktätige mit Reparatur- und Rationalisierungsaufgaben sowie in der Abteilung Wissenschaft und Technik beschäftigt.

Um Untermarxgrün gibt es im Bereich verschiedener Diabasgesteine mehrere Vorkommen oberdevonischer Knollenkalke (s. W 9). Ihre teilweise Gewinnung und Verarbeitung erfolgte in Kalkwerken, so dicht westlich der Straße nach Oelsnitz. 1840 kamen in einigen mit Lehm gefüllten Spalten der inzwischen mit Müll zugeschütteten Kalksteinbrüche Knochenreste pleistozäner Wirbeltiere zum Vorschein (Billig 1954, Freyer 1957 und 1978).

Etwa 2,5 km östlich von Untermarxgrün füllt Hartmannsgrün, seit 1957 Stadtteil von Oelsnitz, mit seinen wenigen Häusern den Talanfang einer Wiesenmulde, die sich zum Hainbach hinabzieht. Es entstand in 480 m ü. NN als platzdorfartige Gutssiedlung. Seine 241 ha große Flur war in Gutsblöcke mit Parzellen aufgeteilt. Der Ort tritt 1378 als *Hertwigisgrune* (= Rodung eines Hartwig) auf. Erst später — 1460 *Hartmanßgrune* — wird Hartwig durch Hartmann ersetzt.

Durch die demokratische Bodenreform von 1945 wurde der rund 220 ha umfassende Besitz des Rittergutes enteignet und an Landarbeiter übergeben. Die 1958 gegründete LPG Friedrich Engels schloß sich 1972 der LPG VIII. Parteitag Droßdorf an (s. U 6).

Y 4 Engelspöhl

Die Straße Oelsnitz—Raasdorf führt kurz vor ihrem höchsten Punkt am 492 m hohen Engelspöhl vorbei. In mehreren heute stillgelegten und zum großen Teil nicht mehr zugänglichen Steinbrüchen sind den flachen Höhenrücken entlang silurische Kiesel- und Alaunschiefer aufgeschlossen (Abb. 31), die in den vergangenen Jahrzehnten als Straßenschotter Verwendung fanden. Diese Gesteine enthalten lagenweise gut erhaltene Graptolithen des tieferen Silurs, die durch so namhafte Heimatforscher wie ELFRIED MANCK (1924), RUDOLPH EISEL (1899), ARTHUR MÜNCH (1952) und RUDOLPH HUNDT in zahlreichen wissenschaftlichen Arbeiten beschrieben wurden. Dadurch gehören diese Aufschlüsse zu den bekanntesten silurischen Fossilfundstellen Mitteleuropas. In den Alaunschieferlagen treten besonders Graptolithen, beispielsweise der Gattungen *Climacograptus*, *Demirastrites* und *Pristiograptus*, recht häufig auf. Die Kieselschiefer sind stark zerklüftet; in den Alaunschiefern weisen des öfteren dünne Graphitspiegel auf eine starke Beanspruchung des Gesteins während der varistischen Gebirgsbildung — hier vor allem im Unterkarbon — hin. Durch Beschluß des Rates des Kreises Oelsnitz stehen die Brüche seit 1966 unter Naturschutz. Y 4

Obwohl als Pöhl bezeichnet, stellt diese Erhebung nur die sehr flache Kuppe eines Riedels dar, mit dem ost- und südostwärts das Adorf—Tirschendorfer Riedelgebiet (Anhang B) beginnt. Gegen NW aber setzt unvermittelt das bewegte Oberlosa—Meßbacher Kuppenland ein. Vom Straßenscheitel bietet sich ein weites Sichtfeld, das nur gegen W durch die Steinbruchbewachsung etwas verdeckt ist.

Görnitz, seit 1950 Stadtteil von Oelsnitz Y 5

Die Gehöfte und anderen Häuser des Platzdorfes breiten sich am Unterlauf des Anfang der siebziger Jahre des 20. Jh. begradigten Görnitzbaches aus. Die 304 ha große ehemalige Waldhufenflur weist nur geringe Höhenunterschiede auf: An der Mündung des Baches in die Weiße Elster erreicht sie rund 395 m, nördlich vom Ort 425 m ü. NN.

1378 nennt ein Verzeichnis erstmalig Wald, Fischgewässer und Dorf *Gornicz*, abzuleiten von altsorbisch *gora* = Berg. Ein Turmhügel mit Graben soll in der Niederung des Görnitzbaches nördlich des Ortes an der Straße nach Voigtsberg gelegen haben. Durch die Umgestaltung des Teiches lassen sich keine Befestigungsmerkmale mehr erkennen.

1960 gründeten die Görnitzer Bauern die LPG Ährenfeld. Die tierische Produktion nimmt seit 1972 die LPG (T) Raasdorf (s. Y 9) wahr, der Pflanzenbau obliegt der LPG (P) Oelsnitz (s. Y 2).

Nahe der Abzweigung der Straße nach Schöneck von der Transitstraße F 92 steht an der Weißen Elster die ehemalige Tanzermühle. Ihr Name rührt von einem 1576 genannten Besitzer JERG TANTZER her. 1756 starb hier der Bildhauer und Schöpfer mehrerer vogtländischer Altäre (s. W 8) JOHANN SIMON ZEITLER aus Grün. Die Mühle, zu der ehemals auch Bäckerei und Schneidemühlenbetrieb gehörten, arbeitete bis 1945. Daneben hatte bis 1786 eine Kupferschmelzhütte gestanden.

Y 6 Görnitzbach

Wie alle Bachläufe des Adorf—Tirschendorfer Riedelgebietes entspringt auch der Görnitzbach an der Schönecker Landstufe, die zu den oberen Lagen des Westerzgebirges überleitet. Wenig nördlich von Schöneck befinden sich im obervogtländischen Luvgebiet in 737 bzw. 705 m ü. NN die obersten Quellarme, deren Wasserkraft schon nach wenigen hundert Metern Laufstrecke ausreichte, um die beiden Haselmühlen zu betreiben. Im weiteren Verlauf ist das stark asymmetrische Tal auf 2,5 km Länge nach NW zum Geigenbach gerichtet. Oberhalb der Zahnmühle biegt dann das Tal rechtwinklig und konsequent, das heißt der Abdachungsrichtung folgend, zur Weißen Elster hin ab. Der Eintiefungsbetrag des geradlinigen Sohlentales sinkt dabei von 90 auf 60 m ab. Die meist steilen Hänge sind überwiegend bewaldet; erst am Unterlauf überwiegt, mit abnehmendem Neigungswinkel der Hänge, auf den Tonschieferböden agrarische Nutzung. Dem reichlich 12 km langen Tal streben ähnlich gestaltete kürzere Nebentäler von Tirpersdorf, Brotenfeld und Tirschendorf zu. Mit einem Einzugsgebiet von 46 km² mündet der wasserreiche Görnitzbach 393 m ü. NN bei Görnitz in die Weiße Elster. Er trieb einst 9 Mühlen, was seinem Tal die Bezeichnung Neunmühlental einbrachte: Obere und Untere Haselmühle, Muckenmühle (abgerissen), Zahnmühle, Kornmühle, Spitzmühle, Holzmühle, Obere und Untere Raasdorfer Mühle (s. Y 7).

Y 7 **Raasdorf,** seit 1950 Stadtteil von Oelsnitz,

erstreckt sich mit seinen Häusern etwa 420 m ü. NN beiderseits des Görnitzbaches. Es erscheint urkundlich erstmals 1328 als *Radiansdorf*. In dem Bestimmungswort des slawisch-deutschen Mischnamens steckt ein slawischer Personenname zum Stamm Rad. Der Ort — ein Platzdorf — besitzt eine ehemals teilweise parzellierte Gelängeflur von 367 ha Größe. Der steile Anstieg auf der alten Schönecker Straße in Richtung Tirschendorf führt zur 493 m hohen Kappel. Hier hatte im Mittelalter die Wallfahrtskapelle St. Adelheid ihren Platz.

Am 20. April 1945 erschossen Angehörige der faschistischen Waffen-SS in Raasdorf 2 amerikanische Vorposten. Am folgenden Tag ließen die Amerikaner das Dorf evakuieren und setzten es in Brand. Dabei wurden unter anderem 26 Wohnhäuser, 21 Ställe, 19 Scheunen sowie zahlreiche Tiere und Maschinen vernichtet; der Ort wurde danach zur allgemeinen Plünderung freigegeben. Dank der sowjetischen Besatzungsmacht, der antifaschistisch-demokratischen Selbstverwaltung und des Aufbauwillens der Einwohner konnte Raasdorf in wenigen Jahren wiedererstehen. Eine Sammelaktion im Kreisgebiet erbrachte 33276 M, der sächsische Landesausschuß der Volkssolidarität übergab 1946 eine Spende von 50000 M.

1960 vereinigten sich die Bauern zur LPG Neunmühlental. Sie entwickelte sich in den siebziger Jahren zu einer bedeutenden Genossenschaft für Tierproduktion, zu der mehrere Dörfer und ihre Einrichtungen gehören (s. Y 9).

Die um 1890 erbaute Schule dient heute als Kindergarten (Nr. 4c). Etwa in der Ortsmitte steht die Untere Mühle, die 1683 mit 2 Gängen ausgestattet war und die noch schrotet. Unmittelbar daneben arbeitet ein Sägewerk. Die Obere Mühle oder Simonmühle (1683: 1 Gang) hat ihren Betrieb nach 1946 eingestellt. An ihrer Stelle betrieb man früher ein Hammerwerk. Y 7

Steinpöhl Y 8

Etwa 1 km ostnordöstlich von Tirschendorf erhebt sich hinter einem neuen Komplex von Lagerhäusern der LPG (P) Tirschendorf die von Kiefernwald bestandene Kuppe des 554 m hohen Steinpöhls. Eine Linse aus Augit-Hornblendegestein inmitten der umgebenden Tonschiefer bedingt den kleinen Härtling, auf dem einst in 3 Schürfen Schotter und Grus abgebaut wurden. Die guten Bodenverhältnisse machen sich durch anspruchsvolle und wärmeliebende Pflanzen bemerkbar. So fallen am Rand der mit einer im wesentlichen aus Gemeiner Hasel (*Corylus avellana*) bestehenden Saumgesellschaft ansehnliche Bestände von Wirbeldost (*Calamintha vulgaris*), aber auch Zimterdbeere (*Fragaria moschata*) und Kleiner Wiesenknopf (*Sanguisorba minor*) auf. Diese Arten haben ein geschlossenes Verbreitungsgebiet auf dem vogtländischen Diabas. Vom Kuppenrand aus bietet sich eine hervorragende Sicht gegen NW, W und S, beispielsweise bis zur Stelzener Höhe und Reuther Linde, zum Burgsteingebiet und zum Háj (Hainberg) bei Aš. Vom Südostrand der Kuppe besteht über den Tirschendorfer Wasserhochbehälter hinweg ein eindrucksvoller Blick auf Schöneck.

Tirschendorf, Kreis Oelsnitz, mit **Willitzgrün** und **Zaulsdorf** Y 9

Tirschendorf zieht sich als Reihendorf in 460—490 m ü. NN beiderseits der Straße nach Schöneck hin. Bevor die neue Straße von Görnitz durch das Tal des Seifenbaches angelegt wurde, führte die alte von Oelsnitz nach Schöneck über Raasdorf und Tirschendorf. Der höchste Punkt der 447 ha umfassenden ehemaligen Waldhufenflur (Abb. 37) ist mit 554 m ü. NN der Steinpöhl (s. Y 8). Der Ort tritt 1378 als *Teschendorf* auf. Sein Mischname bezieht sich auf den altsorbischen Personennamen Těš(a).
In den siebziger Jahren entstand in Tirschendorf eine neue Kaufhalle. Der Rat der Gemeinde nutzt das ehemalige Schulgebäude. Ein Bus bringt die Kinder zur Karl-Marx-Oberschule in Oelsnitz. Auf halbem Wege von Tirschendorf nach Zaulsdorf steht am Görnitzbach die frühere Holzmühle — 1683 mit 2 Gängen —, die wie die 800 m talwärts gelegene Häusergruppe Kleingörnitz zu Tirschendorf gehört.
Ebenfalls zu Tirschendorf zählt seit 1950 Willitzgrün. Die Drei- und Vierseitgehöfte des 332 ha großen Waldhufendorfes reihen sich an beiden Rändern einer Quellwiese zum Seifenbach in 505—520 m ü. NN aneinander. Der Name des Ortes tritt 1288 erstmalig als *Willolsgrune* auf (= Rodung eines Willold). In einer Urkunde bestätigen die Vögte von Plauen, daß Konrad von Raschau seiner Nichte Elsbeth eine Rente von 3 Höfen in Willitzgrün angewiesen habe, die nach beider Tod dem Deutschen Haus in Plauen zukommen solle.
Knapp 2 km nördlich von Tirschendorf erstreckt sich Zaulsdorf am Tirpers-

Y 9 dorfer Bach, einem rechtsseitigen Zufluß des Görnitzbaches. Das Waldhufendorf wurde 1974 zum Hauptort eingemeindet. Seine Flur umfaßt 352 ha. Die erste urkundliche Erwähnung aus dem Jahre 1328 lautet *Zcaulastorf*. Das Bestimmungswort des Mischnamens (s. Y 7) bezieht sich wahrscheinlich auf einen altsorbischen Personennamen Sułan.

Abb. 37. Flurkarte Tirschendorf um 1840 (Ausschnitt, Staatsarchiv Dresden)

Das ehemalige Wohnhaus im Hof Nr. 15 mit Bohlenstube und umgebindeartigem Stützgerüst für das Fachwerkobergeschoß stellt ein architektonisch wertvolles Beispiel der ursprünglich im mittleren Vogtland verbreiteten Holzbauweise dar. Um 1867 gab es in Zaulsdorf noch 16 Häuser mit Holzwänden (KÖHLER). Der Dreiseithof Nr. 19 — die Mahl- und Schrotmühle mit Bäckerei — steht am Ortsrand an der Straße nach Brotenfeld. Abseits vom Ort besteht eine Produktionsstätte des VEB Vowetex Plauen (s. P 1.3), Werk I, Adorf.

Seit der Gründung der LPG Vogtlandperle im Jahre 1960 entwickelte sich Tirschendorf zu einem Zentrum der sozialistischen Landwirtschaft. Die LPG Pflanzenproduktion, die 1979 aus einer Kooperativen Abteilung Pflanzenproduktion hervorging, bearbeitet die Felder und Wiesen der ehmaligen LPGs in Görnitz, Raasdorf, Zaulsdorf, Tirschendorf und Arnoldsgrün. Von der 2700 ha großen landwirtschaftlichen Nutzfläche entfallen 40% auf Dauergrünland und 36% auf Getreideanbau, der Rest verteilt sich auf Feldfuttergewinnung und Kartoffelvermehrung. Y 9

Das Ortsbild von Willitzgrün bestimmen eine Milchviehanlage und ihre 4 Hochsilos. Die Ställe wurden 1972—74 als kooperative Einrichtung von den LPGs Neunmühlental Raasdorf, Vogtlandperle Tirschendorf und Mühlental Arnoldsgrün erbaut und bieten 1052 Kühen Platz. Weitere modernisierte Altställe für Rinder und Schweine gibt es in fast allen Orten des Einzugsbereiches der LPG (T) Raasdorf zwischen Görnitz und Arnoldsgrün. Hauptproduktionsrichtungen sind die Milcherzeugung und die Lieferung von Kälbern, die von der LPG Breitenfeld (s. Bd. 26, J 4) aufgezogen und später als tragende Färsen zurückgebracht werden.

Anhang

A. Einwohnerzahlen vom 16. bis 20. Jahrhundert und Arbeitspendler von 1971

1. Ehemalige reußische Gebiete

Ort/Ortsteil	2. Hälfte 16. Jahrhundert			1834	1871	1890	1939	1946	1971	
	Wirte (bes. Mann)	Hausgenossen (Inwohner)	Kleinhäusler (Häusler)						Einwohner	Aus-/Einpendler
Arnsgrün	28	4	3	320	351	317	295	422	358	65/53
Bernsgrün	29	9		467	526	491	672	941	657	167/17
Büna	16	2		104	93	89	92	122	zu Arnsgrün	
Cossengrün	3[1])		11	432	612	575	698	815	595	163/47
Cunsdorf	14[2])	10[2])		146[3])	143	154	162	226	zu Schönbach	
Ebersgrün	29		5	284[3])	388	373	445	560	522	156/35
Eubenberg	8			63	74	63	48	75	zu Arnsgrün	
Fröbersgrün	19	8		294	421	323	322	469	300	78/2
Frotschau	6	2		62	74	67	66	100	zu Bernsgrün	
Gippe			5[4])	29[3])	zu Elsterberg					
Görschnitz, reuß. Teil	5			244	316	300	zu Görschnitz			
Görschnitz, sächs. Teil	5		3	64[3])	96	66	zu Görschnitz			
Görschnitz							391	420	316	140/4
Schönbach	17	5		300	366	346	300	410	394	111/8
Schönbrunn	11	2		68	70	63	52	70	zu Bernsgrün	
Wolfshain	8	4		150	181	143	95	157	zu Ebersgrün	

[1]) Pferdefröner [2]) 1557 [3]) 1834 [4]) 1795

2. Ehemalige sächsische Gebiete

Ort/Ortsteil	16. Jahrhundert				2. Hälfte 18. Jahrhundert			1834	1871	1890	1910	1925	1939	1946	1971	
	bes. Mann	Gärtner	Häusler	Inwohner	bes. Mann	Gärtner	Häusler								Einwohner	Aus-/Einpendler
Altensalz	7		5		11		1	138	171	135	143	120	107	145	zu Neuensalz	
Altmannsgrün	13				13			66	74	61	67	65	58	86	51	6/6
Chrieschwitz	33	1	1	12	31		4	354	630	1183	zu Plauen					
Christgrün	12		5		17		2	137	201	185	196	203	176	211	253	41/40
Dobeneck								75	103	68	87	126	zu Taltitz			
Drochaus	18			9	18	2	6	186	241	241	187	203	159	199	122	22/1
Dröda	9				12			238	316	251	258	265	247	325	269	82/81
Droßdorf	15				15			136	189	223	207	206	177	224	147	35/5
Fasendorf	12			3	12	1	3	105	131	165	270	286	300	436	372	137/4
Foschenroda	8		1	5	9		4	93	131	141	122	111	127	163	97	42/2
Gansgrün	17			7	22		1	213	221	229	220	201	174	212	178	47/1
Geilsdorf	12	2		19	4	28	19	376	479	454	407	437	612	474	414	60/31
Görnitz	10			3	17	3	5	152	184	195	224	221	229	287	zu Oelsnitz	
Großfriesen	20				24	3	3	327	502	564	794	792	833	924	678	238/30
Großzöbern	16	5	1	4	24		4	202	237	297	206	200	279	351	570	121/149
Hartmannsgrün	5		3		7			114	147	166	99	131	138	178	zu Oelsnitz	
Haselbrunn	7			3	11		2	113	342	2122	zu Plauen					
Helmsgrün	8		3	2	7	4	4	130	196	159	219	242	225	233	157	39/33
Herlasgrün	15			10	17	2	4	209	348	464	591	593	633	701	613	196/183
Jocketa	8				5		8	60	181	215	372	533	589	886	1150	344/135
Jößnitz	30	1		11	28		14	319	451	511	807	907	1464	2251	1802	596/69
Kauschwitz	37			19	37		11	346	411	426	602	746	989	988	738	251/29
Kleinfriesen	7			2	10	2		76	65	243	zu Plauen					
Kloschwitz	17			24	17		13	308	287	254	306	290	336	392	283	98/1
Kobitzschwalde	8			3	12			89	115	92	275	321	280	321	238	47/57
Kröstau	16		1		19			161	168	153	157	186	160	203	138	47/9
Kürbitz	30	2		5	28		12	353	436	734	1080	1097	1062	1269	902	363/16
Lauterbach	16			5	19		17	442[1])	472	545	1177	1084	1260	1292	zu Oelsnitz	

Einwohnerzahlen vom 16. bis 20. Jahrhundert (Forts.)

2. Ehemalige sächsische Gebiete

Ort/Ortsteil	16. Jahrhundert				2. Hälfte 18. Jahrhundert			1834	1871	1890	1910	1925	1939	1946	1971	
	bes. Mann	Gärtner	Häusler	Inwohner	bes. Mann	Gärtner	Häusler								Einwohner	Aus-/Einpendler
Leubnitz	25				22	14	23	555	624	623	667	725	744	863	713	220/43
Liebau	3				2	1		86	120	141	148	167	151	209	zu Ruppertsgrün	
Losa	11				11			87	168	138	140	125	134	136	78	11/3
Lottengrün	10				9		1	150	176	184	256	237	266	321	224	80/17
Magwitz	10				8		2	129	133	171	222	198	184	239	151	69/5
Mechelgrün	13				11	1	9	336	359	283	407	418	589	738	534	231/46
Mehltheuer					3		16	89	199	261	446	462	483	565	487	184/86
Meßbach	8			10	11		1	95	131	160	204	205	246	346	155	72/3
Möschwitz	19	1	1	8	22			231	266	297	381	377	345	360	236	95/18
Neudörfel	5			2	5	1		66	95	73	73	68	76	88	zu Jocketa	
Neuensalz	28		3		29		5	371	462	502	645	710	624	753	723	162/104
Neundorf	18			2	17		10	303	543	820	1354	1173	1344	1515	1168	438/37
Oberlosa	23		2		25		2	375	488	679	916	1048	1080	1161	zu Plauen	
Obermarxgrün	10		4		11[2])			99	127	106	101	102	101	118	72	16/6
Oberpirk	11			9	18	1	2	156	285	262	378	454	410	460	387	101/95
Oberweischlitz								205[3])	238	289	597	794	838	1136	zu Weischlitz	
Oelsnitz	236[4])		10	119	274[5])			3814	5330	9426	13951	17038	15296	16024	15306	1220/3306
Pirk	6			6		4	11	124	138	154	206	197	174	279	zu Großzöbern	
Planschwitz	16			15	15	2		258	254	241	240	263	274	377	309	102/9
Plauen	243[4])			217	405[6])			9029	23355	47007	121272	111436	111872	84778	81279	2592/8093
Raasdorf	17			8	23		1	180	197	189	229	242	271	280	zu Oelsnitz	
Raschau	16			14	18		16	317	499	1095	2362	zu Oelsnitz				
Reinsdorf	1			8	1		19	145	238	346	475	383	411	335	zu Plauen	
Reimersgrün	17		4		23		2	157	245	261	215	200	187	208	184	39/1
Reißig	3		1	6	1			104	110	213	293	401	zu Plauen			
Reusa	6				2	9	16	280	420	1480	zu Plauen					
Rodersdorf	29				20	14	8	460	522	429	391	401	362	406	373	81/13

Rodlera						5⁷)	2⁷)	36	40	47	zu Helmsgrün					
Rößnitz	9			1	12		17	252	277	252	246	249	224	293	195	54/3
Röttis	9		1	4	6		3	61	94	98	113	101	83	140	zu Jößnitz	
Rosenberg					2			42	88	115	zu Oberweischlitz					
Ruderitz	13				19⁸)			200	217	173	141	141	143	208	zu Krebes	
Ruppertsgrün	19			24	18	3	17	498	680	599	608	704	722	805	757	256/24
Schloditz	7				6	2		145	184	185	149	166	131	162	161	44/2
Schneckengrün	20		3		22	13	12	284	387	495	432	443	434	422	287	115/7
Schönbrunn	21			18	21			319	389	423	496	470	444	522	436	128/210
Schwand	27	6	1	22	32	3	8	474	425	356	322	272	267	336	236	54/2
Sorga						4	2	37	69	38	zu Plauen					
Steins	7			8	6		1	51	66	51	49	46	43	62	zu Schwand	
Steinsdorf	18		2	15	17		3	259	257	289	284	259	227	372	194	47/4
Stöckigt	8		1		6		5	172	247	335	506	556	609	718	zu Plauen	
Straßberg	31				27		5	203	255	406	593	622	705	937	664	253/31
Syrau	29		2	24	28		11	450	641	760	1186	1362	1413	1731	1488	379/110
Taltitz	28		1	13	27	4	11	422	616	676	585	599	724	865	595	187/32
Tauschwitz	6				4			40	41	47	zu Plauen					
Theuma	39		5		40	11	14	707	1018	1202	1358	1391	1360	1513	1133	376/109
Thiergarten	15			8	19		5	132	305	352	498	590	602	682	zu Plauen	
Thossen	14				19		3	157	149	132	135	137	106	131	90	34/1
Thoßfell	25			14	19	1	7	349	470	532	447	453	465	532	488	171/23
Tirschendorf	23			7	22			217	351	356	387	368	297	311	332	76/1
Trieb	13		2	14	9		4	100	94	106	114	132	126	168	117	23/5
Türbel		1		1		7	1	45	43	21	zu Pirk					
Unterlosa	21		1		29		6	298	402	476	587	521	543	611	zu Plauen	
Untermarxgrün	1					3		212	286	258	321	273	284	330	zu Oelsnitz	
Unterpirk	12				13			78	132	140	138	151	131	182	107	32/2
Unterweischlitz								429³)	457	562	930	1014	1122	1344	zu Weischlitz	
Voigtsberg	10		15	7	2	24	39	831	1293	2112	2297	zu Oelsnitz				
Voigtsgrün	12			2	14	1		94	109	111	89	89	84	102	zu Neuensalz	
Weischlitz															2267	548/348
Willitzgrün	14				12			99	162	131	115	128	103	129	zu Tirschendorf	
Wipplas							2	21	20	24	zu Losa					
Zaulsdorf	13		1	7	17		1	156	170	151	184	194	172	186	138	34/23
Zwoschwitz	15			25	18		1	108	123	119	114	147	146	223	132	32/1

¹) mit Ortsteilen Obertriebelbach und Süßebach ²) und Häusler ³) 1843 ⁴) besessene Bürger ⁵) 1748/64 Feuerstätten ⁶) Häuser ⁷) 1795 ⁸) mit Burgstein

B. Kleinlandschaften — Übersicht (Abb. 2)

Nummer und Bezeichnung der Kleinlandschaft	Höhenlage in m ü. NN	Morphologie	Vorherrschende Gesteine	Vorherrschende Böden	Nutzung (in %) Wald	LNF	bebaut	Weitere Angaben bei Suchpunkt
1. **Oberes Hügelland** (hochcollin)								
1.1. Jocketaer Elstertal	290—315[1]) 380—400[2])	steilhängiges Kerbsohlental mit Hochterrassenresten	Diabase, bes. -brekzien und -tuffe; Terrassenschotter	FR und SR; nährstoffreiche bl-st sL B	57	40	3	C 10, H 1, H 4
2. **Unteres Bergland** (untere Gebirgslagen)								
2.1. Oelsnitz—Plauener Elstertal	315—395[1]) 400—460[2])	Sohlental (100—500 m Auenbreite) mit gegliederten Flach-, Mittel- und Steilhängen; mehrfach asymmetrisches Querprofil; zahlreiche Terrassenreste	verschiedene Diabase; Tonschiefer; z. T. Grauwacke, Terrassenschotter, Kalkgesteine	nährstoffreiche bl-st' sL-L B sowie BS; mittlere bis ärmere st-st' zL B bis S; zL BG und G in der Aue; starker 3)	12[4])	60	28	S 4
2.2. Friesenbach-Gebiet	380—500	erosiv aufgeschnittenes unruhiges Mittelhangrelief	Tonschiefer (quarzitisch gebändert)	mittlere st sL-L B, z. T. BS und ST	8	89	3	Q 1
2.3. Brockauer Rückengebiet	370—460	zerdellte Rücken, randlich z. T. aufgekerbt	Tonschiefer; z. T. Grauwacken	mittlere bis ärmere st-st' sL-zL B, BS und ST; auf Grauwacke z. T. BP	20	75	5	D 2
2.4. Hohndorf—Fröbersgrüner Riedelgebiet	340—480	ostwärts abfallende flache Riedel; dazwischen meist asymmetrische Sohlen- und Kerbsohlentäler (40—80 m tief)	Tonschiefer mit Sandstein/Grauwackeeinlagerungen	mittlere bis ärmere st-st' sL-zL B; BS und ST (besonders in Hang- und Quellmulden)	35	63	2	B 4
2.5. Tobertitz—Leubnitzer Riedelgebiet	420—530	breite und flache Riedel; dazwischen asymmetrische Sohlentälchen (< 60 m tief)	wie 2.4.	wie 2.4.	37	61	2	N 2
2.6. Schönbrunn—Geilsdorfer Riedel- und Kuppengebiet	380—520	S—N bis W—O-gerichtete Riedel mit zahlreichen Kuppen; Kerbsohlentäler, oft asymmetrisch (60—100 m tief)	Diabase; Tonschiefer; etwas Grauwacke	nährstoffreiche bl-st' sL-L B; auf Kuppen/Steilhängen FR und SR; mittlere st-st' L-zL B; BS und ST (besonders in Dellen); starker 3)	22	76	2	W 6, X 2

2.7. Oberlosa–Meßbacher Kuppenland	400–520	Kuppenland mit zahlreichen Dellen/Quellmulden und radial nach außen gerichteten kurzen Bachtälchen	Diabase; Tonschiefer, Grauwacken, Kieselschiefer, kleinflächig Kalkgesteine	nährstoffreiche bl-st' sL-L B; auf Kuppen FR und SR; L-zL BS und ST; mittlere bis ärmere st-st' sL-zL B; starker [3])	16	80	4	T 3, U 9
2.8. Plauen–Kloschwitzer Kuppenland	390–490	welliges Kleinkuppenland mit zahlreichen Dellen und meist kurzen Bachtälchen (< 60 m tief)	Diabase, bes. -tuffe und -brekzien; Tonschiefer, z. T. Grauwacken	nährstoffreiche bl-st' sL-L B; auf Kuppen z. T. FR und SR; BS und S; mittlere bis ärmere st-st' sL-zL B	12	73	15	L, N 9
2.9. Jößnitz–Steinsdorfer Kuppenland	380–460	kurzwelliges Kuppenland mit Kerb- und Kerbsohlentälchen	Diabase, bes. -tuffe und -brekzien; etwas Tonschiefer und Grauwacke; einzelne Lößderivatinseln	nährstoffreiche bl-st sL-L B; auf Kuppen FR und SR; B und S in Dellen; z. T. mittlere bis ärmere st-st' sL-zL B; [3])	16	74	10	C 7, G 4
2.10. Pöhler Kuppenland	380–460	Kuppenland mit zahlreichen Dellen/Quellmulden, durchsetzt von meist kurzen Bachtälchen	verschiedene Diabase, bes. -tuffe, -brekzien, z. T. Tonschiefer	nährstoffreiche st-st' sL-L B; auf Kuppen z. T. FR und SR; BS und ST; z. T. mittlere st' z B; starker [3])	25[5])	73	2	H 3, H 10 M 3
2.11. Limbach–Treuener Hochfläche	420–495	schwach wellige Hochfläche; randlich wellig durch Talanschnitte	Tonschiefer	mittlere st' zL B; BS und ST (besonders in Dellen)	31	62	7	H 10
2.12. Plauen–Syrauer Hochfläche	380–480	schwach wellige Hochfläche mit breiten Quellmulden und verstreuten Flachkuppen	Diabase; Tonschiefer und Grauwacken/Sandsteine; einzelne Lößderivatinseln; sporadisch Kalkstein	nährstoffreiche st sL-L und mittlere bis ärmere st-st' sL-zL B; hohe Anteile von BS und ST, z. T. AG	23	62	15	C 3, L 1
3. **Mittleres Bergland** (mittlere Gebirgslagen) Lee-Bereiche								
3.1. Mehltheuerer Flachrücken	480–545	isoliert über die Umgebung aufragender breiter Flachrücken; schwach randzerdellt	Tonschiefer mit Sandsteinen und Grauwacken	mittlere und ärmere st-st' sL-zL B und BP; besonders an Ostflanke auch BS und ST	82	18	0	F 1
3.2. Bernsgrüner Hochfläche	460–530	flachwellige Hochfläche mit breiten vernäßten Quellmulden	Tonschiefer; mächtige dichte Verwitterungsdecken (Tertiär bis Altpleistozän)	hohe Anteile an ärmeren zt ST, AG und MG; st-st' sL-zL B	25	73	2	A 1

B. Kleinlandschaften-Übersicht (Forts.)

Nummer und Bezeichnung der Kleinlandschaft	Höhenlage in m ü. NN	Morphologie	Vorherrschende Gesteine	Vorherrschende Böden	Nutzung (in %) Wald	LNF	bebaut	Weitere Angaben bei Suchpunkt
3.3. Schwand—Gutenfürster Kuppenbergland	460—610	stark welliges unruhiges Kuppen- und Felskuppengebiet mit zahlreichen Dellen/Quellmulden und kleinen Bachtälchen	Diabastuffe und -brekzien; etwas Tonschiefer	nährstoffreiche bl-st sL-L B; auf Vollformen FR und SR sowie bl-st flachgründige B; lehmige tiefgründige BS und ST in den Hohlformen	32	67	1	R 1, V 1
Luv-Bereiche								
3.4. Adorf—Tirschendorfer Riedelgebiet	440—620	O—W-gerichtete relativ breite Riedel, zur Elster hin abtreppend; dazwischen parallel angeordnete Sohlen- und Kerbsohlenbachtäler (60—100 m tief)	Tonschiefer und Phyllite (meist quarzitisch gebändert); stellenweise Quarzit	mittlere bis ärmere st sL B; stellenweise BP	nicht bearbeitet			Y 7
3.5. Theumaer Kontakthof (Landstufe)	460—630	Geländestufe von 60—110 m relativer Höhe, W/NW-exponiert; von Quellbächen mäßig gegliedert	Fruchtschiefer bis Andalusitglimmerfels	mittlere st sL B; ST in Hohlformen	44	54	2	Q 8, U 2

Erläuterungen:
1) Talaue
2) Talrandhöhe
3) kleinflächiger Wechsel der Bodenformen
4) davon 2% Wasser
5) davon 1% Wasser

bl blockig
st, st' steinig, schwach steinig
sL sandig-lehmig
L lehmig
zL schluffig-lehmig
zt schluffig-tonig

AG Amphigley
B Braunerde
BG Braungley
BP Braunpodsol
BS Braunstaugley
FR Felsranker

G Gley
MG Moorgley
SR Schuttranker
ST Staugley
LNF landwirtschaftliche Nutzfläche

C. Klimatologische Daten (Zeitraum 1901—50)

	Höhenlage in m ü. NN	Mittlere Niederschlagssummen in mm													
		I	II	III	IV	V	VI	VII	VIII	IX	X	XI	XII	Jahr	
Elsterberg	280	40	35	40	52	67	77	**85**	76	53	49	41	42	657	Untere Gebirgslagen im Leebereich
Plauen	369	44	36	35	54	70	77	**80**	79	47	46	42	42	652	
Geilsdorf-Neumühle	390	41	36	40	51	69	80	**83**	76	51	46	41	43	657	
Wallengrün (nw. Pausa)	407	39	36	39	49	68	77	**85**	74	53	47	43	42	652	
Bobenneukirchen	450	40	35	39	50	67	78	**81**	74	50	45	40	42	641	Mittlere Gebirgslagen im Leebereich
Bernsgrün	480	43	35	41	55	61	74	**87**	75	55	49	43	44	662	
Mühltroff	484	39	35	40	48	69	75	**86**	74	53	47	43	42	651	
Hirschberg	450	50	42	43	53	69	72	**82**	78	51	49	50	51	690	
Thoßfell	410	49	40	39	60	78	85	**89**	87	52	57	46	46	728	Mittlere Gebirgslagen im Luvbereich zum Westerzgebirge
Tirpersdorf-Brotenfeld	490	46	43	41	63	79	88	**93**	**93**	59	58	49	46	758	
Adorf	450	47	39	45	55	72	87	**91**	89	58	55	45	50	733	
Werda	620	52	43	49	71	83	102	**117**	104	69	60	49	57	856	
		Mittlere Lufttemperaturen in °C													
Plauen	369	−1,2	−0,4	3,0	7,3	12,6	15,5	17,3	16,4	13,2	8,2	3,1	−0,1	7,9	

D. Verzeichnis von Steinkreuzen bzw. Kreuzsteinen (Größe in cm)

Großzöbern, etwa 1,25 km nördlich des Ortes auf der Brücke über den Kemnitzbach einzementiert; 1915 im Bachbett gefunden, auf einer Seite 1820, auf der anderen Seite 1862 eingeritzt; Granit, 57 × 61 × 20

Kürbitz, in die Kirchhofmauer eingefügt; 2 etwa parallele Linien eingeritzt (Reste einer Klinge?); Granit, 108 × 61 × ?

Neuensalz, Ortsausgang Richtung Plauen; bis 1969 etwa 1 km ostnordöstlich der Ortsmitte am Fußweg nach Zobes, für das Gelände südlich des jetzigen Standorts sind die Flurnamen Der Kreuzstein, Am Kreuzstein, Kreuzsteinacker überliefert; Granit, 79 × 72 × 20

Oberlosa, an der Straßengabelung Alte und Neue Plauensche Straße. Granit, 70 × 70 × 19. Ein weiteres Steinkreuz aus Oberlosaer Flur 1817 nach dem Hohen Kreuz bei Lauterbach versetzt

Oelsnitz, bei der Jacobikirche 2 Kreuze aufgestellt; Granit, 86 × 87 × 22 und 48 × 72 × 16. 1859 gab es in und vor der Stadt 18 Steinkreuze (Wendt 1979)

Schwand, 1 km nordnordöstlich des Ortes an der Straßengabelung nach Steins und Weischlitz; Granit, 108 × 50 × 23

Taltitz, am Ortsausgang Richtung Oelsnitz unter der Friedenseiche von 1871; stark verwittert, nur der Kopf- und ein Armteil sichtbar; Granit, 48 × 51 × 28

Theuma, nahe dem nordwestlichen Ortsausgang vor dem Hausgrundstück Nr. 1 K; vermutlich tief eingesunken; Granit, 44 × 76 × 20

Thoßfell, am Ostrand der F 173 zwischen den Abzweigungen nach Gospersgrün und Treuen; auf einer Seite eine Axt eingeritzt; Granit, 58 × 100 × 20

Tirschendorf, 1 km nordnordöstlich des Ortes am Waldrand an der Kreuzung der Straßen Tirschendorf—Zaulsdorf und Raasdorf—Arnoldsgrün; Arme nur in Ansätzen erhalten; Granit, 90 × 43 × 25

Voigtsgrün, am oberen Dorfteich; bis 1963 südöstlich des Ortes an der Straßengabelung nach Altensalz und Neuensalz; an der Südseite ein Kreuz eingeritzt; Granit, 55 × 50 × 18

E. Verzeichnis der Griebenherde[1]) (Stand 1979)

Ort/Flur	Lage	Größe in cm Material	Bemerkungen
Cunsdorf	Ostrand des Steinpöhls	70 × 70 × 40 Granit	früher etwa 150 m nördlich vom heutigen Standort
Dröda	an der Ringwallinsel	86 × 86 × 35 Granit 120 cm rund Granit 75 cm rund Granit	1973 restauriert
Jocketa	in der Anlage vor dem Rat der Gemeinde im Schulgarten	90 × 90 × 35 Granit 85 × 95 × 36 Granit	früherer Standort am alten Forsthaus in Pöhl, 50 m vor der Straße nach Helmsgrün, 1964 umgesetzt, 1969 restauriert
Kröstau	halbwegs zwischen Stall der LPG und Bach	80 × 90 × ? Granit 88 × 85 × ? Granit 90 × 87 × ? Granit	am alten Standort im Erdreich versunken, Flurst.-Nr. 964
Kürbitz	an der Kirche	100 × 85 × 43	
Lauterbach	Straßeninsel an der Zufahrt zum Steinbruch	95 × 95 × 40 Granit	mit einem Eisenband versehen
Mechelgrün	am Schloßteich	90 × 90 × ? Granit 90 × 90 × ? Granit 90 × 90 × ? Granit	halb versunken
Möschwitz	an der Straße nach Voigtsgrün	104 × 93 × 36 Granit 86 × 86 × 36	am alten Standort Oberdorf Flurst.-Nr. 778
Neundorf	Oberneundorf, oberhalb der Teiche	93 × 93 × 38 Granit 90 × 92 × 38 Granit	früherer Standort Pechhüttenteich 1967 restauriert

Ort/Flur	Lage	Größe in cm Material	Bemerkungen
Oelsnitz	im Museum Schloß Voigtsberg	68 × 68 × 30 Granit	stammt aus Landwüst
Planschwitz	links der Straße nach Bösenbrunn	96 × 110 × 39 Granit	am alten Standort
		85 × 85 × 45 Granit	1970 in 3 Stücken gefunden, 1978 restauriert
Plauen	im Vogtlandmuseum	90 × 88 × 30 Granit	aus Schwand
	im Stadtpark	105 × 102 × 41 Granit	von Oberlosa, 1 km neben der ehem. Schäferei, nach Plauen umgesetzt
		83 × 89 × 39 Granit	
	am Reusaer Waldhaus	90 × 100 × 35 Granit	Herkunft nicht bekannt
	Siedlung Westend, Am Badetor, Grundstückrückseite	85 × 85 × 45 Granit	1972 in Hartmannsgrün geborgen, 1973 restauriert
Weischlitz	Thälmannstraße 69, Flurst.-Nr. 62	60 × 60 × 27 Granit	vom Bauerngut Daßler, Straßberg, Flurst.-Nr. 43, 1974 umgesetzt

[1]) Griebenherde sind steinerne Pechpfannen mit einem Abflußloch an der tiefsten Stelle. Auf dem Herd wurde aus harzreichem Kiefernholz ein kleiner Meiler errichtet, der — abgeschwelt — flüssiges Pech lieferte.

F. Literaturverzeichnis

I. Karten

Fürstenthum Reuß–Greiz, 1808, Herrschaft Greiz (ohne Burgk) in 6 Blättern, aufgenommen von sächsischen Offizieren, etwa 1:30000

Geologische Spezialkarte von Sachsen 1:25000. Blatt 133 Plauen–Pausa, abgeschlossen 1902; Blatt 134 Treuen–Herlasgrün, abgeschlossen 1885, 2. Aufl. 1913; Blatt 142 Plauen–Oelsnitz, abgeschlossen 1886, 2. Aufl. 1896; Blatt 143 Oelsnitz–Bergen, abgeschlossen 1888, 2. Aufl. 1914

Hydrographisches Kartenwerk der DDR, Berlin 1966

Meilenblätter der topographischen Landesaufnahme von Sachsen, 1:2000 mit Beilagen. Blätter 132–134, 155–158, 180–183, 206–208, 1782ff.

Plauen und die Vogtländische Schweiz 1:40000, VEB Landkartenverlag Berlin o. J. (1964)

Pohle, P.: Heimat-Atlas für Plauen i. V. 2. Aufl. Plauen o. J.

Schurig, K.: Plan Plauen und Umgegend 1:6000, Plauen 1874

Topographische Karte 1:25000. Kreisstadt Plauen mit Umgebung 1930

Topographische Karten (Meßtischblätter) 1:25000. Blatt 5438 Plauen-Nord, Ausgabe 1943; Blatt 5439 Treuen, Ausgabe 1937; Blatt 5538 Plauen-Süd, Ausgabe 1935; Blatt 5539 Oelsnitz, Ausgabe 1912

Topographischer Atlas des Königreiches Sachsen 1:57600, bearbeitet von Oberreit, Section XVIII Plauen, 1847–1850

II. Archivalische Quellen

Die archivalischen Unterlagen und Quellensammlungen des mittleren Vogtlandes befinden sich unter anderen in den Stadtarchiven Plauen und Oelsnitz, Kreisarchiven Plauen und Oelsnitz, Staatsarchiven Dresden und Weimar, Außenstelle Greiz, sowie im Okresní archiv Cheb/ČSSR (Kreisarchiv Eger), Vogtlandmuseum Plauen und in der Stadtbibliothek Plauen

III. Allgemeine Darstellungen

Apitzsch, P.: Wo auf hohen Tannenspitzen. Ein vogtländisches Wanderbuch. Plauen 1924

Aus unserer Heimat. Heimatkundliche Lesestoffe aus dem Kreis Oelsnitz (Vogtl.). Oelsnitz 1957

Blaschke, K.: Historisches Ortsverzeichnis von Sachsen. Leipzig 1957

Das obere Vogtland. Berlin 1976. = Werte unserer Heimat 26

Diezel, R.: Wissenschaftliche Grundlagen zur tausendjährigen Geschichte des Vogtlandes. Sächs. Heimatblätter 21 (1975) 2, S. 60–64

Engelmann, G.: Die Darstellung des Vogtlandes in den amtlichen Kartenwerken. Vogtl. Jahrbuch 7 (1929), S. 37–46

Fiedler, F.: Zusammenstellung der auf das Vogtland bezüglichen naturwissenschaftlichen Literatur. Mitt. d. vogtländ. Ges. f. Naturforsch. 1 (1927) 4, S. 11—17; (1930) 6, S. 7—21

Führer durch das gesamte Vogtland. Hrsg. v. Verband Vogtl. Gebirgsvereine. 3. Aufl., Plauen 1935

Heimatschutz im sächsischen Vogtland. Hrsg. von den Volksbildungsämtern der Kreise Oelsnitz, Plauen-Land und Plauen-Stadt. Plauen o. J. (1950)

Kirchengalerie der Fürstlich Reußischen Länder. Die Ephorien Greiz, Schleiz und Lobenstein. Dresden o. J. (1843)

Kramer, G.: Das Vogtland als Fremdenverkehrsgebiet. Sächs. Heimatblätter 21 (1975) 2, S. 53—59

Ludwig, W.: Urkunden zur Geschichte der Deutschordenskomturei Plauen. Teil I u. II. Plauen 1957 u. 1959. = Mus.-Reihe 13 u. 19

Ludwig, W.: Vogtland — Land der Vögte. Sächs. Heimatblätter 7 (1961) 8, S. 476—485 u. 8 (1962) 1, S. 33—44

Ludwig, W.: Urkunden zur Burgenpolitik der Vögte von Weida, Plauen und Gera im 13. Jahrhundert. Arbeits- und Forschungsber. z. sächs. Bodendenkmalpflege 11/12 (1963), S. 365—426

Neue Sächsische Kirchengalerie. Ephorie Oelsnitz. Leipzig 1913

Neupert, A.: Übersicht über erschienene Schriften und Aufsätze zur Geschichte, Landes- und Volkskunde des Vogtlandes. Mitt. d. Altertumsvereins z. Plauen i. V. 19 (1908/09), Beilage-H.

Poenicke, G. A.: Album der Schlösser und Rittergüter im Königreiche Sachsen. V. Sektion: Voigtländischer Kreis. Leipzig o. J. (1856)

Raab, C. v.: Regesten zur Orts- und Familiengeschichte des Vogtlandes. I 1350 bis 1485, II 1485—1563, Nachträge zu I u. II. Mitt. d. Altertumsvereins z. Plauen i. V. 10 (1893) u. Beilage zu 13 (1897/98), 14 (1901), S. LXXIX bis LXXXIX

Riedel, R.; Rudau, B.: Elstertalsperre, Oelsnitz, Adorf. Leipzig 1961. = Unser kleines Wanderheft 43

Sachsens Kirchen-Galerie. 11. Bd.: Das Voigtland (12. Abtheilung). Dresden o. J. (1845)

Schiffner, A.: Handbuch der Geographie, Statistik und Topographie des Königreiches Sachsen. Erste Lieferung: Zwickauer Kreisdirectionsbezirk. Leipzig 1839

Schmidt, B.: Urkundenbuch der Vögte von Weida, Gera und Plauen. Bd. I u. II. Jena 1885 u. 1892. = Thüringische Geschichtsquellen N. F. 5

Simon, A.: Das Vogtland. Meißen 1905. = Landschaftsbilder aus dem Königreiche Sachsen 1

Weber, R.: Talsperre Pöhl, Jocketa, Jößnitz, Syrau. 5. Aufl. Berlin/Leipzig 1980. = Tourist-Wanderheft

Wild, E.: Regesten zur Geschichte des Vogtlandes im 14.—17. Jahrhundert. Plauen i. V. 1929

Wild, E.: Geschichte und Volksleben des Vogtlandes in Quellen aus 700 Jahren. Plauen 1936

IV. Natur

1. Geologie/Geographie/Bergbau

BEIERLEIN, P. R.: Neues über die ältere Geschichte der Salzquellen zu Altensalz. Berlin 1962. = Freiberger Forschungshefte D 39

BERNHARDT, A.: Das vogtländische Elstertal. Staatsexamensarbeit Univ. Leipzig 1953

BERNHARDT, C.: Der ehemalige Bergbau im Gebiete Reichenbach—Mylau—Netzschkau. Mylau 1932

DEUBEL, F.: Orogenetische und magmatische Vorgänge im Paläozoikum Thüringens. In: Beitr. Geol. Thür., 1, S. 16—48. Jena 1925

Die Syrauer Drachenhöhle. Freiberg o. J. (1978)

EISEL, R.: Über die Zonenfolge ostthüringischer und vogtländischer Graptolithenschiefer. Gera 1896—99. = Jahresber. d. Ges. von Freunden d. Naturwiss. Bd. 39—42

FAHR, G.; HÖSEL, G.: Bentonisierte Tuffe im Silur des südwestlichen Vogtlandes. Geologie 13 (1964), S. 429—438

FREYER, G.: Ausbildung und Fossilführung der Planschwitzer Schichten im Gebiet Planschwitz—Magwitz. Bergakademie 8 (1956) 2, S. 49—57

FREYER, G.: Neue Untersuchungen im Oberdevon des Vogtlandes auf Grund des Fossilinhalts der Kalke im Bereich der Vogtländischen Mulde. Berlin 1957

FREYER, G.: Die geologische Erforschung des Vogtlandes. Plauen 1978. = Mus.-Reihe 47 (mit zahlreichen Literaturangaben)

FREYER, G.; TRÖGER, K. A.: Über Phosphoritknollen im vogtländisch-ostthüringischen Silur. Geologie 8 (1959), S. 168—188

FREYER, G.; TRÖGER, K. A.: Geologischer Führer durch das Vogtland. Leipzig 1965

GOTHAN, W.; SCHLOSSER, P.: Neue Funde von Pflanzen der älteren Steinkohlenzeit (Kulm) auf dem Koßberge b. Plauen i. V. Plauen 1924

HÄNICHEN, H.: Einige ingenieurgeologische Probleme beim Bau der Talsperre Pöhl (Vogtl.). Ztschr. f. angewandte Geologie 5 (1959) 10, S. 463—468

JAHN, A.: Die Mineralien der Flußspatgrube „Ludwig Vereinigt Feld" zu Schönbrunn b. Oelsnitz i. V. Mitt. d. vogtl. Ges. f. Naturforsch. (1929) 5, S. 1—18

KLITZSCH: 65 Jahre Grünsteinwerke Rentzschmühle. Greiz o. J. (1972)

MANCK, E.: Die Graptolithen des Vogtlandes und der angrenzenden Gebiete. Plauen 1924

MARTIN, E.: Kleine Geologie des Kreises Greiz. Greiz 1971

MÜNCH, A.: Die Graptolithen aus dem Anstehenden Gotlandium Deutschlands und der Tschechoslowakei. Berlin 1952. = Geologica 7

NEEF, E.: Die naturräumliche Gliederung Sachsens. Sonderdruck der Sächs. Heimatblätter. Dresden 1960

PIETZSCH, K.: Abriß der Geologie von Sachsen. Berlin 1956

PIETZSCH, K.: Geologie von Sachsen. Berlin 1962

PUFFE, E.: Die Minerallagerstätten des südwestlichen Vogtlandes. Neues Jahrbuch Min., Geol. u. Paläontol., Beil.-Bd. 74, Abt. A (1938), S. 333—448

QUELLMALZ, W.: Lagerstättengenetische und tektonische Untersuchungen der an die Schönbrunner Spalte geknüpften hydrothermalen Lagerstätten des Vogtlandes. Jahrbuch Staatl. Mus. Min. u. Geol. Dresden (1959), S. 1—38

ROSENKRANZ, E.: Geomorphologische Untersuchungen an der Hauptterrasse im Tal der Weißen Elster. Diss. Jena 1961

RUDAU, B.: Vogtländische Mineralquellen im Wandel der Zeiten. Plauen 1964. = Mus.-Reihe 28

RÜHL, W.: Glaziale und interglaziale Fauna bei Plauen (Vogtl.). Zentralblatt f. Min. (1937) Abt. B, S. 201–205

RÜHL, W.: Die Raubtiere und Elefanten des sächsischen Diluviums. Palaeontographica 91, A (1939), S. 1–78

SCHMIDT, G.: Der Landschaftshaushalt des Weißelster-Gebietes. Wiss. Ztschr. Univ. Leipzig (1952/53) 1/2, S. 1–57

SCHÜTZEL, H.; HÖSEL, G.: Eine neue Mineralquelle im südwestlichen Vogtland und Bemerkungen zum Granitmassiv von Eichigt–Schönbrunn. Ztschr. f. angewandte Geologie 8 (1962) 8, S. 404–408

SCHULZ, P.: Auenzonen und Talterrassen an der Weißen Elster im mittleren Vogtland. Mitt. d. vogtl. Ges. f. Naturforsch. 4 (1942), S. 9–67

SCHURIG, K.: Beiträge zur Geschichte des Bergbaues im sächsischen Vogtlande. Plauen 1875

WEBER, R.: Die geologischen Naturdenkmale des Kreises Plauen. Naturschutzarbeit u. naturkundl. Heimatforsch. in Sachsen 3 (1961) 3, S. 84–90

WEISE, G.: Granit-Quarzit-Diabaskonglomerate im Oberdevon des Vogtlandes zwischen Cossengrün und der Kauschwitzer Störung. Wiss. Ztschr. Univ. Jena, Math.-naturwiss. Reihe 15 (1966) 3, S. 473–477

2. *Klimatologie, Hydrologie, Wasserwirtschaft*

BUSCH, K. F.: Wasserwirtschaftliche Probleme des Erzgebirges und Vogtlandes. Heimatkundliche Blätter (1956) 14/15, S. 11–24

MARTIN, E.: Hochwasser im Flußgebiet der Weißen Elster. Jahrbuch d. Mus. Hohenleuben-Reichenfels 9 (1960), S. 61–70

MESCHKE, A.: Die Gewässer des oberen Weißen-Elster-Gebietes und ihre Bedeutung für den Menschen unter besonderer Berücksichtigung der Wasserverhältnisse Plauens. Diss. Leipzig 1926

WAGNER, H.: Geographie der vogtländischen Wasserkräfte. Mitt. d. Vogtl. Ges. f. Naturforsch. 3 (1937) 1, S. 7–52

WAGNER, H.: Veränderung der Abflußverhältnisse im oberen Vogtland. Wasserwirtschaft – Wassertechnik 15 (1965), S. 62–64

WAGNER, H.: Zum Problem des Wasserhaushaltes im unteren Vogtland. Heimatbote f. d. Kreis Greiz 11 (1965), S. 129–132, 154–158

3. *Botanik/Forstwirtschaft/Landeskultur/Zoologie*

BAER, O.: Zum Rückgang der sächsischen Flußperlmuscheln. Arch. Naturschutz u. Landschaftsforsch. 10 (1970) 2/3, S. 207–209

BAER, O.; GÖRNER, M.: Letzte Flußperlmuschel-Vorkommen im oberen Saalegebiet. Arch. Naturschutz u. Landschaftsforsch. 18 (1978) 3, S. 177–185

BELLMANN, J.: Freizeit – Erholung – Bildung in den Landschaftsschutzgebieten des Bezirkes Karl-Marx-Stadt. = Sächs. Heimatblätter 15 (1969) 3/4

CZERLINSKY, H.: Die Vogelwelt im nördlichen Vogtland. Veröffentl. d. Heimatmus. Mylau 3 (1966), S. 95–102

CZERLINSKY, H.: Die Wasservogelwelt der Talsperre Pöhl. Sächs. Heimatblätter 21 (1975) 2, S. 87–89

DANNHAUER, K.: Die Vogelwelt des Vogtlandes. Plauen 1963. = Mus.-Reihe 26

DÖRFELT, H.: Die Verbreitung einiger montaner Mykorrhizapilze im Vogtland. Jahrbuch d. Mus. Hohenleuben-Reichenfels 21 (1973), S. 31–39

FRENZEL, H.: Entwicklungsgeschichte der sächsischen Moore und Wälder seit der letzten Eiszeit. Leipzig 1930. = Abh. d. Sächs. Geol. Landesamtes 9

Handbuch der Naturschutzgebiete der Deutschen Demokratischen Republik. Bd. 5: Naturschutzgebiete der Bezirke Leipzig, Karl-Marx-Stadt und Dresden. Leipzig/Jena/Berlin 1974

HEINRICH, W.; LANGE, E.: Ein Beitrag zur Kenntnis der Waldgeschichte des Thüringisch-Sächsischen Vogtlandes. Feddes Repertorium 80 (1969), S. 437 bis 462

MÜNZNER, O.: Erholungsgebiet Talsperre Pöhl. Deutsche Architektur 21 (1972) 5, S. 302–305

NIEMANN, E.: Zur Vegetation der Elstersteilhänge im Gebiet der Vogtländischen Devonmulde. Ber. Arb.-Gem. sächs. Botaniker N. F. 4 (1962), S. 107 bis 147

NITZSCHE, B.: Die Pilzflora des Herlasgrüner Forstes. Diplomarbeit Päd. Hochsch. Mühlhausen 1972

RAAB, C. v.: Ein Beitrag zur Geschichte der Staatsforsten im Vogtlande bis Ende des 16. Jahrhunderts. Mitt. d. Altertumsvereins z. Plauen i. V. 12 (1895/1896), S. 1–147

SCHULZ, P.; WEBER, R.: Die Pflanzenwelt des Vogtlandes. Sächs. Heimatblätter 6 (1960) 2, S. 101–114

WEBER, R.: Die höhere Pflanzenwelt der vogtländischen Elsterlandschaft unterhalb Plauens. Sächs. Heimatblätter 4 (1958) 1, S. 51–63

WEBER, R.: Die Besiedlung des Trümmerschutts und der Müllplätze durch die Pflanzenwelt (Ruderalflora von Plauen). Plauen 1960. = Mus.-Reihe 21

WEBER, R.: Die dendrologischen Naturdenkmäler des mittleren Vogtlandes. Sächs. Heimatblätter 8 (1962) 4, S. 353–362

WEBER, R.: Die geobotanische Stellung und Gliederung des Vogtlandes. Ber. Arb.-Gem. sächs. Botaniker N. F. 7 (1965), S. 208–238

WEBER, R.: Die vogtländischen Kalke und ihre Pflanzenwelt. Sächs. Heimatblätter 17 (1971) 3, S. 133–142

WEBER, R.: Zur Flora und Vegetation der vogtländischen Diabasgebiete. Ber. Arb.-Gem. sächs. Botaniker N. F. 10 (1972), S. 93–137

WEBER, R.: Biologisch-geographische Exkursion zum Naturschutzgebiet Burgteich (Kreis Plauen) und seiner Umgebung. Sächs. Heimatblätter 23 (1977) 4, S. 188–193

WEBER, R.; KNOLL, S.: Flora des Vogtlandes. Plauen 1965. = Mus.-Reihe 29

V. Gesellschaft

1. *Ur- u. Frühgeschichte*

BILLIG, G.: Ur- und Frühgeschichte des sächsischen Vogtlandes. Plauen 1954. = Mus.-Reihe 5

BILLIG, G.: Mittelalterliche Wehranlagen am Elsterknie zwischen Plauen und Oelsnitz im Vogtland. Arbeits- u. Forschungsber. z. sächs. Bodendenkmalpflege 11/12 (1963), S. 173–364

BILLIG, G.; RICHTER, J.; RADIG, W.; SCHMIDT, F. L.: Probleme der frühgeschichtlichen Besiedlung im Vogtland. Jahrbuch d. Kreismus. Hohenleuben-Reichenfels 6 (1957), S. 5–17

COBLENZ, W.: Grabfunde der Mittelbronzezeit Sachsens. Dresden 1952

COBLENZ, W.: Keramik mit Knoviser Anklängen aus dem Vogtland. Arbeits- u. Forschungsber. z. sächs. Bodendenkmalpflege 4 (1954), S. 337—392
COBLENZ, W.: Ein Hügelgrab der frühen Latènezeit von Liebau. Arbeits- u. Forschungsber. z. sächs. Bodendenkmalpflege 5 (1956), S. 297—342
COBLENZ, W.: Vier Befestigungen der Lausitzer Kultur am sächsisch-böhmischen Grenzgebirge. Časopis Moravského Musea 57 (1972), S. 51—61 (betr. Eisenberg)
KRUG, G.: Der Brakteatendoppelfund von Reimersgrün. Sonderabdruck aus den Deutschen Münzblättern 55 (1935), Nr. 393/394
LEIPNER, K.: Die Münzfunde in Sachsen aus der Zeit der regionalen Pfennigmünze (12. und 13. Jahrhundert). Hamburg 1969. = Numismatische Studien 7
PLESL, E.: Lužicka kultura v severozapadnich Čechách (Die Lausitzer Kultur in Nordwestböhmen). Praha 1961. = Monumenta Archaeologica VIII
RICHTER, J.: Eine neue slawische Fundstelle im Vogtland. Ausgrabungen u. Funde 1 (1956) 2, S. 85—87
SIMON, K.: Die urnenfelderzeitlichen Höhensiedlungen in Ostthüringen und ihr Verhältnis zur Lausitzer Kultur. In: Beiträge zur Lausitzer Kultur. S. 253 bis 282. Berlin 1969
WEBER, R.; RICHTER, J.: Zur ursprünglichen Vegetation und zum Kulturpflanzenanbau im jungbronzezeitlichen Altsiedelgebiet des mittleren Vogtlandes. Arbeits- u. Forschungsber. z. sächs. Bodendenkmalpflege 13 (1964), S. 223 bis 256
WENDT, H.-J.: Steinkreuze und Kreuzsteine in Sachsen. II. Inventar Bezirk Karl-Marx-Stadt. Berlin 1979. = Arbeits- u. Forschungsber. z. sächs. Bodendenkmalpflege, Beiheft 14

2. Geschichte

BARTH, H.: Die Wüstungen der Landkreise Greiz und Schleiz. Jena 1949
BÖNHOFF: Die Parochie Plauen und ihre Entwicklung im Zeitraume von 1122 bis 1905. Die Parochie Elsterberg und ihre Entwicklung bis zum Ende des 15. Jahrhunderts. Mitt. d. Altertumsvereins Plauen i. V. 19 (1908/09), S. 53 bis 119 u. S. 133—142
BÖNHOFF: Was gehörte in Sachsen einst zum Bistum Bamberg? Was gehörte in Sachsen einst zum Bistum Regensburg? Die Parochien der alten Herrschaften Mühltroff und Pausa. Mitt. d. Altertumsvereins z. Plauen i. V. 20 (1910), S. 52—77, S. 78—94 u. S. 95—112
DONNERHACK, R.: Aufruhr, Not, Krieg im Vogtland 1790—1815. Plauen 1958. = Mus.-Reihe 15
HÜLLEMANN, H.: Die Geschichte der Rittergüter in Reuß älterer Linie. Beiträge zur Wirtschaftsgeschichte Thüringens. Bd. III. Jena 1939
JOHNSON, E.: Geschichtliches über Burgstein im Vogtland und seine Umgebung. Plauen 1897
LEIPOLDT, J.: Die Geschichte der ostdeutschen Kolonisation im Vogtland auf der Grundlage der Siedlungsformenforschung. Mitt. d. Vereins f. vogtl. Gesch. u. Altertumskunde Plauen 36/1927/28 (1928), S. 1—215
LEIPOLDT, J.: Auf Spuren der Vergangenheit im Burgsteingebiet (Vogtland). Dresden 1932. = Geschichtliche Wanderfahrten 29
MATTHES, E.; NAUMANN, H.: Demokratische Bodenreform und antifaschistisch-demokratische Justizentwicklung im Kreis Plauen 1945—1946. Plauen 1969. = Mus.-Reihe 35

MÜLLER, J.: Urkunden und Urkundenauszüge zur Geschichte Plauens und des Vogtlandes. Mitt. d. Altertumsvereins z. Plauen i. V. 1 (1880), 2 (1882), 3 (1883), 4 (1884), 5 (1885), 11 (1895)

OTTO, U.: Die Vögte von Straßberg. Deutsche Münzblätter (1937), Nr. 411

PIETSCH, E.: Die Entstehung der Städte des sächsischen Vogtlandes. Mitt. d. Vereins f. vogtl. Gesch. u. Altertumskunde Plauen 32 (1922), S. I—VIII u. 1—123

QUERFELD, W.: Die ältesten schriftlichen Erwähnungen der Orte des Kreises Zeulenroda. Jahrbuch Mus. Hohenleuben-Reichenfels 24 (1976), S. 30—38

R. (RAAB), C. v.: Das Amt Pausa Ende des 16. Jahrhunderts. Mitt. d. Altertumsvereins z. Plauen i. V. 7 (1888/89), S. 1—9

RAAB, C. v.: Das Amt Plauen im Anfang des 16. Jahrhunderts und das Erbbuch vom Jahre 1506. Plauen 1902. = Mitt. d. Altertumsvereins z. Plauen i. V. 15, Beilage

RAAB, C. v.: Schloß und Amt Vogtsberg bis Mitte des 16. Jahrhunderts und das Erbbuch vom Jahre 1542. Plauen 1907. = Mitt. d. Altertumsvereins z. Plauen i. V. 18

RANK, M.: Die Revolution 1848—49 im Vogtland. Plauen o. J. (1953). = Mus.-Reihe 7

RANNACHER, E.: Die Strafgeldregister des Bauernkrieges im Vogtland und im Amt Zwickau 1525—1527. Mitt. d. Vereins f. vogtl. Gesch. u. Altertumskunde Plauen 43 (1941), S. 7—75

SCHMIDT, B.: Burggraf Heinrich IV. zu Meißen, Oberstkanzler der Krone Böhmen und seine Regierung im Vogtlande. Gera 1888

3. *Kunstgeschichte*

BACHMANN, W.: Das alte Plauen. Ein Beitrag zur Inventarisation der Bau- und Kunstdenkmale. Dresden 1954

DEHIO, G.: Handbuch der deutschen Kunstdenkmäler. Bezirke Dresden, Karl-Marx-Stadt, Leipzig. Berlin 1965

HARTENSTEIN, R. J.: Eine Hofer Altarwerkstatt um 1500. Mitt. d. Vereins f. vogtl. Gesch. u. Altertumskunde Plauen 40 (1935—37), S. 45—60

HARTENSTEIN, R. J.: Das Altarwerk der Lutherkirche in Plauen. Jahrbuch z. Pflege d. Künste, 2. Folge (1954), S. 106—129

HARTENSTEIN, R. J.: Neue Ergebnisse in der Erforschung der Kürbitzer Kunstdenkmäler. Plauen o. J. (1956). = Mus.-Reihe 11

HARTENSTEIN, R. J.: Die Thossener Kirche, ihr Flügelaltar und die im Jahr 1954 freigelegten Wandmalereien. Plauen o. J. (1962). = Mus.-Reihe 24

LEHFELDT, P.: Bau- und Kunstdenkmäler Thüringens. H. IX: Fürstenthum Reuß ältere Linie, Amtsgerichtsbezirke Greiz, Burgk und Zeulenroda. Jena 1891

STECHE, R.: Beschreibende Darstellung der älteren Bau- und Kunstdenkmäler des Königreichs Sachsen. 10. Heft: Amtshauptmannschaft Oelsnitz. 11. Heft: Amtshauptmannschaft Plauen. Dresden 1888

WEISS, F.: Paul-Söllner-Ausstellung. Veranstaltungsplan der Stadt und des Kreises Plauen (1978) 1, S. 11—12

4. Volkskunde/Namenkunde

Barthel, F.: Der vogtländisch-westerzgebirgische Sprachraum. Halle a. S. 1933. = Mitteldeutsche Studien 5. Teuthonista, Beih. 7

Barthel, F.: Grundzüge einer Volkskunde des Vogtlandes. Sächs. Heimatblätter 7 (1961) 8, S. 492—503

Benedict, M.: Die Ortsnamen des sächsischen Vogtlandes in ihren sprachlichen und historischen Beziehungen. Mitt. d. Altertumsvereins z. Plauen 14 (1900), S. 1—128

Eichler, E.: Die Bedeutung der Oberlausitzer Grenzurkunde und anderer Grenzbeschreibungen für die slawische Sprachgeschichte. Lětopis Reihe A, 10 (1963), S. 20—83, (S. 52—61: Grenzbeschreibung des Gaues Dobna vom Jahre 1122)

Eichler, E.: Die slawischen Ortsnamen des Vogtlandes. Lětopis Reihe A, 14 (1967), S. 129—172

Eichler, E.; Leipoldt, J.: Zur Deutung und Verbreitung der slawischen Flurnamen des Vogtlandes. Jahrbuch d. Kreismus. Hohenleuben-Reichenfels 11 (1962), S. 43—63

Fischer, R.: Das Bauernhaus im Vogtland. Plauen 1971. = Mus.-Reihe 38

Hellfritzsch, V.: Vogtländische Personennamen. Berlin 1969. = Deutsch-slawische Forsch. z. Namenkunde u. Siedlungsgeschichte 23

Hellfritzsch, V.: Zur Struktur der vogtländischen Ortsnamen. In: Museumsarbeit u. heimatkundliche Forsch., S. 30—39. Mus.-Reihe 40, Plauen 1973

Köhler, J. A. F.: Volksbrauch, Aberglauben, Sagen und andere alte Überlieferungen im Vogtlande. Leipzig 1867

Ludwig, W.; Hellfritzsch, V.; Richter, J.: Arbeitskartei zu einem Historischen Ortsnamenbuch des sächsischen Vogtlandes (Vogtlandmuseum Plauen. Ungedruckt.)

Reiser, M.: Die Ortsnamen der Kreise Greiz und Zeulenroda. Diss. Leipzig 1967

5. Wirtschaft/Verkehr

Beierlein, P. R.: Die Mühlen des Vogtlandes im Jahre 1683. Mitt. d. Vereins f. vogtl. Gesch. u. Altertumskunde Plauen 40 (1935—37), S. 61—96

Bein, L.: Die Industrie des sächsischen Vogtlandes. Wirtschaftsgeschichtliche Studie. Leipzig 1884

Beyer, P.: Vom Werden der Göltzschtal- und der Elstertalbrücke. 2. Aufl. Mylau 1976. = Veröffentlichungen des Kreismus. Burg Mylau 2

Fröhlich, H.: Zur Geschichte der Mühlen in Vogtland. Sächs. Heimatblätter 21 (1975) 2, S. 74—78

Fröhlich, H.; Schimmack, E.: Ursprung und Entwicklung der Plauener Spitzenindustrie. Sächs. Heimatblätter 7 (1961) 8, S. 465—475

Glier, E.: Die sächsische Spitzen- und Stickereiindustrie seit 1914. Plauen 1932

Hempel, A.: Plauen, Vogtland. Ein Lagenbild der vogtländischen Textilindustrie und ihrer Hilfsindustrien. Chemnitz 1925. = Weltplätze des Handels und der Industrie XXV

Hopf, W.: Die Strukturwandlungen in der vogtländischen Spitzen- und Stickereiindustrie seit der Jahrhundertwende. Plauen 1938

Krasselt, W.: Verkehrsgeographie des Vogtlandes. Halle 1938

Meinel, R. A.: Die Industrie im Sächsischen Vogtland und ihr Einfluß auf Landschaft und Siedelung. Mitt. d. Vereins f. Erdkunde Dresden, N. F. 1928 (1929), S. 1—68

MENSDORF, J.; REICHENBACH, K.: 75 Jahre Straßenbahn Plauen. 1894—1969. Plauen 1969. = Mus.-Reihe, Sonderheft
SCHUSTER, H.: Plauen als Standort der Textilindustrie. Plauen 1937
WILD, E.: Das Vogtland im deutschen Handel um 1500. In: Festschrift ARMIN TILLE zum 60. Geburtstag. S. 153—171. Weimar 1930

6. Darstellung einzelner Orte und Persönlichkeiten

Die Straßennamen der Stadt Plauen. Plauen 1970. = Mus.-Reihe 36
FALK, R.: Plauen. In: KEYSER, E.: Deutsches Städtebuch II. S. 186—189. Stuttgart u. Berlin 1941
Festschrift über die Entstehung und Entwicklung der Siedlung Plauen-Neundorf und über die Tätigkeit des Siedlervereins Plauen-Neundorf e. V. in den letzten Jahren 1919/1929. Plauen o. J.
Festschrift. 600 Jahre Stadt Oelsnitz i. V. Hrsg. zur Heimatfestwoche vom 22.—30. VI. 1957
Festschrift zum Schul- und Heimatfest in Möschwitz vom 18. bis 20. Juli 1959. Möschwitz 1959
FICKER, Th.: Der Kartenzeichner Friedrich Gottlieb Schultz. In: 50 Jahre Staatliche Bücher- und Kupferstichsammlung Greiz, S. 76—93. Greiz 1970
FIEDLER, H.: Die Stadt Plauen im Vogtlande. Eine historische Skizze. Plauen 1874
FIEDLER, H.: Beiträge zur Geschichte der Stadt Plauen. Plauen 1876
FRÖHLICH, H.: Plauen in historischen Stadtansichten. Plauen 1974. = Mus.-Reihe 41
HILLER, R.: Die Stadt Pausa und ihre nächste Umgebung. Pausa 1890
JAHN, J. G.: Urkundliche Chronik der Stadt Oelsnitz und des Schlosses und Amtes Voigtsberg. 2. Aufl. Oelsnitz 1872
LEONHARDT, A.; REINHARD, J.; MEHNER, H.: Plauen vor 20 Jahren. Plauen o. J. (1966). = Mus.-Reihe 31
LUDWIG, W.: Ein Gang durch Alt-Plauen. Plauen 1955. = Mus.-Reihe 6
MEINEL, K.: Otto Leonhardt Heubner. Sein Leben, seine turngeschichtliche und politische Bedeutung. Dresden 1928
MEINER, F.: Bodenspekulation und Recht der Stadterweiterung in Plauen i. V. Leipzig 1907
MERKEL, W.: Vogtländische Musiker vor 1900. Plauen 1957. = Mus.-Reihe 12
MERKEL, W.: Vogtländische Musiker nach 1900. Plauen 1960. = Mus.-Reihe 20
MÜLLER, J.: Eine Predigt Paul Rebhuns nebst Bemerkungen über seine Schriften. Mitt. d. Altertumsvereins z. Plauen 6 (1886/87), S. 65—83
Neuensalz—Altensalz—Voigtsgrün. Aus der Vergangenheit und Gegenwart unserer Dörfer. Neuensalz 1972
NEUPERT, A.: Kleine Chronik der Stadt Plauen i. V. von 1122 bis zum Ausgang des 19. Jahrhunderts. N. F. 1901—1908. Mitt. d. Altertumsvereins z. Plauen i. V. 20 (1909), Beilage-H. 1. u. 2
NEUPERT, A.: Werdegang der Stadt Plauen im Vogtlande von der Niederlassung der Sorben-Wenden an der Elster bis zum Beginn des 20. Jahrhunderts. Mitt. d. Vereins f. vogtl. Gesch. u. Altertumskunde z. Plauen 27 (1917), Beilage-H.
PIETSCH, E.: Plauen im Vogtland. Dresden 1931. = Geschichtliche Wanderfahrten 17
Plauen i. Vogtl. Deutschlands Städtebau. Berlin-Halensee 1926
Plauen 1949—1959. Ein Bild- und Leseheft zum 10. Jahrestag unserer Deutschen Demokratischen Republik. Plauen 1959

Plauen. Ein kleines Stadtbuch. Plauen 1963. = Mus.-Reihe 25
RAAB, C. v.: Chrieschwitz in früheren Jahrhunderten. Mitt. d. Altertumsvereins z. Plauen i. V. 13 (1897—99), S. 30—44
RAAB, C. v.: Leubnitz. Beitrag zur Geschichte von Rittergut, Dorf, Pfarre und Schule. Mitt. d. Altertumsvereins z. Plauen 16 (1903/04), S. 41—105
RICHTER, J.: Leben und Kampf des Plauener Antifaschisten Rudolf Hallmeyer Plauen 1974. = Mus.-Reihe 42
RICHTER, J.; SCHWAB, W.: Mechelgrün 1267—1967. Mechelgrün 1967
Riedel-Gedenkbuch mit Beiträgen vogtländischer und stammverwandter Dichter und Künstler. Plauen 1907
SCHULZ, P.: Professor Ernst Weise, 1843—1941. Mitt. d. Vogtl. Ges. f. Naturforsch. IV (1942) 1, S. 3—7
SCHULZ, P.: Professor Dr. Emil Danzig, Plauen i. V., gestorben. 2. Jahresber. d. Arbeits-Gem. sächs. Botaniker für das Jahr 1942 (1942), S. III
700 Jahre Jößnitz. Geschichtliches aus Vergangenheit und Gegenwart. Jößnitz 1963
700 Jahre Kauschwitz. Kauschwitz 1963
750 Jahre Gemeinde Kürbitz. Kürbitz 1975
SIMON, R.; MÖBUS, H.: Reimersgrün—Christgrün im Spiegel der Zeit. Christgrün u. Reimersgrün 1961
VOGEL, J.: Geschichte des Rittergutes Reusa 1428—1910. Mitt. d. Altertumsvereins z. Plauen i. V. 23 (1913), S. 23—60
WEBER, R.: Paul Schulz (1888—1956). Lehrer — Heimatforscher — Mensch. In: Syratal — Triebtal, zwei heimatkundliche Lehrpfade, S. 5—8. Plauen 1957
WEBER, R.; STEINMÜLLER, H.: Beiträge zur Geschichte von Jocketa und Pöhl. Jocketa 1962
Weischlitz. Heimatheft aus Vergangenheit und Gegenwart. Weischlitz o. J. (1974)
WELLER, E.: Siebenhundert Jahre Schulgeschichte der Kreisstadt Plauen. Plauen 1941
WINKELMANN, B.: 700 Jahre Theuma. Theuma o. J. (1967)
WÖLLNER, E.: Plauen im Wiederaufbau. Sächs. Heimatblätter 4 (1958) 5, S. 260—266
WUTTKE, R. (Hrsg.): Die deutschen Städte. II. Bd. Leipzig 1904 (betr. Plauen)
ZSCHOMMLER, M.: Interessante und berühmte Vogtländer, ein Ehrenbuch des Vogtlandes. Plauen i. V. 1913

VI. Periodica

Adreßbücher der Kreisstadt Plauen. 1854 (1. Ausg.) — 1950 (48. Ausg.)
Bericht über den Stand und die Verwaltung der Gemeindeangelegenheiten der Kreisstadt Plauen i. V. 1865/66—1933
Beschaulich daheim. Beilage zu Vogtländischer Anzeiger und Tageblatt. Plauen, Jg. 1, 1930—7, 1936
Frisch auf! Heimat- und Wanderzeitschrift des Vogtlandes. Plauen, Bd. 1, 1926—18, 1943
Greizer Heimatkalender. Greiz 1956—1968
Jahrbuch des Kreismuseums Hohenleuben-Reichenfels (ab H. 9 Jahrbuch des Museums Hohenleuben-Reichenfels). Hohenleuben 1952ff.
Kulturelle Rundschau des Stadt- und Landkreises Plauen. 1953—1963
Kulturspiegel für den Kreis Oelsnitz (Vogtl.). 1954—1956

Kulturspiegel für die Kreise Plauen und Reichenbach. 1964–1965

Mitteilungen des Altertumsvereins zu Plauen i. V. (ab 27. Jahresschrift: Mitteilungen des Vereins für vogtländische Geschichte und Altertumskunde zu Plauen i. V.). Plauen 1. Jahresschrift, 1875–43. Jahresschrift, 1941

Mitteilungen der Vogtländischen Gesellschaft für Naturforschung. Bd. I, H. 1 bis 8, 1925–1933, Bd. II, H. 1–3, 1934–1936, Bd. III, H. 1, 1937, Bd. IV, H. 1, 1942

Museumsreihe (Vogtländisches Kreismuseum Plauen). Plauen, H. 1, 1952 – H. 47, 1979

Reichenbacher Kalender. Reichenbach, 1967 ff.

Vogtländisches Jahrbuch. Plauen, Jg. 1, 1922–8, 1930

Vogtland meine Heimat. Beilage zu Vogtländischer Anzeiger und Tageblatt. Plauen, Jg. 1, 1937 = 3, 1939

Nachtrag zum Literaturverzeichnis

Dörfelt, H.; Roth, L.: Pilzflora des Vogtlandes. 1. Teil. Plauen 1982. = Mus.-Reihe 49

Eichler, E.; Hellfritzsch, V.; Richter, J.: Die Ortsnamen des sächsischen Vogtlandes. 1. Namenbuch, 2. Namenkunde, Siedlungsgeschichte. Plauen 1983. 1985. = Mus.-Reihe 50 u. 53

Rosenkranz, H.: Ortsnamen des Bezirkes Gera. Greiz 1982

Unser Vogtland. Plauen. Jahrbuch 1982 ff.

Vogtländische Heimatblätter. Karl-Marx-Stadt. Jg. 1, 1981 ff.

G. Abbildungsverzeichnis

Gestaltung der Abbildungsunterlagen: Rudolf Donnerhack†, Plauen (Architekturzeichnungen); Klaus Gürgens, Jocketa (Pflanzen- und Tierzeichnungen); Dr. Jochen Helbig, Dresden (Titelvignette); Dipl.-Arch. Benno Kolbe, Gürth (Abb. 8); Günter Oehmigen und Werner Zschocke, Dresden (Karten und Profile); Siegfried Pertzsch, Dresden (Übersichtskarte)

Bildnachweis: Ursula Berger, Dresden 28; Sächsische Landesbibliothek, Abteilung Deutsche Fotothek, Dresden 9, 10, 18; Johanna Falk, Plauen 1–8, 11, 13, 14, 17, 19–27, 29, 30, 33, 34, Textabbildung 25; Eberhard Müller, Oelsnitz 32; Walter Radecker, Oelsnitz 12, 31; Vogtlandmuseum Plauen, Archiv 15; Rolf Weber, Plauen 16

H. Namenverzeichnis

17*

I. Sachverzeichnis

1 Plauen,
Altes und Neues Rathaus

2

2 Südgiebel (Ausschnitt)
des Alten Rathauses

3

3 Plauen, Malzhaus an der Rähme

4

4 Plauen, St.-Johannis-Kirche

5

6

5 Plauen, Nobelstraße 11: Festsaal im Vogtlandmuseum
6 Blick vom Bärenstein über die Plauener Innenstadt zum Kemmler

7

8

7 Plauen, Oberer Bahnhof und Punkthäuser

8 In der Nachbearbeitungsabteilung des VEB Plauener Spitze, Dürerstraße

9

10

9 Säulendiabas auf dem Kneiselspöhl	}	Anfang der dreißiger Jahre des 20. Jh.
10 Pillowlava bei Plauen		

11

12

11 Halden bei Mechelgrün

12 Anlagen des VEB Fluß- und Schwerspatbetrieb bei Schönbrunn

13

14

13 Blick über Fröbersgrün zur Nordwestvogtländischen Hochfläche

14 Blick über Cunsdorf und Görschnitz (Mitte) zum Kuhberg bei Netzschkau

15

16

15 LSG Steinicht mit Weißer Elster
16 Im NSG Triebtal

17

18

17/18 Talsperre Pöhl (unten Ölgemälde von Wolfgang Mattheuer)

19

20

19 LSG Syratal
20 Feierabend- und Pflegeheim Geilsdorf

21

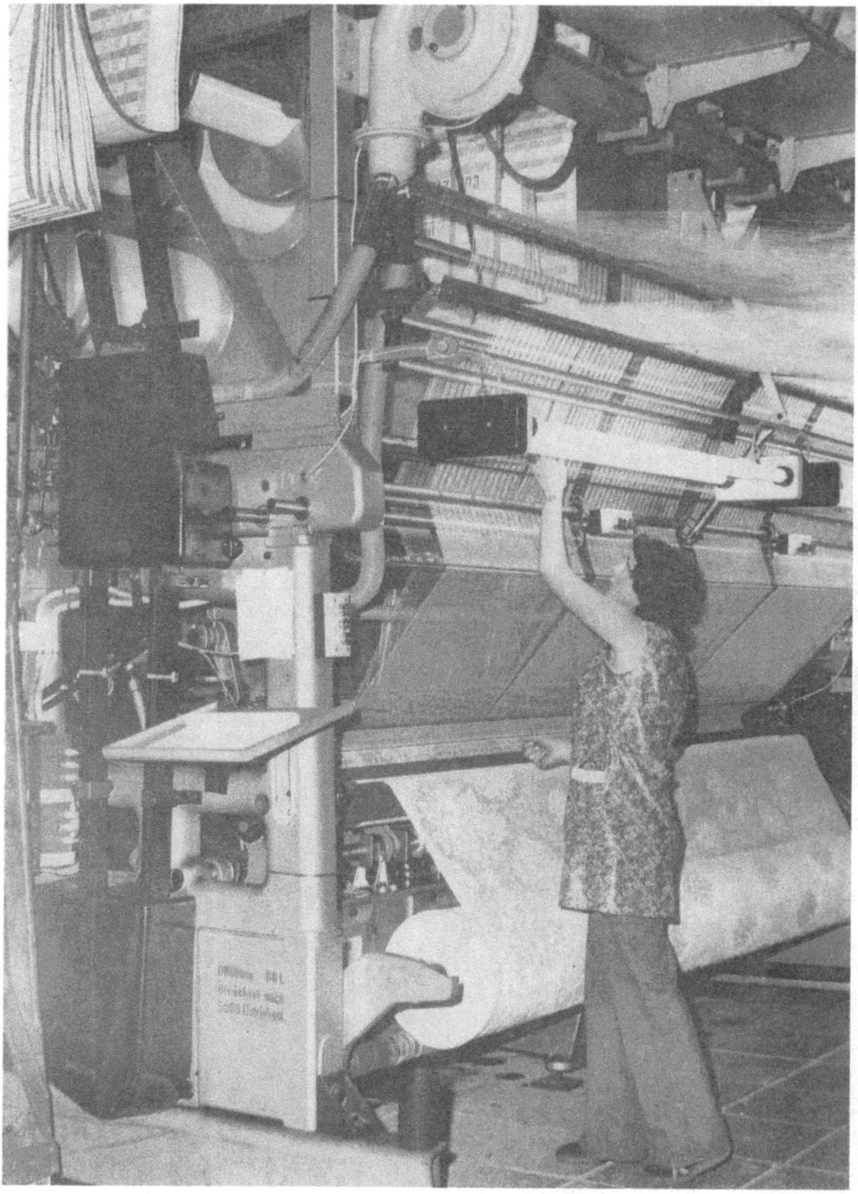

21 Hochleistungsraschelmaschinen im VEB Plauener Gardine, Produktionsstätte Mehltheuer

22

23

22/23 Betriebsteil Fruchtschiefer Theuma des VEB Elbenaturstein: Steinbruch und Steinplattensäge

24

25

24 Kalksintergebilde in der Tropfsteinhöhle Syrau
25 POS A. S. Makarenko Leubnitz, Parkseite

26

26 Kirche in Steinsdorf, Innenansicht

27 

28 

27 Mittelvogtländische Kuppenlandschaft südwestlich von Plauen
28 Stöckigt (aus POENICKE 1856)

29

30

29 Ruine Stein an der Talsperre Pirk
30 Triebelbachtal, vom Eichelberg aus gesehen

31

32

31 Oelsnitz und Schloß Voigtsberg vom Schloßberg aus
32 Teppichherstellung im VEB Halbmond-Teppiche Oelsnitz

33

33 Ehemaliges Gutshaus in Kürbitz

34

34 Windmühle bei Syrau

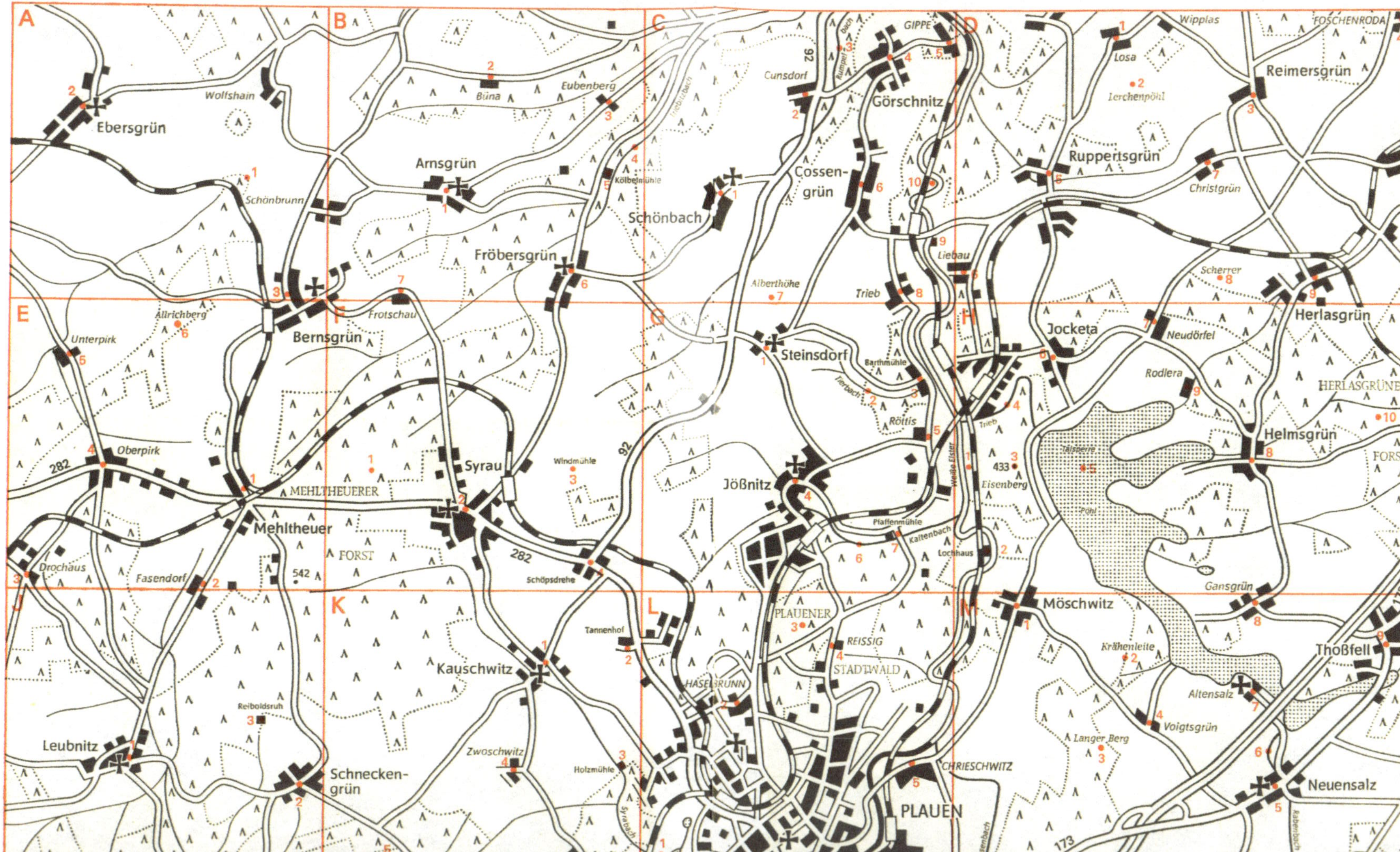

Ebersgrün
Wolfshain
Schönbrunn
Arnsgrün
Büna
Eubenberg
Kölbelmühle
Schönbach
Fröbersgrün
Bernsgrün
Frotschau
Allrichberg
Unterpirk
Oberpirk
Mehltheuer
MEHLTHEUERER
FORST
Syrau
Windmühle
Schöpsdrehe
Drochaus
Fasendorf
Leubnitz
Reiboldsruh
Schnecken-grün
Kauschwitz
Zwoschwitz
Holzmühle
Syrabach
Tannenhof
Cunsdorf
Görschnitz
GIPPE
Cossen-grün
Alberthöhe
Liebau
Trieb
Steinsdorf
Barthmühle
Röttis
Jößnitz
Pfaffenmühle
Kaltenbach
Lochhaus
PLAUENER
REISSIG
STADTWALD
HASELBRUNN
CHRIESCHWITZ
PLAUEN
Losa
Lerchenpöhl
Wipplas
FOSCHENRODA
Reimersgrün
Ruppertsgrün
Christgrün
Scherrer
Herlasgrün
HERLASGRÜNER
FORST
Jocketa
Neudörfel
Rodlera
Helmsgrün
Talsperre
Pöhl
Eisenberg
Weiße Elster
Möschwitz
Gansgrün
Krähenleite
Altensalz
Voigtsgrün
Langer Berg
Thoßfell
Neuensalz
Rabenbach
92
282
173
433
542

PLAUEN Stadt   *REUSA* Stadtteil   Syrau Gemeinde   *Thossen* Gemeindeteil

Erschienen im Akademie-Verlag Berlin
Lizenz-Nr. 200 · 100/93/86 P 16/84
Druck: VEB Druckhaus „Maxim Gorki", Altenburg

Karte nach Übersichtskarte der DDR 1 : 200000
zu „Plauen und das mittlere Vogtland"
WERTE UNSERER HEIMAT, BAND 44

Berichtigung

S. 6, 1. Z. v. o.: lies markiert den pliopleistozänen Elstertalboden ...

S. 18, 5. Z. v. o.: lies ist zugleich Bezirksgrenze ...

S. 43, 6. Z. v. u.: lies dürften die 16 Häusler zu bringen sein, ...

S. 46, 9. Z. v. o.: lies stand ein Chausseehaus, ...

S. 86, 10./9. Z. v. u.: lies 3 Rosengräben ...

S. 87, 13. Z. v. o.: lies Das VEG Mastkombinat ...

S. 164, 10. Z. v. u.: lies der Burg Schöneckere ...

S. 197, l. Spalte, 2. Z. v. o.: lies L 1, N 9

2084/44. Plauen

FSC
www.fsc.org
MIX
Papier | Fördert gute Waldnutzung
FSC® C083411

Zeitfracht Medien GmbH
Ferdinand-Jühlke-Straße 7
99095 Erfurt, Deutschland
produktsicherheit@kolibri360.de